Applied
Mechanics

임정환 저

SI 단위

응용역학

도서출판
구미서관

PREFACE

머리말

응용역학은 안전하고 경제적인 구조물의 설계와 기존 구조물의 안전도를 평가하는데 필요한 구조해석을 탐구하는 학문으로 우리나라의 교재들은 통상적으로 정역학, 재료역학, 구조역학 등의 광범한 내용을 포함하고 있다. 응용역학이 토목공학에서 차지하는 비중은 전공필수과목으로서 철근콘크리트, PS콘크리트, 강구조공학, 토목설계 등 타 응용과목의 기초가 되고 5급, 7급, 9급 등 토목직 공무원시험, 각종 산업기사, 기사 및 기술사 시험의 필수과목이기 때문에 그 중요성이 매우 높다.

이 교과목의 특징은 구조물에 작용하는 물리적인 힘의 문제를 수학적으로 정량화하는 학문이기 때문에 물리학 및 수학적인 기초가 부족한 학생 또는 실무자들은 학습하기가 매우 까다로운 과목이다. 따라서 본 교재에서는 독자들이 이론적인 내용을 명확하게 이해할 수 있도록 쉽고 자세하게 기술하는 데 노력하였고, 실무에 적용하고 각종 시험에 대비할 수 있도록 단원마다 적절한 예제 및 연습문제들을 수록하였으며, 체계적인 학습을 위해서 각 단원은 연계성을 고려하여 편성하였다.

오늘날 구조해석은 응용소프트웨어의 개발로 복잡한 수치계산은 컴퓨터로 처리되기 때문에 실무에서는 직접계산이 필요치 않을 수도 있다. 그러나 최소한 대상 구조물에 대한 입력 데이터 작성과 출력된 결과치를 분석하고 실무에 적용하기 위해서는 기본적인 이론은 숙지하고 있어야 한다.

비록 저자가 오랜 강의 경험과 연구를 바탕으로 집필되었다고 하나 미흡한 점이 많으리라 판단된다. 독자들이 의견을 주시면 반영하도록 노력하겠다.

끝으로 본 국제단위(SI단위) 교재가 출간될 수 있도록 지원해주신 구미서관에 감사를 드린다.

2021년 1월

저자 올림

CONTENTS

목 차

CHAPTER 01 정역학의 기초

1.1 힘의 정의 2
1.2 모멘트 3
1.3 우력 모멘트 4
1.4 바리논의 정리 5
1.5 힘의 합성과 분해 6
1.6 힘의 평형 14
1.7 마 찰 16
▌연습문제 17

CHAPTER 02 단면의 성질

2.1 단면 1차 모멘트 22
2.2 단면 2차 모멘트 28
2.3 단면 2차 극모멘트 34
2.4 단면 상승 모멘트 35
2.5 주단면 2차 모멘트 37
2.6 파푸스의 정리 40
▌연습문제 42

CHAPTER 03 구조일반

3.1 절점과 지점 46
3.2 구조물의 종류 48
3.3 하중의 종류 50
3.4 구조물의 판별 51
3.5 단면력 54
▌연습문제 55

CHAPTER 04 정정보

4.1 캔틸레버 보 58
4.2 단순보 61
4.3 내민보 68
4.4 게르버보 73
4.5 영향선 78
4.6 최대단면력 89
| 연습문제 97

CHAPTER 05 트러스

5.1 트러스 일반 104
5.2 트러스의 해법 106
5.3 트러스 영향선 110
| 연습문제 122

CHAPTER 06 정정 라멘과 아치

6.1 정정 라멘 128
6.2 정정 아치 138
| 연습문제 149

CHAPTER 07 재료의 역학적 성질

7.1 응 력 154
7.2 변형률 158
7.3 탄성계수 162
7.4 응력·변형률 선도 165
7.5 허용응력과 안전계수 166
| 연습문제 167

CHAPTER 08 보의 응력

8.1 휨응력 172
8.2 전단응력 175
8.3 주응력 181
8.4 모오르의 응력원 187
8.5 보의 주응력 190
8.6 보의 설계 195
| 연습문제 197

CHAPTER 09 기 둥

9.1 단 주 202
9.2 장 주 207
| 연습문제 215

CHAPTER 10 보의 처짐

10.1 처짐곡선의 미분방정식 220
10.2 미분방정식법 223
10.3 탄성하중법(공액보법) 229
| 연습문제 244

CHAPTER 11 부정정 구조

11.1 변형일치의 방법 248
11.2 3연 모멘트법 254
11.3 처짐각법 260
11.4 모멘트 분배법 273
연습문제 288

CHAPTER 12 일과 에너지법

12.1 탄성변형에너지 292
12.2 가상일의 원리 298
12.3 카스틸리아노 정리 306
12.4 상반정리 308
연습문제 311

■ 찾아보기 314

CHAPTER 01

정역학의 기초

1.1 힘의 정의
1.2 모멘트
1.3 우력 모멘트
1.4 바리논의 정리
1.5 힘의 합성과 분해
1.6 힘의 평형
1.7 마찰
▪ 연습문제

CHAPTER 01

정역학의 기초

1.1 힘의 정의

응용역학에서 취급하는 힘은 교량 위를 지나는 자동차나 기관차의 무게, 댐에 저장되어 있는 물의 압력, 터널 둘레의 흙의 압력, 해양 구조물에 작용하는 파력, 큰 재해를 가져오는 지진·바람·눈 등 구조물에 작용하는 힘이다.

우리가 힘이 작용하는 것을 직접적으로 확인하는 것은 쉬운 일이 아니다. 그러나 물체는 힘이 작용하면 변형하거나 운동상태가 변화되기 때문에 이를 통해서 간접적으로 알 수 있다. 또한 중력, 전기력, 자기력과 같은 힘은 힘의 근원이 되는 것과 힘을 받는 물체 사이에 직접적인 접촉이 없어도 작용한다. 이와 같이 힘은 물체의 운동상태를 변화시키는 가속도의 원인이 되고 가속도는 물체의 질량에 따라 달라진다. 영국의 뉴턴(Isaac Newton : 1642~1727)은 물체를 운동시킬 때 가속도는 물체를 밀거나 끄는 힘뿐만 아니라 물체의 질량과도 관계가 있다는 사실을 과학적으로 정립한 최초의 과학자였다.

뉴턴의 운동 제2법칙(힘과 가속도의 법칙)은 힘(F)은 물체의 질량(m)과 물체의 가속도(α)에 비례한다.

$$F = m\alpha \tag{1.1}$$

힘의 단위는 국제단위(SI)로 질량이 1kg 인 물체에 작용하여 1m/sec^2의 가속도를 일으킬 수 있는 힘을 1뉴턴(newton)이라고 하며 $1N$ 으로 표기한다. 즉,

$$1\text{N} = 1\text{kg} \times 1\text{m/sec}^2 = 1\text{kg·m/sec}^2$$

$$1\text{MN} = 1{,}000\text{kN} = 1{,}000{,}000\text{N}$$

한편, 지구상에는 항상 중력가속도 g 가 작용하기 때문에 물체에 작용하는 힘은 다음 식과 같이 물체의 무게 W로 표시할 수 있다.

$$W = mg \tag{1.2}$$

이때 질량 1kg 인 물체에 작용하여 중력가속도 $g=9.8\text{m/sec}^2$를 일으킬 수 있는 힘을 국제단위로 환산하면 다음과 같다.

$$1\text{kg} \cdot \text{중} = 1\text{kg} \times 9.8\text{m/sec}^2 = 9.8\,\text{kg·m/sec}^2 = 9.8\text{N} \fallingdotseq 10\text{N}$$

힘은 물리학적으로 벡터(vector)량이기 때문에 힘의 크기·방향·작용점 등 힘의 3요소(three elements of force)가 기술되어야만 완전하게 설명될 수가 있다. 또한 힘을 도해적으로 표시할 때는 그림 1-1과 같이 선분의 길이는 힘의 크기를 나타내고 화살표는 힘의 방향을 작용점은 힘의 위치를 나타낸다.

① 힘의 크기(magnitude)
② 힘의 방향(direction)
③ 힘의 작용점(point)

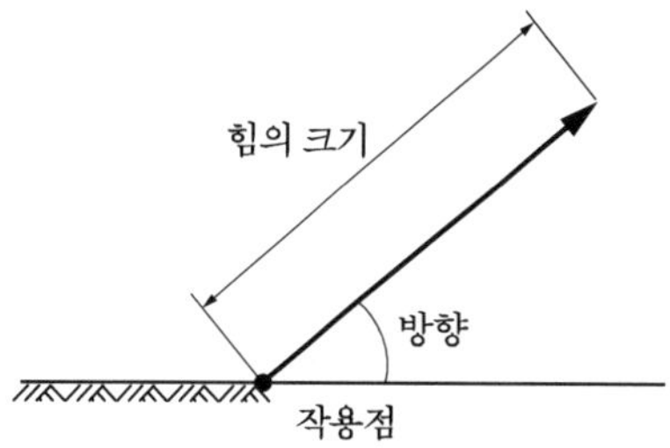

그림 1-1

1.2 모멘트

무거운 물체를 들어 올릴 때 지렛대를 사용한다면 지렛대의 길이가 길수록 작은 힘으로 손쉽게 물체를 들어 올릴 수 있다. 그림 1-2와 같이 지렛대의 A 점을 받침으로 지지시키고 O 점에 힘 P를 가하면 막대는 A 점을 중심으로 회전할 것이다.

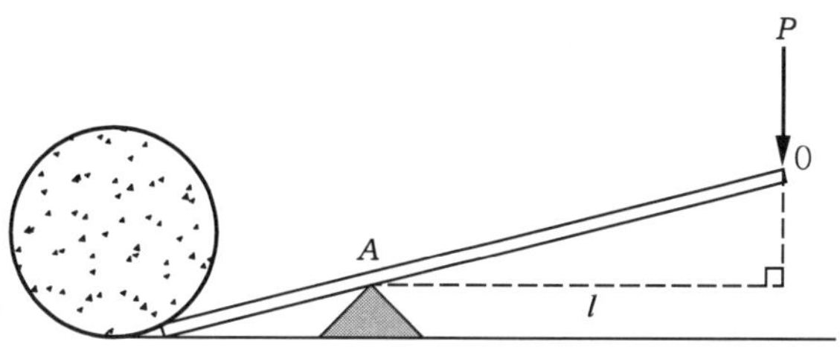

그림 1-2

이와 같이 어떤 점을 중심으로 물체를 회전시키려고 하는 회전력을 모멘트(moment)라고 하며, 이 모멘트(M)의 크기는 힘의 크기(P)와 회전중심으로부터 힘의 작용선까지 수직길이(l)의 곱으로 나타낸다.

$$M = Pl \tag{1.3}$$

식 (1-3)에서 보는 바와 같이 모멘트는 힘과 거리에 비례하고 힘이 일정하면 거리가 길어짐에 따라 모멘트도 커진다. 모멘트의 단위는 힘과 거리의 단위 곱으로 표시되며 N·mm , kN·m 등으로 사용한다.

그림 1-3에서 힘 P_1으로 인한 모멘트 M_1과 같이 시계방향으로 회전하는 모멘트는 양(+)의 부호를 사용하고, 힘 P_2로 인한 모멘트와 같이 반시계방향으로 회전하는 모멘트는 음(−)의 부호를 사용한다.

$$M_1 = +P_1 l_1 \tag{1.4}$$

$$M_2 = -P_2 l_2 \tag{1.5}$$

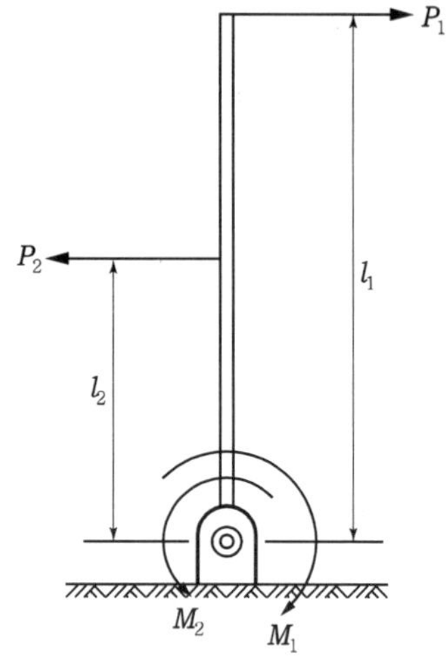

그림 1-3

예제 1.1

그림에서 A점을 중심으로 모멘트를 구하시오.

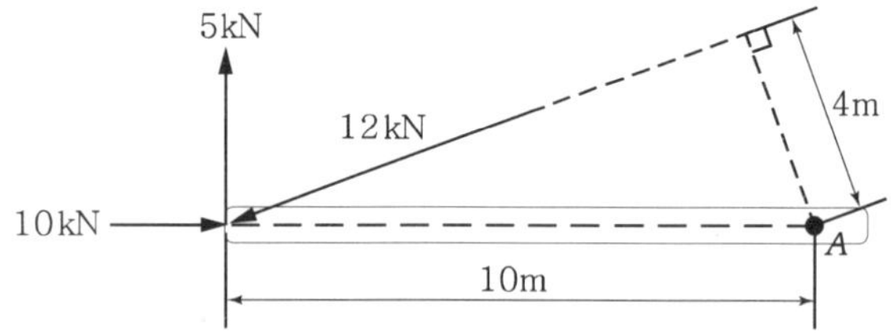

▸ **풀이**

$M_A = 5 \times 10 - 12 \times 4 + 10 \times 0 = 2\text{kN} \cdot \text{m}$

1.3 우력 모멘트

크기가 같고 방향이 서로 반대인 한 쌍의 평행한 힘을 우력(couple force)이라 하며 우력을 받는 물체는 회전력을 받게 되는데 이를 우력모멘트(couple moment)라 부른다. 그림 1-4로부터 A점에서 모멘트를 구하면 다음 식과 같다.

$$M_A = Pa + Pb = P(a+b) = Pl$$

다음 B점에서 모멘트를 구하면 다음 식과 같다.

$$M_B = P(l+c) - Pc = Pl \tag{1.6}$$

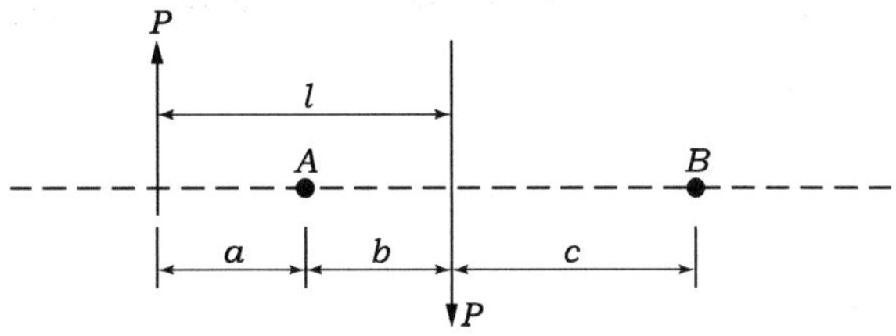

그림 1-4

즉, 우력모멘트의 특징은 평면상 어느 점에서 모멘트를 구하더라도 그 값은 같다.

1.4 바리논의 정리

그림 1-5 (a)에서 O점에 관한 모멘트는 $M_o = Pl$로 되고 △AOB의 면적은 $\frac{1}{2}Pl$이므로 다음과 같은 관계가 성립한다.

$$M_o = 2\triangle AOB \tag{1.7}$$

다음 그림 1-5 (b)에서 두 개의 힘 P_1과 P_2 및 합력 R의 O점에 관한 모멘트를 구하여 각각 M_1, M_2, M_o이라고 하면 다음과 같다.

P_1의 O점에 관한 모멘트 : $M_1 = 2\triangle AOD = l \cdot h_1$

P_2의 O점에 관한 모멘트 : $M_2 = 2\triangle AOB = l \cdot h_2$

R의 O점에 관한 모멘트 : $M_o = 2\triangle AOC = l \cdot h$

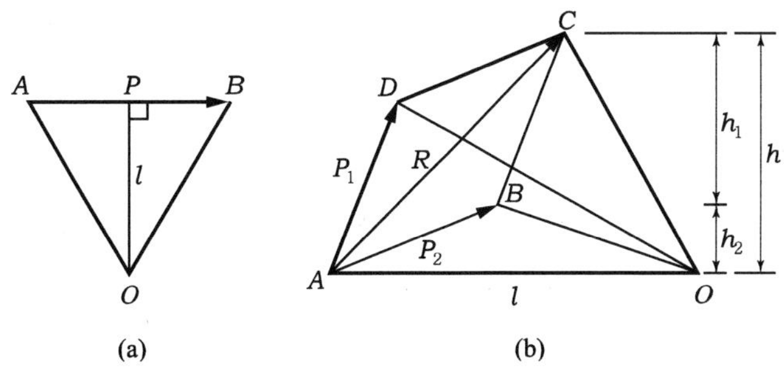

그림 1-5

여기서 M_1과 M_2를 합하면 $M_1 + M_2 = l(h_1 + h_2) = l \cdot h$로 되어 M_o와 같다.

$$\therefore M_1 + M_2 = M_o \tag{1.8}$$

따라서 동일점에서 합력에 관한 모멘트는 분력에 관한 모멘트의 합과 같다는 정리가 바리논의 정리(varigonon's theorem)이다.

1.5 힘의 합성과 분해

여러 개의 힘을 합하여 똑같은 효력을 나타내는 한 개의 힘을 구하는 것을 힘의 합성(composition of force)이라고 하고 그 합한 힘을 합력(resultant)이라고 한다. 반대로 한 개의 힘을 효력이 같은 여러 개의 힘으로 나누는 것을 힘의 분해(decomposition of force)라고 한다.

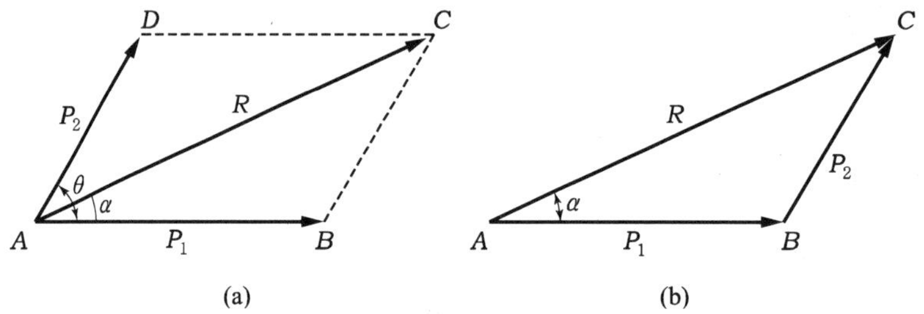

그림 1-6

도해적인 방법으로 합력을 구하면 그림 1-6 (a)와 같이 두 개의 힘 P_1, P_2에 대한 평행사변형(parallelogram of force)을 작도하여 대각선 AC를 연결하면 합력 R이 된다. 또 그림 1-6 (b)와 같이 힘 P_1의 종점에 힘 P_2의 시점을 연결하여 힘의 삼각형(triangle of force)을 작도하면 대각선 AC가 합력 R이 된다. 이를 시력도(forces polygon)라고 한다.

1.5.1 두 힘의 합성과 분해

1) 직각으로 작용하는 경우

그림 1-7과 같이 2개의 힘 P_1과 P_2가 직각으로 작용하는 경우 합력의 크기 R을 피타고라스 정리(Pythagoras theorem)를 이용하여 구하면 다음과 같다.

합력의 크기

$$R^2 = P_1^2 + P_2^2$$

$$R = \sqrt{P_1^2 + P_2^2} \qquad (1.9)$$

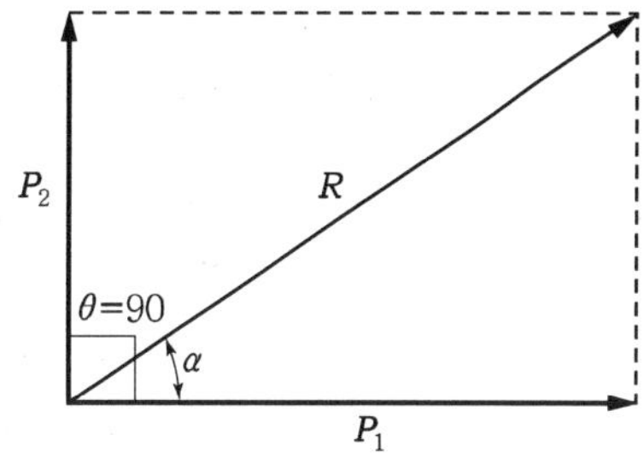

그림 1-7

합력의 방향

$$\tan\alpha = \frac{P_2}{P_1} \qquad (1.10)$$

반대로 한 개의 힘 R을 2개의 힘 P_1과 P_2로 분해하면

$$P_1 = R\cos\alpha \qquad (1.11)$$

$$P_2 = R\sin\alpha \qquad (1.12)$$

로 표시된다.

2) 경사각으로 작용하는 경우

그림 1-8과 같이 2개의 힘 P_1과 P_2가 θ의 각도로 작용하는 경우 합력의 크기 R을 피타고라스 정리(Pythagoras theorem)를 이용하여 구하면 다음과 같다.

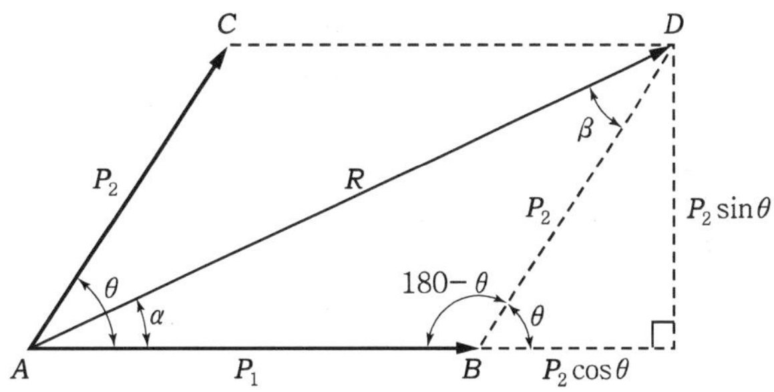

그림 1-8

합력의 크기는

$$R^2 = (P_1 + P_2\cos\theta)^2 + (P_2\sin\theta)^2$$
$$= P_1^2 + 2P_1P_2\cos\theta + P_2^2\cos^2\theta + P_2^2\sin^2\theta$$

$$\therefore R = \sqrt{P_1^2 + P_2^2 + 2P_1P_2\cos\theta} \qquad (1.13)$$

합력의 방향은

$$\tan\alpha = \frac{P_2\sin\theta}{P_1 + P_2\cos\theta} \qquad (1.14)$$

로 표시된다.

그림 1-8의 삼각형 ABD에서 보는 바와 같이 합력 R을 2개의 힘 P_1과 P_2로 분해하기 위하여 sine법칙을 적용하면 다음 식과 같다.

$$\frac{R}{\sin(180-\theta)} = \frac{P_2}{\sin\alpha} = \frac{P_1}{\sin\beta}$$

$$P_1 = R\frac{\sin\beta}{\sin\theta},\ P_2 = R\frac{\sin\alpha}{\sin\theta} \tag{1.15}$$

특수한 경우로써 $\theta = 90°$ 인 경우에는

$$P_1 = R\cos\alpha,\ P_2 = R\sin\alpha \tag{1.16}$$

예제 1.2

그림에서 두 힘에 대한 합력의 크기 R과 방향 α를 구하시오.

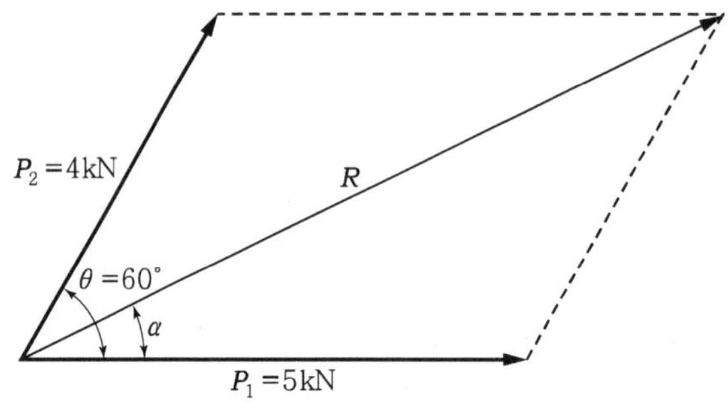

▸ **풀이**

$$R = \sqrt{P_1^2 + P_2^2 + 2P_1P_2\cos\theta} = \sqrt{5^2 + 4^2 + 2\times5\times4\times\cos60} = 7.81\text{kN}$$

$$\tan\alpha = \frac{P_2\sin\theta}{P_1 + P_2\cos\theta} = \frac{4\times\sin60}{5+4\cos60} = 0.4949,\ \alpha = 26.33°$$

1.5.2 평행한 힘의 합성

그림 1-9와 같이 평행하게 작용하는 여러개의 수직력 P_1, P_2, ⋯, P_n을 합성하는 방법은 모든 힘의 방향이 동일하므로 합력은 $R = P_1 + P_2 + \cdots + P_n$ 이 된다. 합력의 작용점은 O점에서 바리논의 정리를 적용하면 구할 수 있다.

$$R \cdot x_o = P_1x_1 + P_2x_2 + \cdots + P_nx_n$$

$$x_o = \frac{P_1x_1 + P_2x_2 + \cdots + P_nx_n}{P_1 + P_2 + \cdots + P_n} \tag{1.17}$$

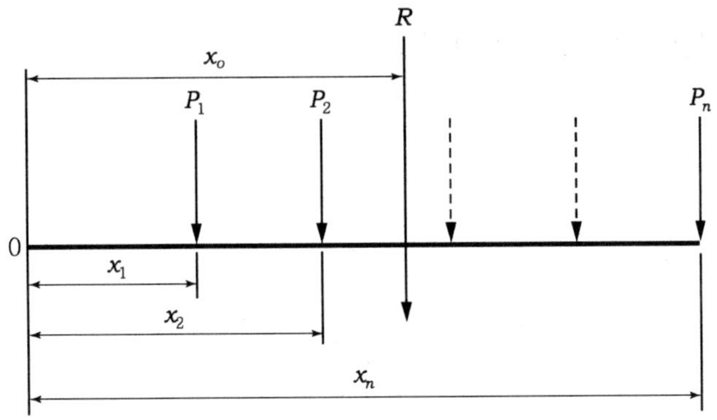

그림 1-9

마찬가지로, 수평력에 대해서도 다음과 같은 식으로 구할 수 있다.

$$R \cdot y_o = P_1 y_1 + P_2 y_2 + \cdots + P_n y_n$$

$$y_o = \frac{P_1 y_1 + P_2 y_2 + \cdots + P_n x_n}{P_1 + P_2 + \cdots + P_n} \tag{1.18}$$

예제 1.3

그림과 같은 세 힘에 대한 합력의 크기 R과 작용점 x_0를 구하시오.

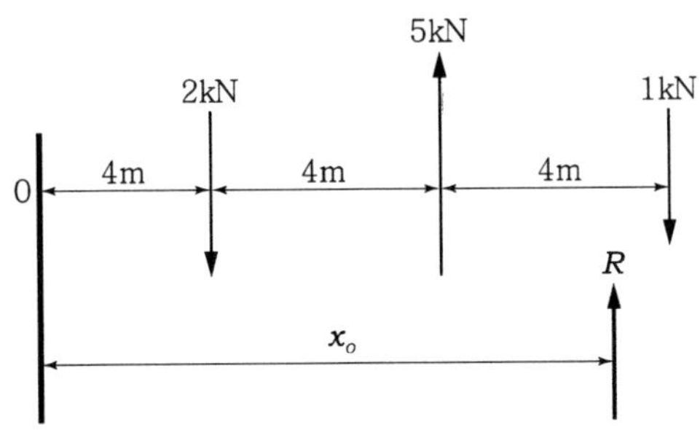

▸ 풀이

합력의 크기 $R = -2 + 5 - 1 = 2\text{kN}$

합력의 작용점은 바리논의 정리를 적용하여 구한다.

$2 \times x_o = -2 \times 4 + 5 \times 8 - 1 \times 12$

$2 \times x_o = 20$

$\therefore x_o = 10\text{m}$

1.5.3 동일점에 작용하는 여러 힘의 합성

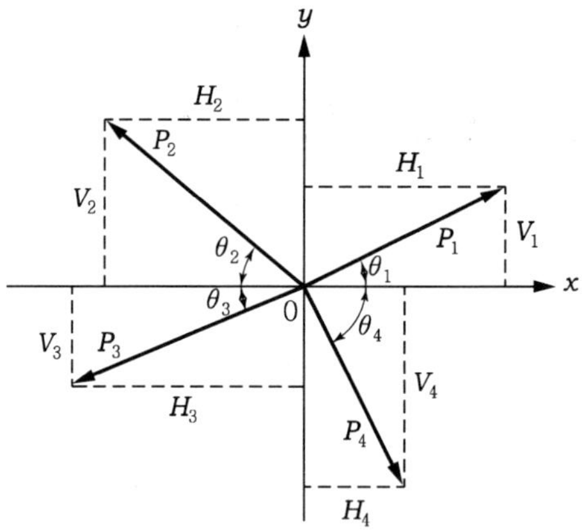

그림 1-10

그림 1-10과 같이 4개의 힘 P_1, P_2, P_3, P_4가 동일점 O에 작용하는 경우에 합력과 합력의 방향을 구하기 위해서는 먼저 각각의 경사진 힘을 x 방향의 수평분력(H_1, H_2, H_3, H_4)과 y 방향의 수직분력(V_1, V_2, V_3, V_4)으로 분해한다. 다음에 각각의 힘이 x 축과 이루는 각을 θ_1, θ_2, θ_3, θ_4라고 하면 수평분력의 합력 $\sum H$는

$$\begin{aligned}\sum H &= H_1 + H_2 + H_3 + H_4 \\ &= P_1\cos\theta_1 - P_2\cos\theta_2 - P_3\cos\theta_3 + P_4\cos\theta_4\end{aligned}$$

이고 수직분력의 합력 $\sum V$는

$$\begin{aligned}\sum V &= V_1 + V_2 + V_3 + V_4 \\ &= P_1\sin\theta_1 + P_2\sin\theta_2 - P_3\sin\theta_3 - P_4\sin\theta_4\end{aligned}$$

로 2개의 힘으로 표시된다.

다시 이 두 개의 힘에 대하여 합력의 크기 R과 합력의 방향 α를 구하면

$$R = \sqrt{(\sum H)^2 + (\sum V)^2} \tag{1.19}$$

$$\tan\alpha = \frac{\sum V}{\sum H} \tag{1.20}$$

로 표시된다. 또한 작용점은 동일점 O가 된다.

예제 1.4

그림에서 동일점에 작용하는 3개의 힘의 합력을 구하고 x축과 이루는 각 α를 구하라.

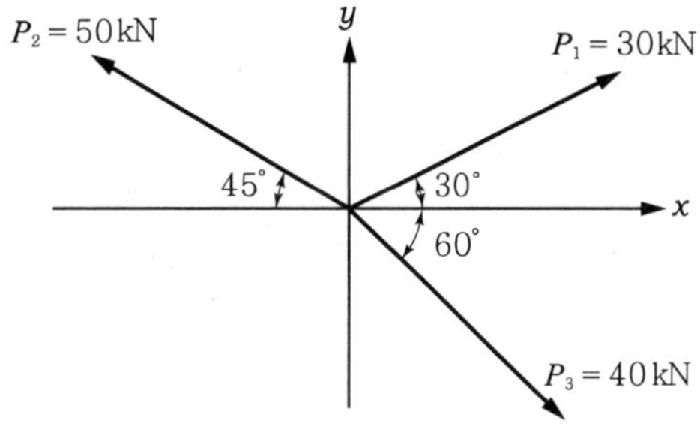

▸ **풀이**

$H_1 = 30\cos 30 = 25.98\,\text{kN}$

$H_2 = -50\cos 45 = -35.36\,\text{kN}$

$H_3 = 40\cos 60 = 20\,\text{kN}$

$V_1 = 30\sin 30 = 15\,\text{kN}$

$V_2 = 50\sin 45 = 35.36\,\text{kN}$

$V_3 = -40\sin 60 = -34.64\,\text{kN}$

$\sum H = H_1 + H_2 + H_3 = 25.98 - 35.36 + 20 = 10.62\,\text{kN}$

$\sum V = V_1 + V_2 + V_3 = 15 + 35.36 - 34.64 = 15.72\,\text{kN}$

합력 $R = \sqrt{10.62^2 + 15.72^2} = 18.97\,\text{kN}$

합력의 방향 $\tan\alpha = \dfrac{15.72}{10.62} = 1.48$, $\alpha = 55°57'29''$

1.5.4 동일점에 작용하지 않는 여러 힘의 합성

그림 1-11과 같이 동일점에 작용하지 않는 3개의 힘을 합성하기 위하여 우선 원점 O를 지나는 직교좌표축을 설정하고 각각의 힘 P_1, P_2, P_3의 작용점 좌표를 각각 (x_1, y_1), (x_2, y_2), (x_3, y_3)으로 표시한다.

다음에는 각각의 경사진 힘 P_1, P_2, P_3에 대해 x축 방향의 수평분력(H_1, H_2, H_3)과 y축 방향의 수직분력(V_1, V_2, V_3)으로 분해한다.

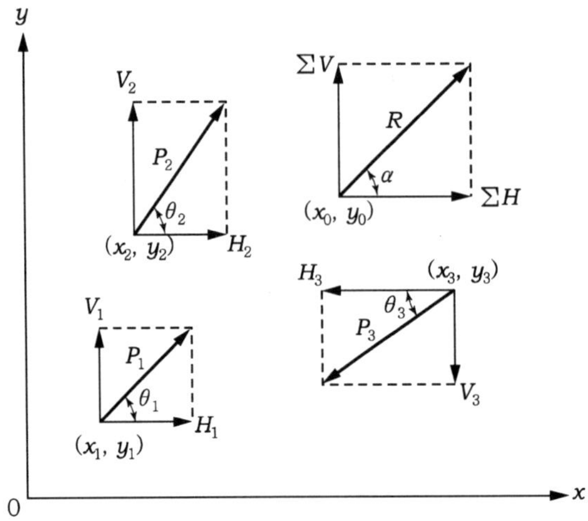

그림 1-11

그 다음에는 수평분력의 합력과 수직분력의 합력을 구한다.

$$\Sigma H = H_1 + H_2 + H_3 = P_1 \cos\theta_1 + P_2 \cos\theta_2 - P_3 \cos\theta_3$$

$$\Sigma V = V_1 + V_2 + V_3 = P_1 \sin\theta_1 + P_2 \sin\theta_2 - P_3 \sin\theta_3$$

따라서, 합력의 크기 R과 합력의 방향 α는 식 (1.19)과 식 (1.20)과 마찬가지로 다음 같은 식으로 구해진다.

$$R = \sqrt{(\Sigma H)^2 + (\Sigma V)^2}$$

$$\tan\alpha = \frac{\Sigma V}{\Sigma H}$$

또한 합력의 작용점을 구하기 위하여 바리논의 정리를 적용하면

$$\Sigma V x_o = V_1 x_1 + V_2 x_2 - V_3 x_3 = \Sigma V x$$

$$\Sigma H y_o = H_1 y_1 + H_2 y_2 - H_3 y_3 = \Sigma H y$$

로 표시되므로, 여기서 합력의 작용점 (x_o, y_o)를 구하면 다음 식과 같다.

$$x_o = \frac{\Sigma V x}{\Sigma V}, \ y_o = \frac{\Sigma H y}{\Sigma H} \tag{1.21}$$

예제 1.5

그림에서 동일점에 작용하지 않는 4개의 힘들의 합력 R을 구하고 x축과이루는 각 α와 작용점의 위치(x_o, y_o)를 구하라.

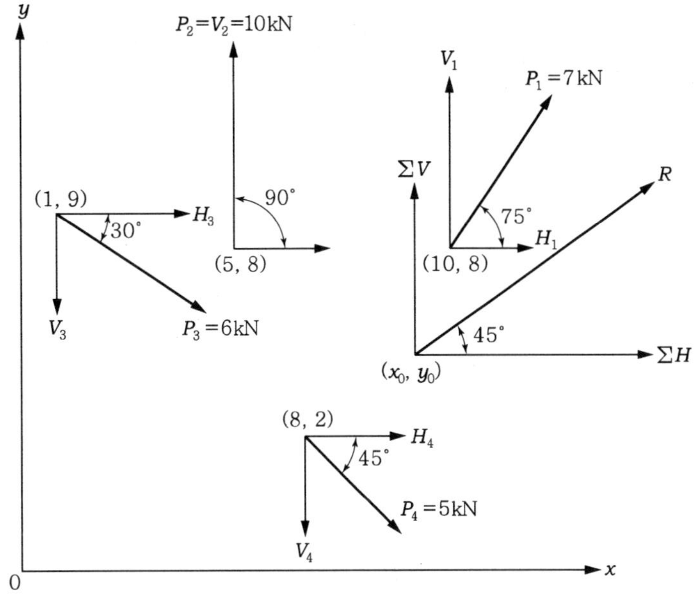

▸ **풀이**

$H_1 = 7\cos 75 = 1.8116\text{kN},\ H_2 = 10\cos 90 = 0,\ H_3 = 6\cos 30 = 5.196\text{kN}$

$H_4 = 5\cos 45 = 3.535\text{kN}$

$V_1 = 7\sin 75 = 6.7613\text{kN},\ V_2 = 10\sin 90 = 10\text{kN},\ V_3 = -6\sin 30 = -3\text{kN}$

$V_4 = -5\sin 45 = -3.535\text{kN}$

$\Sigma H = H_1 + H_2 + H_3 + H_4 = 1.8116 + 5.196 + 3.535 = 10.5426\text{kN}(\rightarrow)$

$\Sigma V = V_1 + V_2 + V_3 + V_4 = 6.7613 + 10 - 3 - 3.535 = 10.2263\text{kN}(\uparrow)$

합력 $R = \sqrt{10.5426^2 + 10.2263^2} = 14.6875\,\text{kN}$

합력의 방향 $\tan\alpha = \dfrac{10.2263}{10.5426} = 0.9699979,\ \alpha = 44°8'$

합력의 작용점 $x_o = \dfrac{\Sigma V \cdot x}{\Sigma V} = \dfrac{6.7613 \times 10 + 10 \times 5 - 3 \times 1 - 3.535 \times 8}{10.2263} = 8.442\text{m}$

$$y_o = \frac{\Sigma H \cdot y}{\Sigma H} = \frac{1.8116 \times 8 + 5.196 \times 9 + 3.535 \times 2}{10.5426} = 6.481\text{m}$$

1.6 힘의 평형

힘의 평형상태(equilibrium of force)란 구속받지 않는 물체에 힘이 작용할 때 이동하지 않으며 회전하지 않고 정지상태로 되었을 때를 평형상태라고 말한다. 그림 1-12(a)에서 세 힘이 평형을 이룬다고 하면 그림 1-12(b)와 같이 시력도를 그려서 힘을 합성하면 시점과 종점이 일치되어 폐합해야 한다.

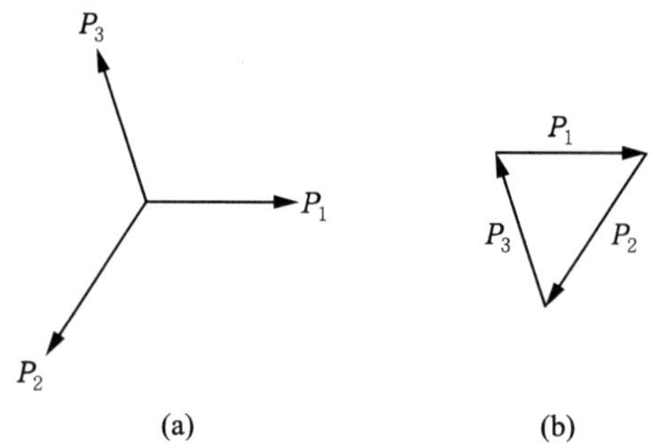

그림 1-12

이는 해석적으로는 식 (1-19)로부터 합력의 크기가

$$R = \sqrt{(\Sigma H)^2 + (\Sigma V)^2} = 0$$

이 되어야 하므로 $\Sigma H = 0$, $\Sigma V = 0$가 되어야 한다.

또한 이 외에도 물체를 회전시키려는 모멘트의 합도 영이 되어야 한다. 따라서 완전한 평형상태가 되기 위해서는 다음과 같은 3개의 평형조건식이 성립하여야만 된다.

$$\Sigma V = 0, \ \Sigma H = 0, \ \Sigma M = 0 \tag{1.22}$$

그림 1-13에서 보는 바와 같이 3개의 힘이 평형상태인 경우에 시력도를 그려서 삼각형 ABC에 sine 법칙을 적용하면 다음 식과 같다.

$$\frac{P_1}{\sin(180-\theta_1)} = \frac{P_2}{\sin(180-\theta_2)} = \frac{P_3}{\sin(180-\theta_3)}$$

$$\frac{P_1}{\sin\theta_1} = \frac{P_2}{\sin\theta_2} = \frac{P_3}{\sin\theta_3} \tag{1.23}$$

이 관계식을 라미의 정리(Lami's theorem)라고 한다. 이 라미의 정리를 적용하면 한 개의 힘과 사이 각을 알면 다른 2개의 힘을 구할 수 있다.

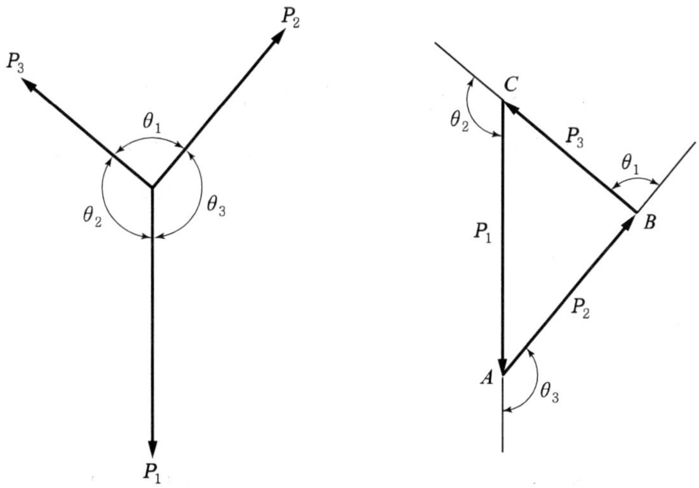

그림 1-13

예제 1.6

그림에서 AC 및 BC 부재가 받는 힘 T_1과 T_2를 구하여라.

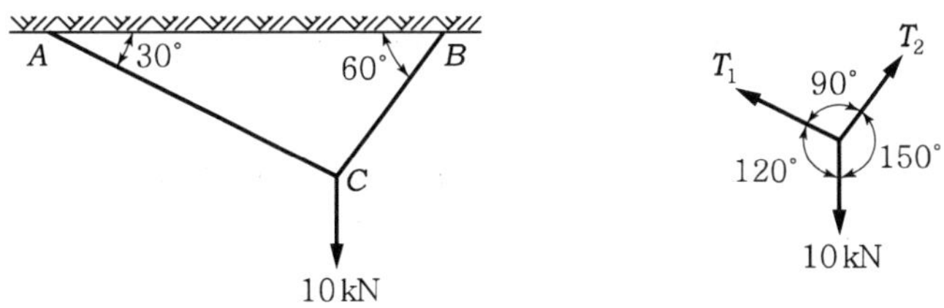

▸ **풀이**

① 평형조건식을 이용

$$\Sigma V=0,\ T_1\sin30+T_2\sin60-10=0,\ \frac{T_1}{2}+\frac{\sqrt{3}\,T_2}{2}=10$$

$$\Sigma H=0,\ -T_1\cos30+T_2\cos60=0,\ \frac{\sqrt{3}\,T_1}{2}=\frac{T_2}{2}$$

두 식을 연립으로 풀면 $\dfrac{T_1}{2}+\dfrac{3T_1}{2}=10,\ T_1=5\text{kN},\ T_2=5\sqrt{3}=8.66\text{kN}$

② 라미의 정리를 이용

$$\frac{T_1}{\sin150}=\frac{T_2}{\sin120}=\frac{10}{\sin90}$$

$$T_1=10\times\frac{\sin150}{\sin90}=10\times\frac{\sin(90+60)}{\sin90}=10\times\cos60=10\times\frac{1}{2}=5\text{kN}$$

$$T_2=10\times\frac{\sin120}{\sin90}=10\times\frac{\sin(90+30)}{\sin90}=10\times\cos30=10\times\frac{\sqrt{3}}{2}=8.66\text{kN}$$

1.7 마 찰

물체가 움직이기 시작하면 접촉면에서 마찰 때문에 운동에 저항하는 저항력이 발생한다. 이 저항력을 미끄럼 마찰력이라고 부른다. 마찰력은 물체의 운동과 반대 방향으로 작용하고 접촉면의 면적과는 관계없고 접촉면의 상태에 따라 달라진다.

마찰력 = 마찰계수 × 수직력

$$F = \mu \cdot N \tag{1.24}$$

예제 1.7

그림과 같은 30° 경사진 언덕에서 4kN의 물체를 밀어 올리는데 얼마 이상의 힘이 필요한가? (단, 마찰계수는 $\mu = 0.25$ 이다)

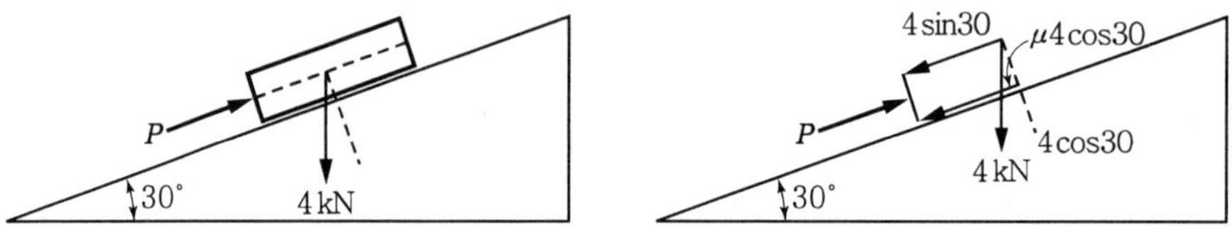

▸ 풀이

먼저 힘 4kN을 경사면에 수직력(4cos30)과 수평력(4sin30)으로 분해한다.
물체를 밀어 올리는 힘은 경사면에 작용하는 힘과 마찰력(μ4cos30)과의 합이다.
$P = 4\sin 30 + 0.25 \times 4\cos 30 = 2.866\,\text{kN}$

연 습 문 제

문제 1.1 무게 $W = 1\text{kN}$의 물체를 두 개의 끈으로 지탱할 때 한 끈이 받는 힘의 크기를 구하라?

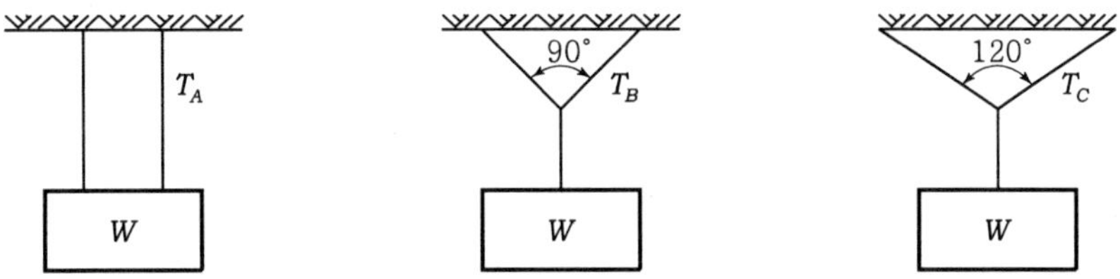

▸ 풀이

평형조건식 $\sum V = 0$ 에 적용하면

$$2T_A - W = 0\,,\ \ T_A = \frac{W}{2} = \frac{1}{2} = 0.5\text{kN}$$

$$2T_B\cos 45 - W = 0\,,\ \ T_B = \frac{W}{2\cos 45} = \frac{1}{\sqrt{2}} = 0.71\text{kN}$$

$$2T_C\cos 60 - W = 0\,,\ \ T_C = \frac{W}{2\cos 60} = W = 1\text{kN}$$

따라서, 한 끈이 받는 힘의 크기의 순서는 $T_C > T_B > T_A$ 이다.

문제 1.2 그림과 같이 밀도가 균일하고 무게가 W인 구가 마찰이 없는 두 벽면 사이에 놓여 있을 때 반력의 크기 R_A를 구하여라.

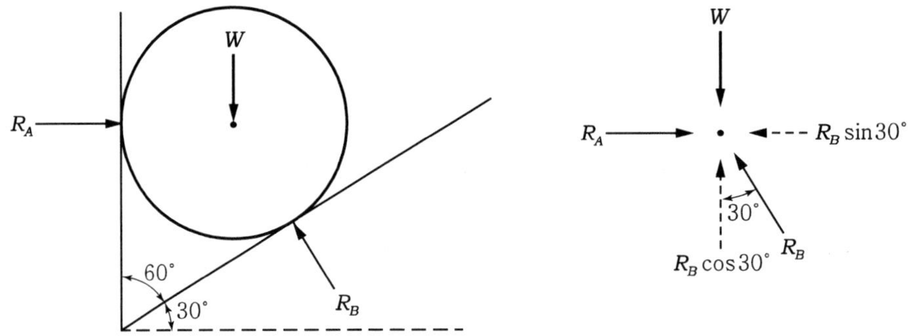

▸ 풀이

구의 중심에서 평형조건식을 고려하면

$$\Sigma V = 0\,,\ R_B\cos 30 - W = 0\,,\ R_B = \frac{W}{\cos 30} = \frac{2W}{\sqrt{3}} = 1.155\,W$$

$$\Sigma H = 0\,,\ R_A - R_B\sin 30 = 0\,,\ R_A = R_B\sin 30 = \frac{2W}{\sqrt{3}} \times \frac{1}{2} = \frac{W}{\sqrt{3}} = 0.577\,W$$

문제 1.3 그림과 같은 부양력 300kN인 기구가 수평선과 60°의 각을 이루고 정지상태에 있을 때 기구가 받는 풍압 W 및 로프에 작용하는 힘 T를 구하여라.

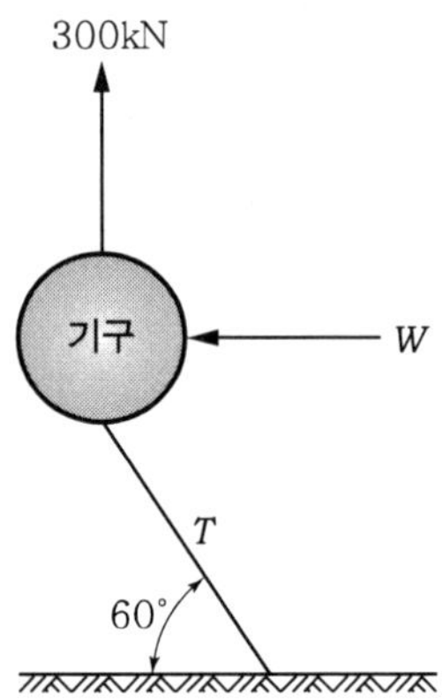

▸ 풀이

$\Sigma V = 0\,,\ 300 - T\sin 60 = 0$

$T = 346.4\text{kN}$

$\Sigma H = 0\,,\ -W + T\cos 60 = 0$

$W = 173.2\text{kN}$

문제 1.4 그림과 같이 0.1m 높이의 장애물을 하중 3kN인 차륜이 넘어가는데 필요한 최소의 힘 P를 구하여라.

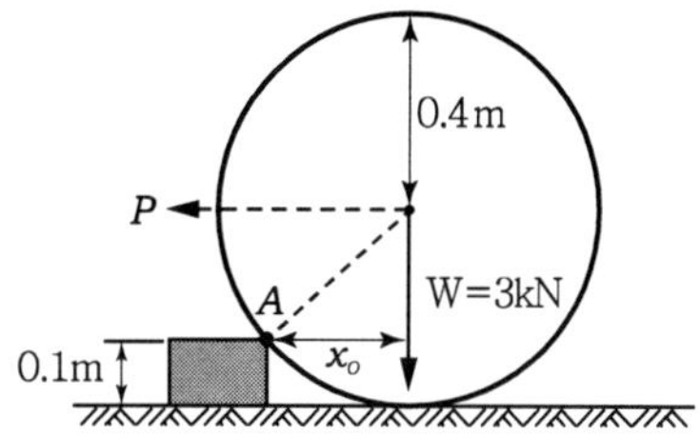

▸ **풀이**

$x_0 = \sqrt{(0.4)^2 - (0.3)^2} = \sqrt{0.07}$

$\Sigma M_A = 0$

$-P \times 0.3 + 3 \times \sqrt{0.07} = 0$

$P = 2.6457\,\text{kN}$

문제 1.5 그림과 같이 큰 반지름 $R = 0.2\text{m}$와 작은 반지름 $r = 0.1\text{m}$의 활차를 고정하여 일체로 한 다음 $W = 40\text{kN}$을 힘 P로서 끌어 올리려고 할 때 P의 크기를 구하여라.

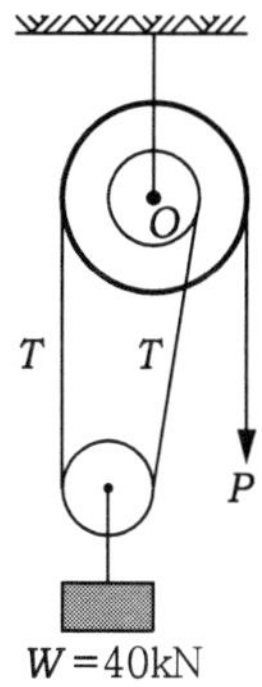

▸ **풀이**

$\Sigma V = 0$

$40 - 2T = 0$

$T = 20\,\text{kN}$

$\Sigma M_O = 0$

$P \times 0.2 + 20 \times 0.1 - 20 \times 0.2 = 0$

$P = 10\,\text{kN}$

문제 1.6 그림과 같은 구조물의 C점에 10kN의 하중이 작용했을 때 T_1이 받는 힘은 얼마인가?

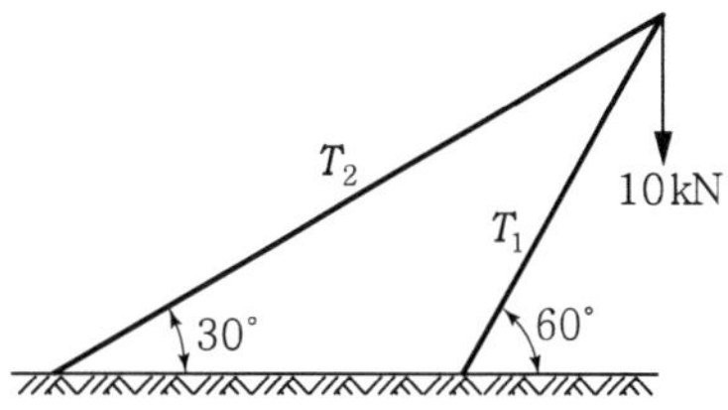

▸ **풀이**

$\Sigma V = 0$

$-T_1 \cos 30 - T_2 \cos 60 - 10 = 0$

$\Sigma H = 0$

$-T_1 \cos 60 - T_2 \cos 30 = 0$

$T_1 = -17.32\,\text{kN}$ (압축)

$T_2 = 10\,\text{kN}$

CHAPTER

02

단면의 성질

2.1 단면 1차 모멘트
2.2 단면 2차 모멘트
2.3 단면 2차 극모멘트
2.4 단면 상승 모멘트
2.5 주단면 2차 모멘트
2.6 파푸스의 정리
■ 연습문제

CHAPTER 02 단면의 성질

2.1 단면 1차 모멘트

2.1.1 단면 1차 모멘트

그림 2-1에서 면적이 A인 단면 내의 미소면적을 dA라하고, 직교좌표에서 x축 및 y축으로부터 미소 단면적 dA까지의 거리를 y, x라 할 때 $y\,dA$ 및 $x\,dA$를 전 단면적에 대하여 적분한 값을 단면 1차 모멘트(geometrical moment of area)라 한다. 단위는 면적에 거리를 곱한 양으로 mm^3, m^3이다.

따라서 x, y축에 관한 단면 1차 모멘트를 G_x, G_y라 하면 다음 식으로 정의된다.

$$G_x = \int_A y dA \tag{2-1}$$

$$G_y = \int_A x dA \tag{2-2}$$

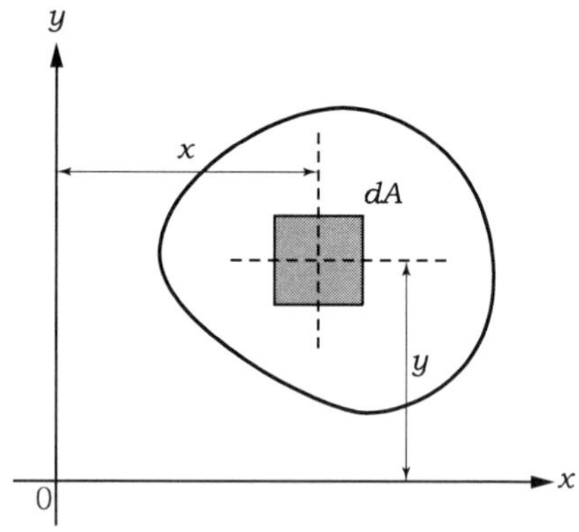

그림 2-1

예제 2.1

그림과 같은 직사각형 단면의 x축 및 y축에 관한 단면 1차 모멘트는?

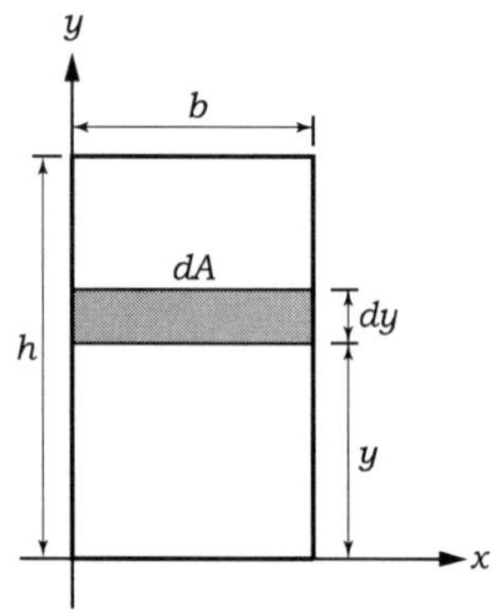

▸ **풀이**

$dA = bdy$

$G_x = \int_0^h ybdy = b\left[\frac{y^2}{2}\right]_0^h = \frac{bh^2}{2}$

이 공식을 y축에 적용하면

$G_y = \frac{hb^2}{2}$이 된다.

예제 2.2

그림과 같은 삼각형 단면의 x축에 관한 단면 1차 모멘트는?

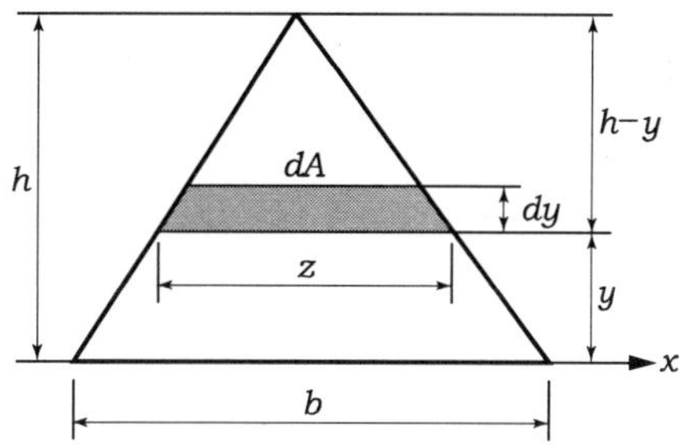

▸ **풀이**

$z=\frac{b}{h}(h-y)$, $dA=zdy=\frac{b}{h}(h-y)dy$

$$G_x=\int_A ydA=\int_0^h y\frac{b(h-y)}{h}dy$$

$$=\int_0^h b(y-\frac{y^2}{h})dy=b\left(\left[\frac{y^2}{2}\right]_0^h-\left[\frac{y^3}{3h}\right]_0^h\right)$$

$$=b\left(\frac{h^2}{2}-\frac{h^2}{3}\right)=\frac{bh^2}{6}$$

예제 2.3

그림과 같은 반지름이 r인 결원의 x축에 관한 단면 1차 모멘트는?

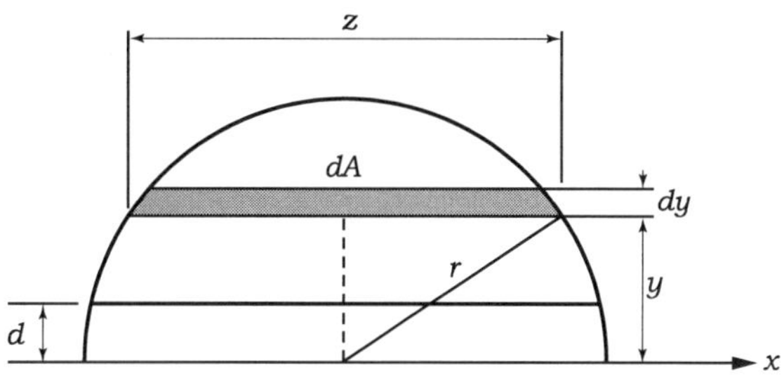

▸ **풀이**

$r^2=y^2+\left(\frac{z}{2}\right)^2$에서 $z=2\sqrt{r^2-y^2}$, 미소단면적 : $dA=zdy$

$$G_x=\int_A ydA=\int_d^r yzdy=\int_d^r 2y(r^2-y^2)^{\frac{1}{2}}dy$$

$r^2-y^2=F$로 치환하여 미분하면 $\frac{dF}{dy}=-2y$, $dy=-\frac{dF}{2y}$

적분구간도 $d\rightarrow r^2-d^2$, $r\rightarrow 0$으로 바뀐다.

$$G_x=\int_{r^2-d^2}^0 2y\cdot F^{\frac{1}{2}}(-\frac{dF}{2y})=-\int_{r^2-d^2}^0 F^{\frac{1}{2}}dF$$

$$=-\left[\frac{2}{3}F^{\frac{3}{2}}\right]_{r^2-d^2}^0=\frac{2}{3}(r^2-d^2)^{\frac{3}{2}}$$

2.1.2 도심

그림 2-2와 같이 면적이 A인 단면에서 원점이 O이고 x, y축에 관한 단면 1차 모멘트를 G_x, G_y라하고, 원점이 O'이고 x, y축으로부터 x_o, y_o 만큼 평행이동한 축 X, Y축에 관한 단면 1차 모멘트를 G_X, G_Y라 할 때 이들 상호 간의 관계식은 다음과 같이 된다.

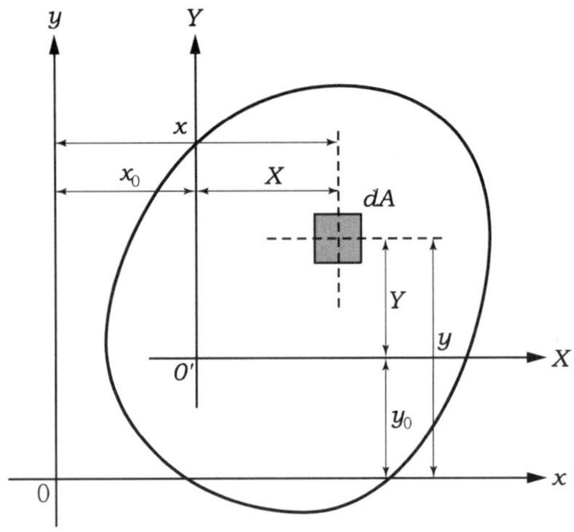

그림 2-2

여기서, $y = Y + y_o$이므로

$$G_x = \int_A ydA = \int_A (Y + y_o)dA = \int_A YdA + y_o \int_A dA = G_X + y_o A \qquad (2\text{-}3)$$

마찬가지로 $x = X + x_o$을 대입하여 정리하면

$$G_y = G_Y + x_o A \qquad (2\text{-}4)$$

어느 단면에서 한 점을 지나는 직교좌표에 관한 단면 1차 모멘트가 영일 때 이 점을 그 단면의 도심이라고 한다. 그림 2-2에서 X, Y축이 도심축이라면 식 (2-3)과 식 (2-4)에서 $G_X = 0$, $G_Y = 0$이 되므로 x, y축으로부터 도심까지의 거리 x_o, y_o는

$$x_o = \frac{G_y}{A} \qquad (2\text{-}5)$$

$$y_o = \frac{G_x}{A} \qquad (2\text{-}6)$$

가 된다. 또한 단면적이 A_1, A_2, ⋯, A_n인 작은 도형이 모여 하나의 큰 도형을 이루고 있

을 때 이 도형의 좌표축 x, y에 관한 도심의 위치 (x_o, y_o)는 다음 식으로 구해진다.

$$x_o = \frac{A_1x_1 + A_2x_2 + \cdots + A_nx_n}{A_1 + A_2 + \cdots + A_n}$$

$$y_o = \frac{A_1y_1 + A_2y_2 + \cdots + A_ny_n}{A_1 + A_2 + \cdots + A_n}$$

여기서 (x_1, y_1), (x_2, y_2), $\cdots\cdots(x_n, y_n)$는 각 도형의 도심 좌표이다.

예제 2.4

그림과 같은 삼각형, 반원형, 사다리꼴 단면의 도심을 구하라.

▸ 풀이

① 삼각형 단면

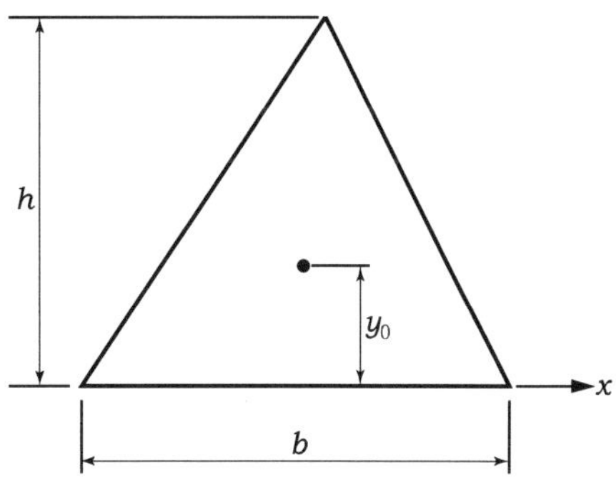

예제 2.2로부터 $G_x = \frac{bh^2}{6}$

삼각형의 단면적 $A = \frac{bh}{2}$

$$y_o = \frac{G_x}{A} = \frac{\frac{bh^2}{6}}{\frac{bh}{2}} = \frac{h}{3}$$

② 반원형단면

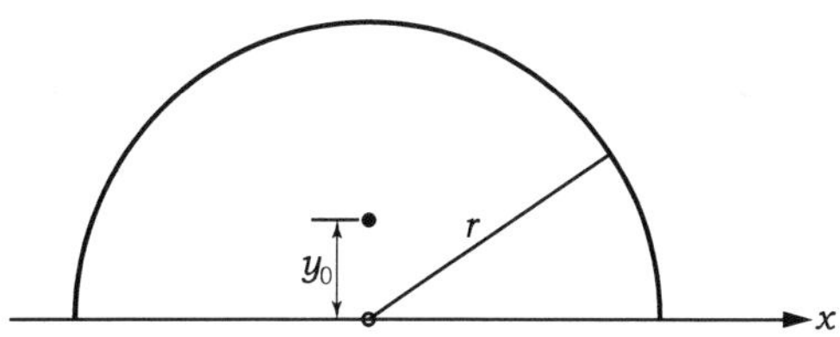

예제 2.3으로부터 $G_x = \frac{2}{3}(r^2 - d^2)^{\frac{3}{2}}$

반원이므로 $d = 0$을 대입하면 $G_x = \frac{2}{3}r^3$

반원의 단면적은 $A = \frac{\pi r^2}{2}$

도심 $y_o = \frac{G_x}{A} = \frac{\frac{2}{3}r^3}{\frac{\pi r^2}{2}} = \frac{4r}{3\pi}$

③ 사다리꼴 단면

$$G_x = \frac{bh}{2} \cdot \frac{2h}{3} + \frac{ah}{2} \cdot \frac{h}{3} = \frac{h^2(a+2b)}{6}$$

$$y_o = \frac{G_x}{A} = \frac{\frac{h^2}{6}(a+2b)}{\frac{h}{2}(a+b)} = \frac{h}{3}\frac{a+2b}{a+b}$$

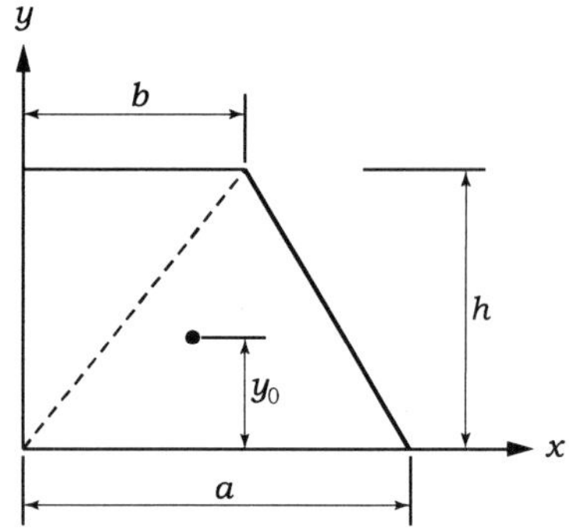

예제 2.5

그림과 같은 포물선으로 나누어지는 상·하 단면의 도심을 구하라.

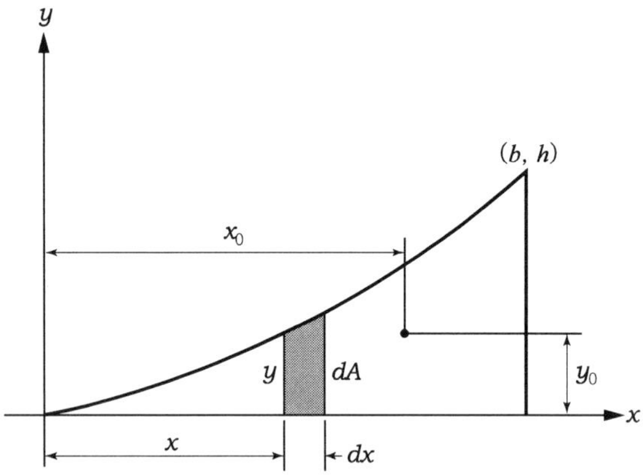

▸ **풀이**

① 하부 단면에 대한 도심

포물선 식 $y = ax^2$에 $x = b$, $y = h$를 대입하면 $h = ab^2$, $a = \frac{h}{b^2}$

따라서 $y = \frac{h}{b^2}x^2$, $x = b\sqrt{\frac{y}{h}}$ 이다.

단면적 : $A = \int_A dA = \int_0^b y \cdot dx = \int_0^b \frac{h}{b^2}x^2 dx = \frac{h}{b^2}\left[\frac{x^3}{3}\right]_0^b = \frac{bh}{3}$

단면 1차 모멘트 : $G_y = \int_A x dA = \int_0^b xy dx = \int_0^b x\frac{h}{b^2}x^2 dx = \frac{h}{b^2}\left[\frac{x^4}{4}\right]_0^b = \frac{hb^2}{4}$

$$G_x = \int_A \bar{y} dA = \int_0^b \frac{y}{2} y dx = \int_0^b \frac{y^2}{2} dx = \frac{1}{2}\int_0^b \left(\frac{h}{b^2}x^2\right)^2 dx = \frac{h^2}{2b^4}\left[\frac{x^5}{5}\right]_0^b = \frac{bh^2}{10}$$

도심 : $x_o = \dfrac{G_y}{A} = \dfrac{\dfrac{hb^2}{4}}{\dfrac{bh}{3}} = \dfrac{3}{4}b$, $y_o = \dfrac{G_x}{A} = \dfrac{\dfrac{bh^2}{10}}{\dfrac{bh}{3}} = \dfrac{3}{10}h$

② 상부 단면에 대한 도심

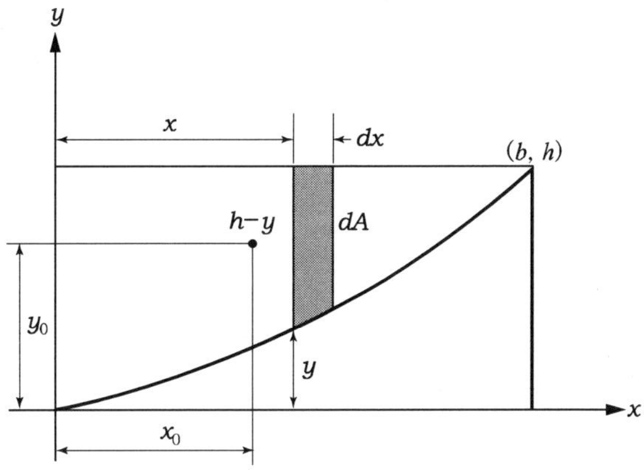

단면적 : $A = \displaystyle\int_A dA = \int_0^b (h-y)dx = \int_0^b \left(h - \frac{h}{b^2}x^2\right)dx = \left[hx - \frac{hx^3}{3b^2}\right]_0^b = hb - \frac{hb}{3} = \frac{2bh}{3}$

단면 1차 모멘트 : $G_y = \displaystyle\int_A xdA = \int_0^b x(h-y)dx = \int_0^b (hx - \frac{h}{b^2}x^3)dx$

$$= \left[\frac{hx^2}{2} - \frac{hx^4}{4b^2}\right]_0^b = \frac{hb^2}{2} - \frac{hb^2}{4} = \frac{hb^2}{4}$$

$$G_x = \int_A ydA = \int_0^b \frac{1}{2}(h+y)(h-y)dx = \frac{1}{2}\int_0^b (h^2 - y^2)dx$$

$$= \frac{1}{2}\left[h^2x - \frac{h^2x^5}{5b^4}\right]_0^b = \frac{1}{2}\left(bh^2 - \frac{bh^2}{5}\right) = \frac{4}{10}bh^2$$

도심 : $x_o = \dfrac{G_y}{A} = \dfrac{\dfrac{hb^2}{4}}{\dfrac{2bh}{3}} = \dfrac{3}{8}b$, $y_o = \dfrac{G_x}{A} = \dfrac{\dfrac{2bh^2}{5}}{\dfrac{2bh}{3}} = \dfrac{3}{5}h$

2.2 단면 2차 모멘트

2.2.1 단면 2차 모멘트

그림 2-3에서 x, y축으로부터 미소면적 dA에 이르는 거리를 각각 y, x라 할 때 y^2dA, x^2dA를 전 단면적에 관하여 적분한 값을 단면 2차 모멘트라 한다. x,y축에 관한 단면 2차 모멘트를 각각 I_x, I_y라 하면

$$I_x = \int_A y^2 dA \tag{2-7}$$

$$I_y = \int_A x^2 dA \tag{2-8}$$

단면 2차 모멘트는 길이의 제곱과 면적의 곱이므로 단위는 mm^4, m^4가 된다.

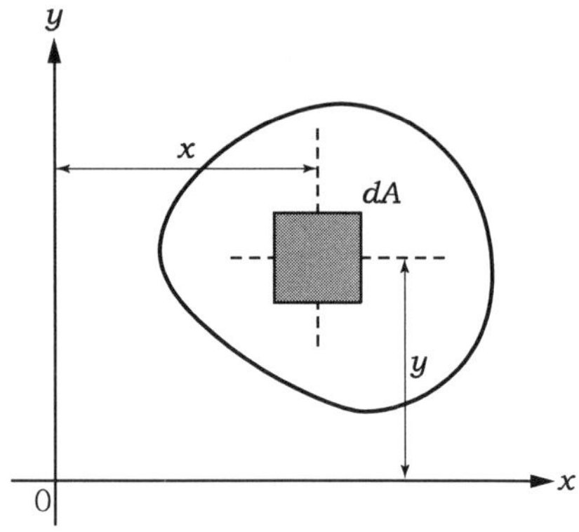

그림 2-3

예제 2.6

그림과 같은 직사각형 단면의 x축 및 y축에 관한 단면 2차 모멘트는?

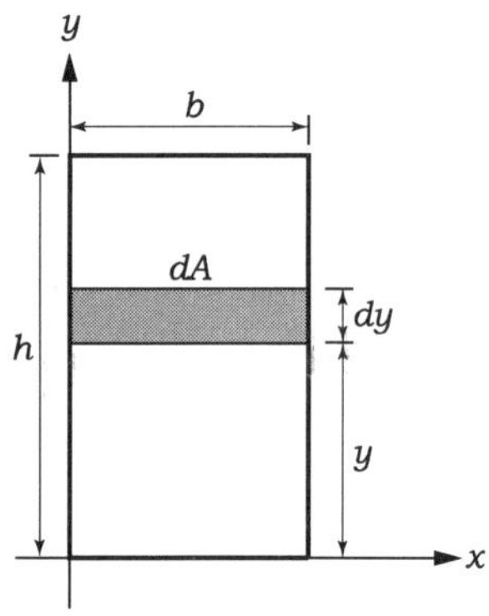

▸ **풀이**

$dA = bdy$

$$I_x = \int_A y^2 dA = \int_0^h y^2 bdy = b\left[\frac{y^3}{3}\right]_0^h = \frac{bh^3}{3}$$

마찬가지로 이 공식을 y축에 적용하면

$$I_y = \frac{hb^3}{3}$$

예제 2.7

그림과 같은 삼각형 단면의 x 축에 관한 단면 2차 모멘트는?

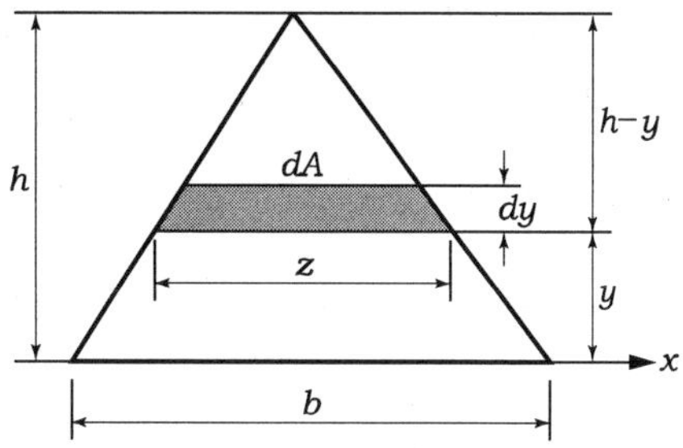

▸ **풀이**

$$z = \frac{b}{h}(h-y)\ ,\ dA = z\,dy = \frac{b}{h}(h-y)dy$$

$$I_x = \int_A y^2 dA = \int_0^h y^2 \cdot \frac{b}{h}(h-y)dy$$

$$= \frac{b}{h}\int_0^h (hy^2 - y^3)dy = \frac{b}{h}\left[\frac{hy^3}{3} - \frac{y^4}{4}\right]_0^h$$

$$= \frac{b}{h}\left(\frac{h^4}{3} - \frac{h^4}{4}\right) = \frac{bh^3}{12}$$

예제 2.8

그림과 같은 반지름이 r 인 원의 x 축에 관한 단면 2차 모멘트는?

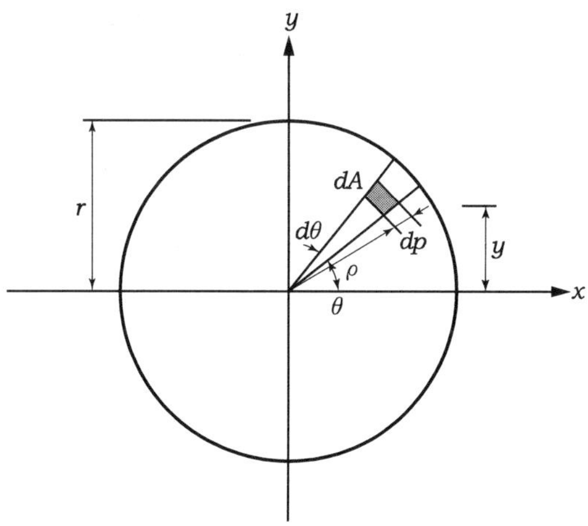

▸ **풀이**

$$y = \rho\sin\theta,\ dA = d\rho \cdot \rho d\theta$$

$$I_x = \int_A y^2 dA = \int_A \rho^2 \sin^2\theta \cdot d\rho \cdot \rho d\theta$$

$$= \int_A \rho^3 \cdot d\rho \cdot \sin^2\theta d\theta$$

$$= \int_0^r \rho^3 d\rho \int_0^{2\pi} \sin^2\theta \cdot d\theta$$

$$= \frac{r^4}{4}\int_0^{2\pi} \sin^2\theta \cdot d\theta\ ,$$

여기서, $\sin^2\theta = \dfrac{1-\cos 2\theta}{2}$ 이므로

$$= \frac{r^4}{4}\int_0^{2\pi} \frac{(1-\cos 2\theta)}{2} d\theta$$

$$= \frac{r^4}{4}\left[\frac{\theta}{2} - \frac{1}{4}sin2\theta\right]_0^{2\pi}$$

$$= \frac{r^4}{4}\left(\frac{2\pi}{2} - 0\right) = \frac{\pi r^4}{4}$$

지름 D로 표시하면 $r = \dfrac{D}{2}$ 이므로 $I_x = \dfrac{\pi D^4}{64}$ 이다.

▌평행축 정리

그림 2-4에서 직교 좌표축 x, y축에 관한 단면 2차 모멘트를 I_x, I_y라 하고 각각의 축으로부터 y_o 및 x_o 만큼 평행이동한 직교 좌표축 X, Y에 관한 단면 2차 모멘트를 I_X, I_Y라 할 때 이들 상호간의 관계식은 다음과 같다.

$$I_x = \int_A y^2 dA = \int_A (Y + y_o)^2 dA$$

$$= \int_A Y^2 dA + 2y_o \int_A Y dA + y_o^2 \int_A dA$$

$$= I_X + 2y_o G_X + y_o^2 A \quad (2\text{-}9)$$

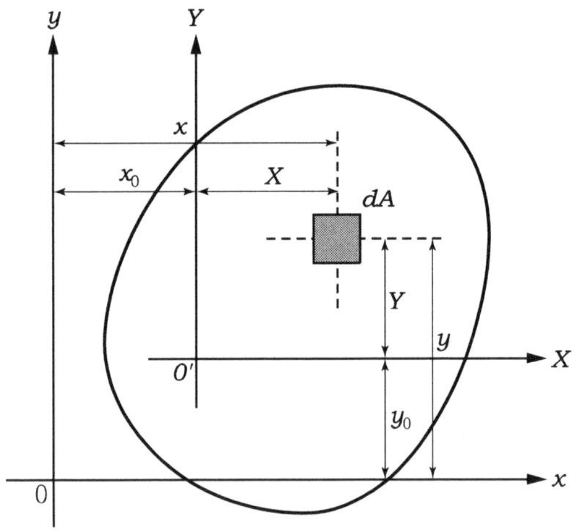

그림 2-4

마찬가지로

$$I_y = I_Y + 2x_o G_{Y+} x_o^2 A \quad (2\text{-}10)$$

특히, 좌표축 X, Y가 단면의 도심과 일치하는 경우에는 $G_X = G_Y = 0$이므로 식 (2-9)와 식 (2-10)은 다음 식과 같이 된다.

$$I_x = I_X + y_o^2 A,\ I_y = I_Y + x_o^2 A \quad (2\text{-}11)$$

식 (2-11)에 의하면 단면적이 도심축에서 멀리 분포함에 따라 단면 2차 모멘트는 증가하는 것을 알 수 있다.

예제 2.9

그림과 같은 직사각형 단면에 대하여 평행축 정리를 이용하여 도심축 X축 및 Y축에 관한 단면 2차 모멘트를 구하라.

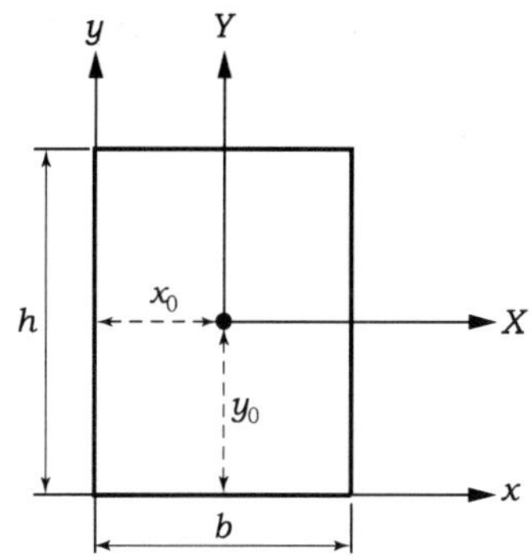

▸ **풀이**

$I_x = I_X + y_o^2 A$ 에서 $I_X = I_x - y_o^2 A$

$$I_X = \frac{bh^3}{3} - \left(\frac{h}{2}\right)^2 bh = \frac{bh^3}{12}$$

$I_y = I_Y + x_o^2 A$ 에서 $I_Y = I_y - x_o^2 A$

$$I_Y = \frac{hb^3}{3} - \left(\frac{b}{2}\right)^2 hb = \frac{hb^3}{12}$$

예제 2.10

그림과 같은 삼각형 단면에 대하여 평행축 정리를 이용하여 도심축 X축에 관한 단면 2차 모멘트를 구하여라.

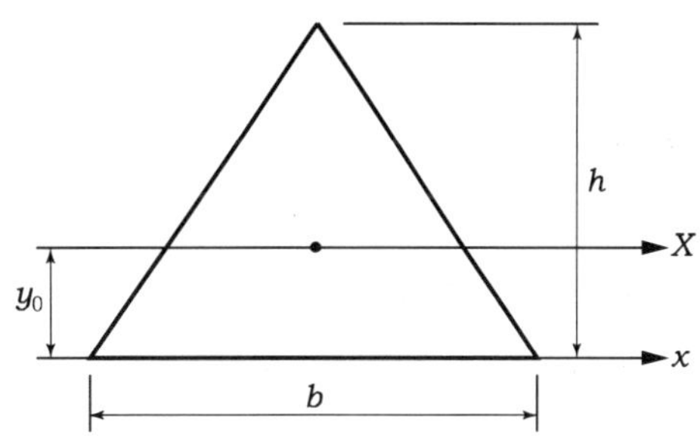

▸ **풀이**

$I_X = I_x - y_o^2 A$

$$I_X = \frac{bh^3}{12} - \left(\frac{h}{3}\right)^2 \cdot \frac{bh}{2} = \frac{bh^3}{36}$$

2.2.2 단면 2차 반경

임의 축에 대한 단면 2차 모멘트를 단면적으로 나눈 값의 평방근을 그 축에 대한 단면 2차 반경 또는 회전반경이라 한다. 직교 좌표축 X, Y축에 관한 단면 2차 모멘트를 I_X, I_Y 단면적을 A라 할 때 단면 2차 반경 r_X, r_Y는 다음과 같은 식으로 정의된다.

$$r_X = \sqrt{\frac{I_X}{A}} \tag{2-12}$$

$$r_Y = \sqrt{\frac{I_Y}{A}} \tag{2-13}$$

이 때 단면 2차 반경의 단위는 mm, m가 된다.

예제 2.11

그림과 같은 직사각형 단면의 도심축 X, Y축에 관한 회전반경은?

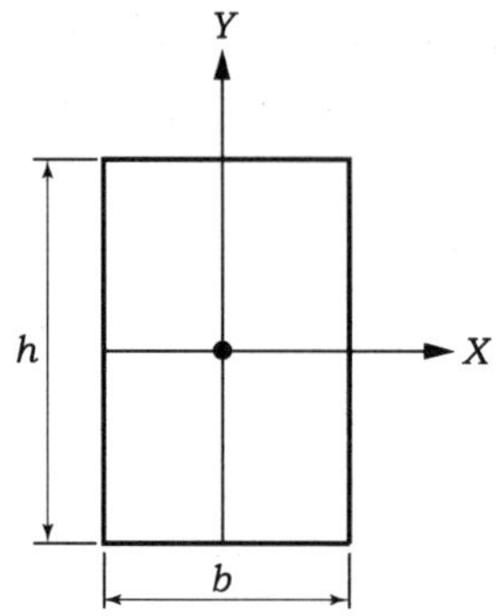

▸ **풀이**

$I_X = \frac{bh^3}{12}$, $I_Y = \frac{hb^3}{12}$ 이므로

$$r_X = \sqrt{\frac{I_X}{A}} = \sqrt{\frac{\frac{bh^3}{12}}{bh}} = \sqrt{\frac{h^2}{12}} = \frac{h}{\sqrt{12}}$$

$$r_Y = \sqrt{\frac{I_Y}{A}} = \sqrt{\frac{\frac{hb^3}{12}}{bh}} = \sqrt{\frac{b^2}{12}} = \frac{b}{\sqrt{12}}$$

이 두 개의 값 중 작은 값을 최소 회전반경이라고 한다.

평행축 정리

그림 2-5에서 단면적이 A인 단면의 도심 G를 지나는 X축에 대한 회전반경은 r_X, X축으로부터 거리 y_o만큼 평행이동한 x축에 대한 회전반경을 r_x라 할 때 이들 사이의 관계식은 다음과 같다.

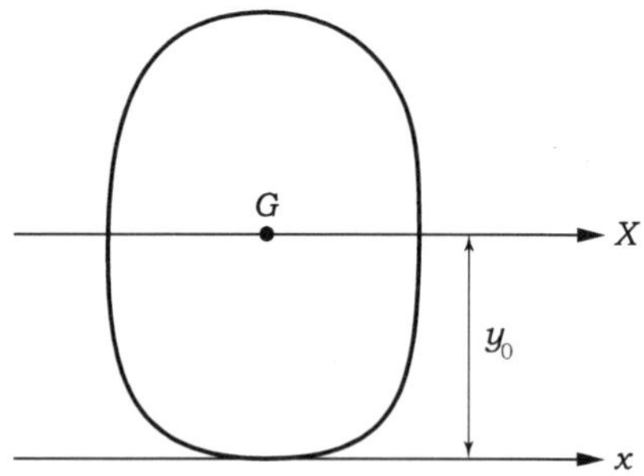

그림 2-5

$$r_X = \sqrt{\frac{I_X}{A}}, \ I_X = r_X^2 A$$

$$r_x = \sqrt{\frac{I_x}{A}}, \ I_x = r_x^2 A$$

$$I_x = I_X + y_o^2 A, \ r_x^2 A = r_X^2 A + y_o^2 A$$

$$\therefore \ r_x^2 = r_X^2 + y_o^2 \quad (2\text{-}14)$$

마찬가지로 y축에 대한 회전반경은 $r_y^2 = r_Y^2 + x_o^2$로 표시된다.

2.2.3 단면계수

단면의 도심축에 대한 단면 2차 모멘트를 그 축으로부터 가장 먼 연단까지의 거리로 나눈 값을 단면계수(section modulus)라 한다. 그림 2-6에서 임의 단면의 도심 G를 지나는 직교축 X, Y축에 관한 단면 2차 모멘트를 I_X, I_Y라 하고 도심축으로부터 연단까지의 거리를 x, y라 할 때 X, Y축에 대한 단면계수 Z_X, Z_Y는 각각 다음 식과 같다.

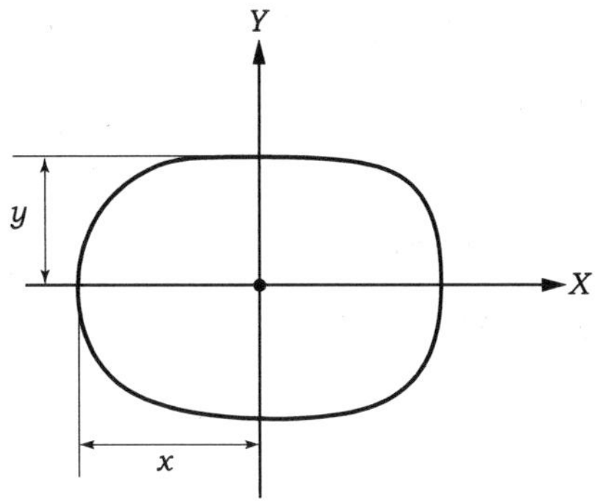

그림 2-6

$$Z_X = \frac{I_X}{y} \tag{2-15}$$

$$Z_Y = \frac{I_Y}{x} \tag{2-16}$$

단면계수의 단위는 단면 2차 모멘트를 길이를 나눈 값으로 mm^3, m^3 등으로 표시된다.

예제 2.12

그림과 같은 박스형 단면의 도심을 지나는 X축에 관한 단면계수는?

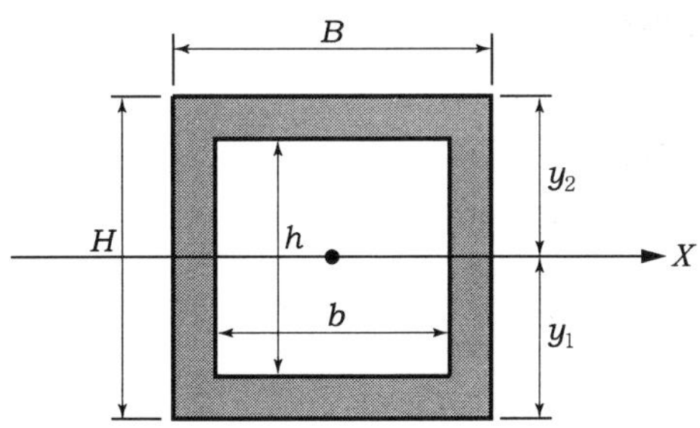

▸ **풀이**

$y_1 = y_2 = y$ 이므로 $Z_X = \dfrac{I_X}{y}$

$I_X = \dfrac{BH^3 - bh^3}{12}$, $y = \dfrac{H}{2}$

$$Z_X = \frac{\dfrac{BH^3 - bh^3}{12}}{\dfrac{H}{2}} = \frac{BH^3 - bh^3}{6H}$$

2.3 단면 2차 극모멘트

그림 2-7에서 원점 O에서 미소면적 dA 에 이르는 거리를 ρ 라 할 때 $\rho^2 dA$ 를 전 단면적에 관하여 적분한 것을 단면 2차 극모멘트라고 한다. 단위는 단면 2차 모멘트의 단위와 같이 mm^4, m^4 등이다. 단면 2차 극모멘트를 I_p 라 하면

$$I_p = \int_A \rho^2 dA \tag{2-17}$$

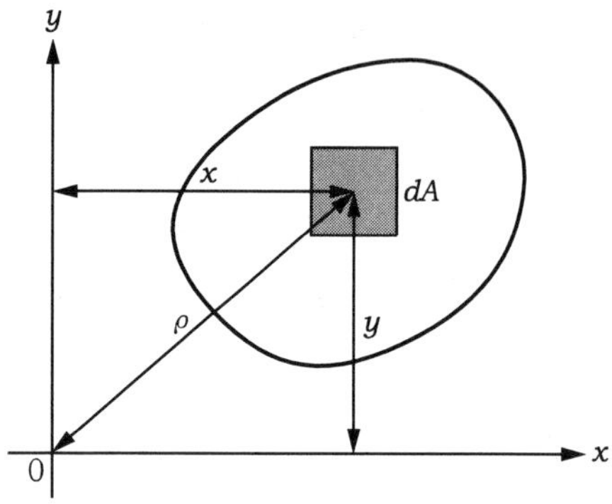

그림 2-7

그런데 $\rho^2 = x^2 + y^2$ 이므로

$$I_p = \int_A (x^2 + y^2) dA = I_y + I_x \tag{2-18}$$

예제 2.13

그림과 같은 원형 단면의 단면 2차 극모멘트 I_p는?

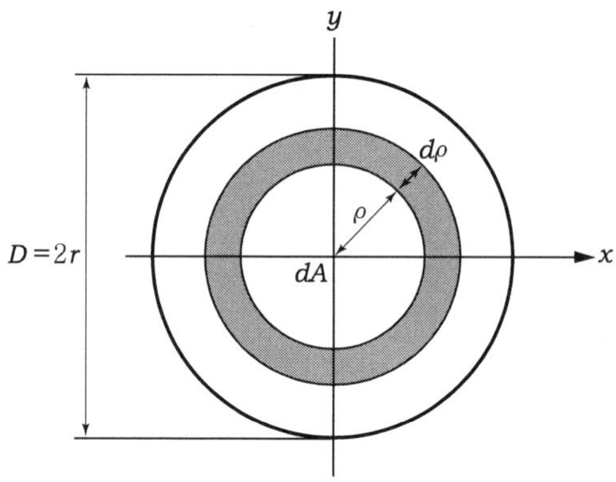

▸ **풀이**

$dA = 2\pi\rho \cdot d\rho$

$I_p = \int_A \rho^2 dA = \int_0^r \rho^2 \cdot 2\pi\rho \cdot d\rho = 2\pi \int_0^r \rho^3 d\rho$

$= 2\pi \left[\frac{\rho^4}{4} \right]_0^r = \frac{\pi r^4}{2}$

$\therefore I_p = \frac{\pi r^4}{2} = \frac{\pi D^4}{32}$

또는 $I_p = I_x + I_y = \frac{\pi D^4}{64} + \frac{\pi D^4}{64} = \frac{\pi D^4}{32}$

2.4 단면 상승 모멘트

그림 2-8에서 미소면적 dA와 x, y축으로부터 이 미소면적에 이르는 거리를 y, x라 할 때 $xydA$를 전 단면적에 관하여 적분한 것을 단면 상승 모멘트라 한다. 이것의 단위는 단면 2차 모멘트의 단위와 같은 mm^4, m^4 등으로 나타낸다.

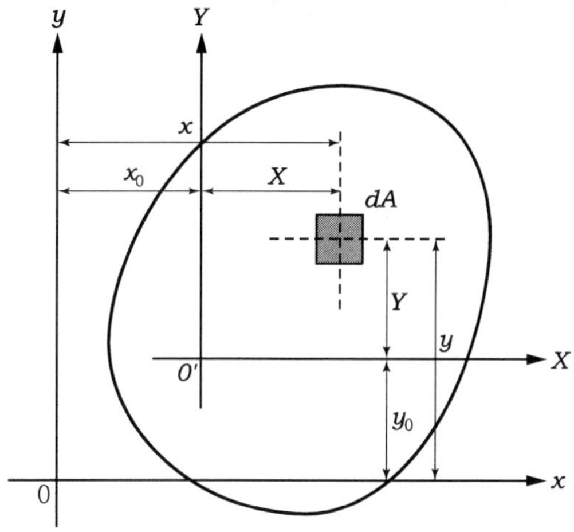

그림 2-8

단면 상승 모멘트를 I_{xy}라 하면

$$I_{xy} = \int_A xydA \qquad (2\text{-}19)$$

직교축이 평행이동하면

$$\begin{aligned} I_{xy} &= \int_A xydA \\ &= \int_A (X+x_o)(Y+y_o)dA \\ &= \int_A XYdA + x_o\int_A YdA + y_o\int_A XdA + x_oy_o\int_A dA \\ &= I_{XY} + x_oG_X + y_oG_Y + x_oy_oA \qquad (2\text{-}20) \end{aligned}$$

로 된다. 특히 직교축 X, Y가 도심축과 일치할 때는 $G_X = G_Y = 0$이므로 식 (2-20)은 다음 식과 같이 된다.

$$I_{xy} = I_{XY} + x_oy_oA \qquad (2\text{-}21)$$

또한 X축 및 Y축 중 어느 한 축이 주어진 단면의 대칭축일 때는 단면 상승 모멘트 $I_{XY}=$ 0이 된다. 따라서 식 (2-21)은 $I_{xy} = x_oy_oA$로 간단하게 표시된다.

예제 2.14

그림과 같은 직사각형 단면의 x, y축에 관한 단면 상승 모멘트 I_{xy}는?

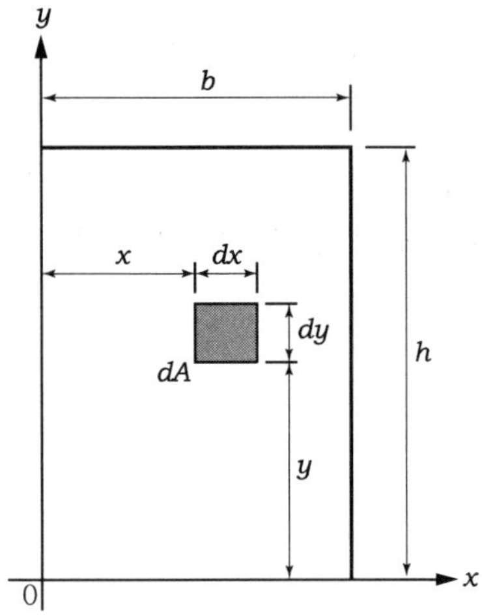

▸ 풀이

$$I_{xy}=\int_A xydA$$

여기서 $dA=dx\cdot\ dy$

$$I_{xy}=\int_0^b xdx\int_0^h ydy=\left[\frac{x^2}{2}\right]_0^b\left[\frac{y^2}{2}\right]_0^h=\frac{b^2h^2}{4}$$

$$\therefore I_{xy}=\frac{b^2h^2}{4}$$

또한 도심축이 대칭축이므로

$$I_{xy}=x_oy_oA=\frac{b}{2}\cdot\ \frac{h}{2}\cdot\ bh=\frac{b^2h^2}{4}$$

예제 2.15

그림과 같은 삼각형 단면의 x,y축에 관한 단면 상승 모멘트 I_{xy}는?

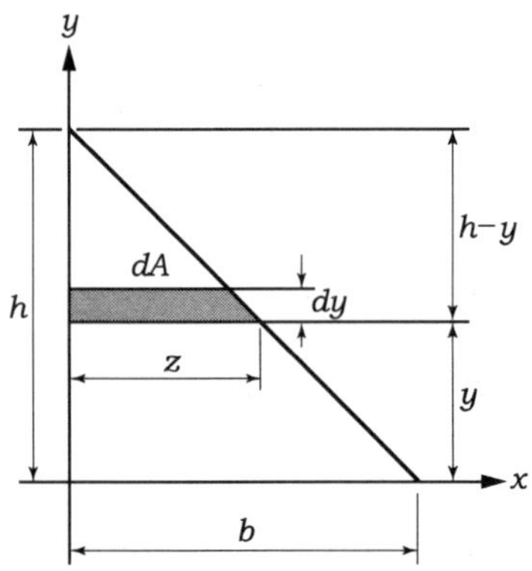

▸ 풀이

$$I_{xy}=\int_A xydA$$

여기서, $z=\frac{b}{h}(h-y)$

$$dA=zdy=\frac{b}{h}(h-y)\cdot\ dy$$

$$x=\frac{z}{2}=\frac{b}{2h}(h-y)$$

$$I_{xy}=\int_0^h\frac{b}{2h}(h-y)y\cdot\ \frac{b}{h}(h-y)dy=\frac{b^2}{2h^2}\int_0^h(h-y)^2ydy$$

$$=\frac{b^2}{2h^2}\int_0^h(h^2-2hy+y^2)ydy=\frac{b^2}{2h^2}\int_0^h(h^2y-2hy^2+y^3)dy$$

$$=\frac{b^2}{2h^2}\left[\frac{h^2y^2}{2}-\frac{2}{3}hy^3+\frac{y^4}{4}\right]_0^h=\frac{b^2h^2}{2}\left(\frac{1}{2}-\frac{2}{3}+\frac{1}{4}\right)=\frac{b^2h^2}{24}$$

2.5 주단면 2차 모멘트

그림 2-9에서 u, v 축은 x, y 축의 원점 둘레를 θ 만큼 반시계방향으로 회전시킨 좌표축이다. x, y 축에 대한 단면 2차 모멘트 및 상승 모멘트를 I_x, I_y, I_{xy} 라 하고 u, v 축에 대한 단면 2차 모멘트 및 상승 모멘트를 I_u, I_v, I_{uv} 라 할 때 이들의 관계식을 구해 보자.

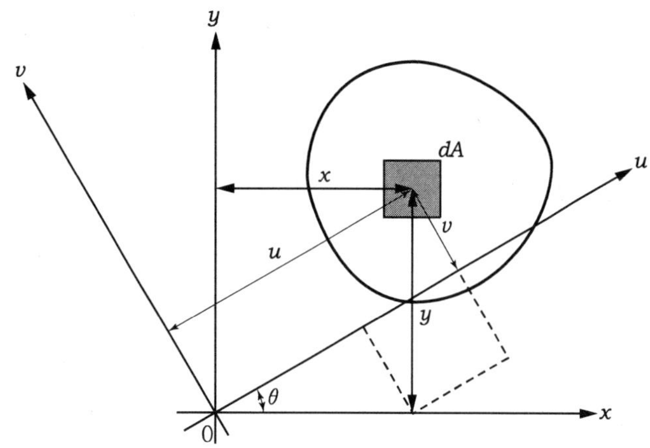

그림 2-9

두 좌표축에서

$$u = x\cos\theta + y\sin\theta$$

$$v = -x\sin\theta + y\cos\theta$$

의 관계가 있으므로

$$I_u = \int_A v^2 dA = \int_A (-x\sin\theta + y\cos\theta)^2 dA$$

$$= \int_A (x^2\sin^2\theta - 2xy\sin\theta\cos\theta + y^2\cos^2\theta) dA$$

$$\therefore I_u = I_x\cos^2\theta + I_y\sin^2\theta - I_{xy}\sin 2\theta \tag{2-22}$$

$$I_v = \int_A u^2 dA = \int_A (x\cos\theta + y\sin\theta)^2 dA$$

$$= \int_A (x^2\cos^2\theta + 2xy\sin\theta\cos\theta + y^2\sin^2\theta) dA$$

$$\therefore I_v = I_x\sin^2\theta + I_y\cos^2\theta + I_{xy}\sin 2\theta \tag{2-23}$$

$$I_{uv} = \int_A uv\, dA$$

$$= \int_A (xcos\,\theta + y\sin\theta)(-x\sin\theta + y\cos\theta) dA$$

$$= \int_A (-x^2\sin\theta\cos\theta - xy\sin^2\theta + xy\cos^2\theta + y^2\sin\theta\cos\theta) dA$$

$$= \int_A [(y^2 - x^2)\sin\theta\cos\theta + xy(\cos^2\theta - \sin^2\theta)] dA$$

여기서, $\sin\theta\cos\theta = \sin 2\theta$, $\cos^2\theta - \sin^2\theta = \cos 2\theta$ 이므로

$$I_{uv} = \int_A \frac{(y^2 - x^2)}{2} sin2\theta dA + \int_A xy\cos 2\theta dA$$

$$\therefore I_{uv} = \frac{1}{2}(I_x - I_y)\sin 2\theta + I_{xy}\cos 2\theta$$

식 (2-22)와 식 (2-23)식을 더하면

$$I_u + I_v = I_x(\cos^2\theta + \sin^2\theta) + I_y(\sin^2\theta + \cos^2\theta) = I_x + I_y = I_p \qquad (2\text{-}24)$$

가 얻어진다. 이로써 좌표축을 그의 원점 둘레로 회전하여도 이들 축에 대한 2차 모멘트의 합은 항상 I_p 로서 일정함을 알 수 있다. 따라서 I_u 가 최대값일 때 I_v 는 최소값으로 된다. 이와 같은 I_u , I_v 값을 주는 u , v 축을 주축이라고 하고 I_u , I_v 를 주단면 2차 모멘트라고 한다. 주단면 2차 모멘트를 구하기 위하여 I_u 를 θ 에 관해 미분하면

$$\frac{dI_u}{d\theta} = -2I_x\cos\theta\sin\theta + 2I_y\sin\theta\cos\theta - 2I_{xy}\cos 2\theta$$

$$= -2\left\{\frac{(I_x - I_y)}{2} sin2\theta + I_{xy}\cos 2\theta\right\} = -2I_{uv} \qquad (2\text{-}25)$$

로 되므로 $I_{uv} = 0$일 때 I_u , I_v 가 극한값이 됨을 알 수 있다.

따라서, 식 (2-25)로부터

$$I_{uv} = \frac{I_x - I_y}{2} sin2\theta + I_{xy}\cos 2\theta = 0$$

$$\therefore \tan 2\theta = \frac{-2I_{xy}}{I_x - I_y} \qquad (2\text{-}26)$$

이 식 (2-26)으로부터 주축의 위치를 나타내는 θ 를 구할 수 있다.

주단면 2차 모멘트를 구하기 위하여 식 (2-22)에서

$$I_u = I_x\cos^2\theta + I_y\sin^2\theta - I_{xy}\sin 2\theta$$

여기서, $\cos^2\theta = \dfrac{1 + \cos 2\theta}{2}$, $\sin^2\theta = \dfrac{1 - \cos 2\theta}{2}$ 을 대입하면

$$I_u = \frac{1}{2}(I_x + I_y) + \frac{1}{2}(I_x - I_y)\cos 2\theta - I_{xy}\sin 2\theta \text{ 가 된다.}$$

식 (2-26)의 조건으로부터

$$\cos 2\theta = \mp \frac{(I_x - I_y)}{\sqrt{(I_x - I_y)^2 + 4I_{xy}^2}}, \quad \sin 2\theta = \pm \frac{2I_{xy}}{\sqrt{(I_x - I_y)^2 + 4I_{xy}^2}}$$

$$\begin{aligned} I_u &= \frac{1}{2}(I_x + I_y) \mp \frac{1}{2}(I_x - I_y)\frac{(I_x - I_y)}{\sqrt{(I_x - I_y)^2 + 4I_{xy}^2}} \mp I_{xy}\frac{2I_{xy}}{\sqrt{(I_x - I_y)^2 + 4I_{xy}^2}} \\ &= \frac{1}{2}(I_x + I_y) \pm \frac{1}{2}\left[\frac{(I_x - I_y)^2 + 4I_{xy}^2}{\sqrt{(I_x - I_y)^2 + 4I_{xy}^2}}\right] \\ &= \frac{1}{2}(I_x + I_y) \pm \frac{1}{2}\sqrt{(I_x - I_y)^2 + 4I_{xy}^2} \end{aligned}$$

따라서, 주축에 대한 주단면 2차 모멘트를 I_{max}, I_{min}로 나타내면 다음 식과 같다.

$$I_{max} = \frac{1}{2}(I_x + I_y) + \frac{1}{2}\sqrt{(I_x - I_y)^2 + 4I_{xy}^2} \tag{2-27}$$

$$I_{min} = \frac{1}{2}(I_x + I_y) - \frac{1}{2}\sqrt{(I_x - I_y)^2 + 4I_{xy}^2} \tag{2-28}$$

식 (2–27), (2–28)로써 주단면 2차 모멘트의 최대 및 최대 및 최소값을 구할 수 있다. 한쪽 축이 최대 주단면 2차 모멘트를 갖는 주축이면 다른 축은 최소 주단면 2차 모멘트를 갖는 주축이고, 이 두 주축은 서로 직교하며 또한 대칭축은 주축이 된다.

예제 2.16

그림과 같은 L형 단면의 O점에서 주축 및 주단면 2차 모멘트를 구하라.

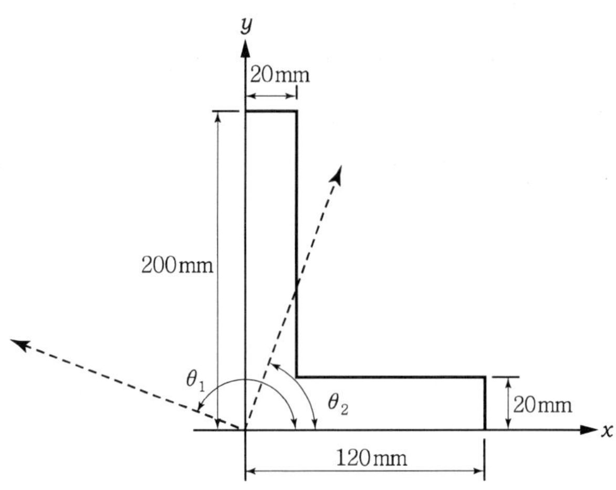

▸ **풀이**

$$I_x = \frac{20\times 200^3}{3} + \frac{100\times 20^3}{3} = 53{,}600{,}000\,\text{mm}^4$$

$$I_y = \frac{180\times 20^3}{3} + \frac{20\times 120^3}{3} = 12{,}000{,}000\,\text{mm}^4$$

$$I_{xy} = 20\times 200\times 10\times 100 + 20\times 100\times 10\times 70 = 5{,}400{,}000\,\text{mm}^4$$

주축의 위치는 $\tan 2\theta = \dfrac{-2I_{xy}}{I_x - I_y} = -\dfrac{2\times 5{,}400{,}000}{53{,}600{,}000 - 12{,}000{,}000} = -0.259$

$2\theta = -14°31'14''$, $\theta = -7°15'37''$

최대주축을 양의 각도로 구하면 $\theta_1 = -7°15'37'' + 180° = 172°44'23''$

최소주축을 양의 각도로 구하면 $\theta_2 = -7°15'37'' + 90 = 82°44'23''$

주단면 2차 모멘트 : $I_u = \dfrac{1}{2}(I_x + I_y) \pm \dfrac{1}{2}\sqrt{(I_x - I_y)^2 + 4I_{xy}^2} = 32{,}800{,}000 \pm 21{,}489{,}500$

최대값 : $I_{\max} = 54{,}289{,}500\,\text{mm}^4$

최소값 : $I_{\min} = 11{,}310{,}500\,\text{mm}^4$

2.6 파푸스의 정리

도심을 이용하여 회전체의 표면적과 체적을 구하는 방법으로 제1정리와 제2정리가 있다.

2.6.1 제1정리(표면적에 관한 정리)

선이 어떤 축을 중심으로 회전할 때 생기는 표면적은 선의 길이에 선의 도심 이동거리를 곱한 값과 같다. 선이 회전하여 형성되는 표면적을 A, 선의 길이를 l, 회전축으로부터 도심까지의 거리를 r_o 회전각도를 θ 라고 하면 제1정리는 다음 식으로 표시된다.

$$A = l\cdot r_o\theta \tag{2-29}$$

예제 2.17

그림과 같은 선분 AB를 y축을 중심으로 360° 회전시켰을 때 생기는 표면적은?

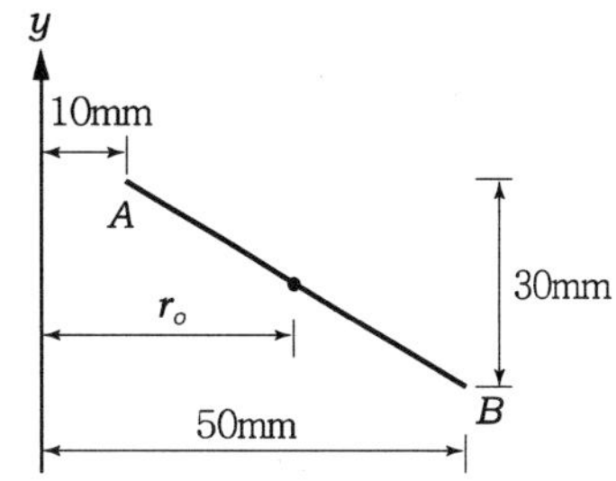

▸ **풀이**

$A = l \cdot r_o \theta$

선의 길이 : $l = 50\,\mathrm{mm}$

도심까지 거리 : $r_o = 10 + \dfrac{40}{2} = 30\,\mathrm{mm}$

회전각도 : $\theta = 2\pi$

$A = 50 \times 30 \times 2\pi = 3{,}000\pi\,\mathrm{mm}^2$

2.6.2 제2정리(체적에 관한 정리)

단면이 어떤 축을 중심으로 회전할 때 생기는 체적은 단면적에 단면의 도심 이동거리를 곱한 값과 같다. 단면이 회전하여 형성된 체적을 V, 단면적을 A, 회전축으로부터 도심까지의 거리를 r_o 회전각도를 θ 라고 하면 제2정리는 다음 식으로 표시된다.

$$V = A \cdot r_o \theta \tag{2-30}$$

예제 2.18

그림과 같은 반지름이 r인 사분원형 단면이 있다. 이 단면을 y축을 중심으로 360° 회전시켰을 때 만들어지는 회전체의 체적은?

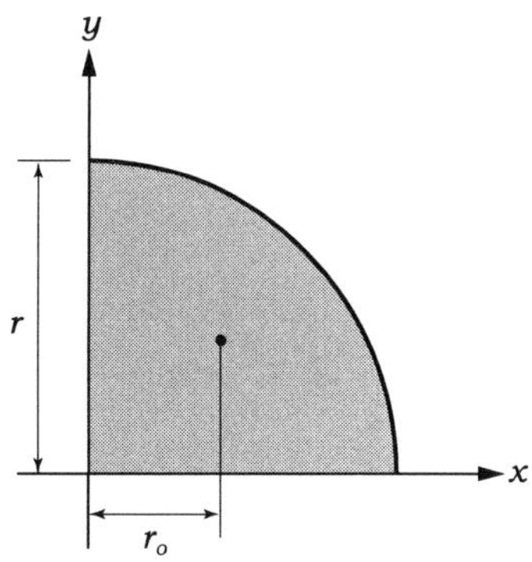

▸ **풀이**

$V = A \cdot r_o \theta$

사분원 면적 : $V = \dfrac{\pi r^2}{4}$

도심까지 거리 : $r_o = \dfrac{4r}{3\pi}$

회전각도 : $\theta = 2\pi$

$V = \dfrac{\pi r^2}{4} \times \dfrac{4r}{3\pi} \times 2\pi = \dfrac{2\pi r^3}{3}$

연 습 문 제

문제 2.1 그림과 같은 a, b $(a<b)$를 두 축으로 하는 타원의 x축에 관한 단면 2차 모멘트를 구하여라.

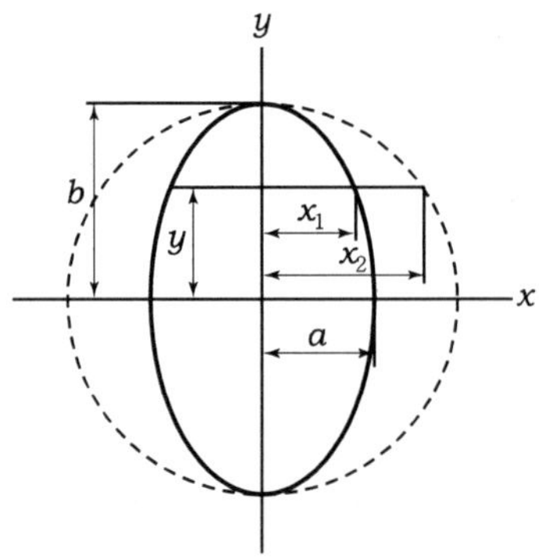

▸ **풀이**

$\dfrac{x^2}{a^2}+\dfrac{y^2}{b^2}=1$ (타원의 방정식),

$x^2+y^2=b^2$ (원의 방정식)

같은 y값에 대한 타원 및 원의 x의 값을 각각 x_1, x_2라 하면 위와 같은 두 방정식으로부터

$$\frac{x_1^2}{a^2}+\frac{y^2}{b^2}=1,\ x_2^2+y^2=b^2,\ y^2=b^2-x_2^2$$

$$\frac{x_1^2}{a^2}+\frac{b^2-x_2^2}{b^2}=1,\ \frac{x_1}{x_2}=\frac{a}{b},\ x_1=\frac{a}{b}x_2$$

$$I_x=\int_A y^2dA=\int_{-b}^{b}y^2\cdot\ 2x_1dy=\int_{-b}^{b}y^2\frac{2a}{b}x_2dy=\frac{a}{b}\int_{-b}^{b}y^2\cdot\ 2x_2dy\ =\frac{a}{b}\int_{-b}^{b}y^2\cdot\ dA$$

여기서, $\int_{-b}^{b}y^2\cdot\ dA$는 외접원의 x축에 대한 단면 2차 모멘트이므로 $\dfrac{\pi b^4}{4}$이다.

고로 $I_x=\dfrac{a}{b}\dfrac{\pi b^4}{4}=\dfrac{\pi ab^3}{4}$

문제 2.2 그림과 같은 삼각형에서 최대의 단면계수를 가지는 직사각형을 만들려면 폭 x 와 높이 y 의 값은?

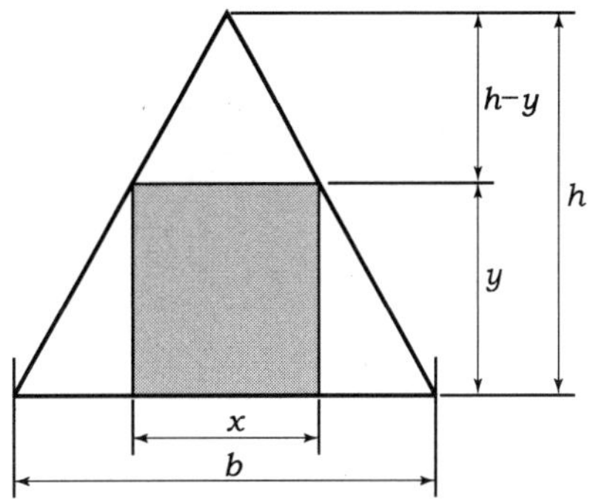

▸ **풀이**

비례식으로 x 를 먼저 구한다.

$$x = \frac{b}{h}(h-y)$$

직사각형의 단면계수

$$Z = \frac{xy^2}{6} = \frac{\frac{b}{h}(h-y)\cdot\ y^2}{6} = \frac{b}{6h}(h\cdot\ y^2 - y^3)$$

최대 단면계수를 갖으려면

$\dfrac{dZ}{dy} = \dfrac{b}{6h}(2hy - 3y^2) = 0$ 이어야 한다.

$$(2hy - 3y^2) = 0$$

$$y(2h - 3y) = 0$$

$$\therefore\ y = \frac{2h}{3},\ x = \frac{b}{3}$$

문제 2.3 그림과 같은 원형, 정사각형, 정삼각형이 있다. 각 단면의 면적이 같을 경우 도심에서의 단면 2차 모멘트(I_x)가 큰 순서대로 나열하시오.

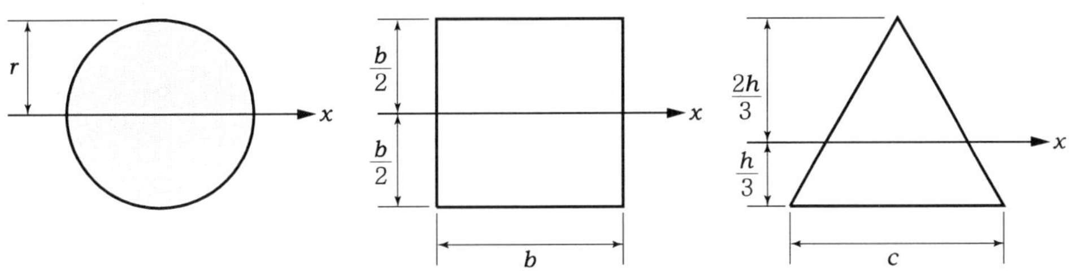

(a) (b) (c)

▸ **풀이**

(a) 원형 단면

$$A_a = \pi r^2$$

$$I_a = \frac{\pi r^4}{4} = 0.7854r^4$$

(b) 사각형 단면

$A_b = b^2$

$A_b = A_a$에서 $b^2 = \pi r^2$, $b = \sqrt{\pi}\ r$

$I_b = \dfrac{b^4}{12} = \dfrac{(\sqrt{\pi}\ r)^4}{12} = \dfrac{\pi^2 r^4}{12} = 0.8225r^4$

(c) 삼각형 단면

$h = c\sin 60 = \dfrac{\sqrt{3}}{2}c$

$A_c = \dfrac{1}{2}ch = \dfrac{1}{2}c\left(\dfrac{\sqrt{3}}{2}c\right) = \dfrac{\sqrt{3}}{4}c^2$

$A_c = A_a$에서 $\dfrac{\sqrt{3}}{4}c^2 = \pi r^2$, $c^2 = \dfrac{4\pi r^2}{\sqrt{3}}$

$I_c = \dfrac{ch^3}{36} = \dfrac{c}{36}\left(\dfrac{\sqrt{3}}{2}c\right)^3 = \dfrac{\sqrt{3}}{96}c^4 = \dfrac{\sqrt{3}}{96}\left(\dfrac{4\pi r^2}{\sqrt{3}}\right)^2 = \dfrac{\sqrt{3}\cdot\ \pi^2}{18}r^4 = 0.9497r^4$

따라서 크기는 $I_c > I_b > I_a$순이다.

문제 2.4 그림과 같은 정사각형 단면에 대하여 x, y축에 관한 단면 상승 모멘트 I_{xy}값은? (여기서 X축과 Y축은 도심축이다.)

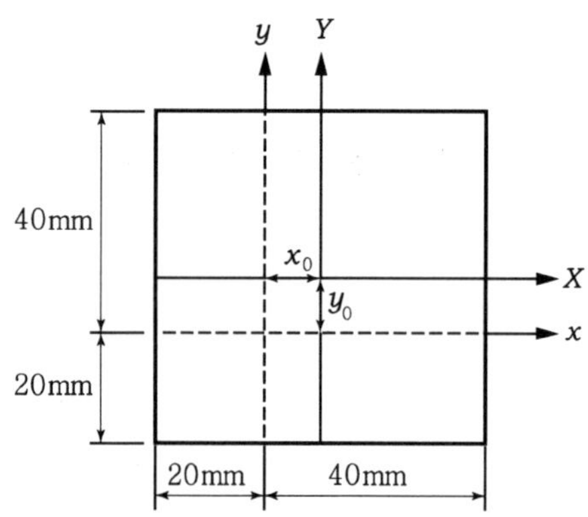

▸ 풀이

도형이 도심축에 대칭이므로 $I_{xy} = x_o y_o A$ 에서

$x_o = 10\text{mm}$, $y_o = 10\text{mm}$, $A = 3{,}600\text{mm}^4$

$I_{xy} = 10 \times 10 \times 3{,}600 = 360{,}000mm^4$

CHAPTER 03

구조일반

3.1 절점과 지점

3.2 구조물의 종류

3.3 하중의 종류

3.4 구조물의 판별

3.5 단면력

▪ 연습문제

CHAPTER 03

구조일반

3.1 절점과 지점

3.1.1 절점(panel point)

구조물을 구성하는 단위요소를 부재(member)라 하고, 여러 개의 부재가 연결되어 하나의 구조물을 이루게 되는데 부재와 부재가 연결되는 접합점을 절점이라 부른다. 절점의 종류에는 그림 3-1과 같이 활절(a)과 강절(b)이 있다.

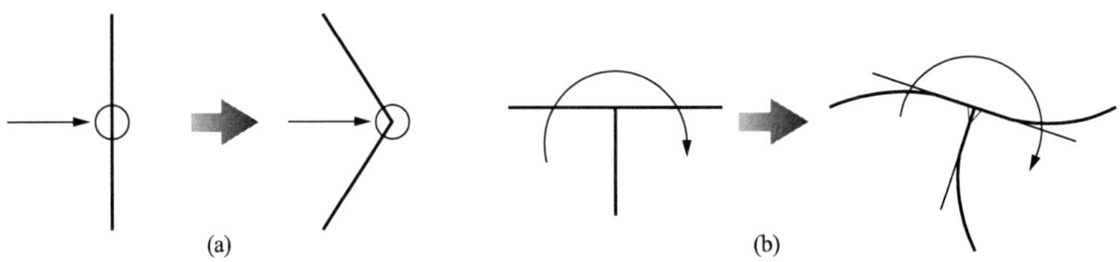

그림 3-1

1) 활절(hinged joint)

부재와 부재 사이의 연결이 핀으로 연결되어 회전이 자유롭다.

예 트러스 구조

2) 강절(rigid joint)

부재와 부재 사이의 연결이 완전히 고정되어 부재가 각기 회전할 수 없어 변형 후에도 부재 사이의 각도는 일정하다.

예 라멘구조

3.1.2 지점(support)

구조물을 지지하여 작용하는 하중을 하부구조 또는 기초지반에 전달하는 점을 말한다. 지점의 종류는 그림 3-2와 같이 3종류로 구분한다. 지점에는 작용하는 하중과 크기가 같고 방향이 반대인 반력(reaction)이 발생한다.

1) 이동지점(rollor)

그림 (a)와 같이 부재가 회전할 수 있고 수평으로 이동할 수 있으나 수직으로 이동할 수 없어 수직반력(V)만 발생한다.

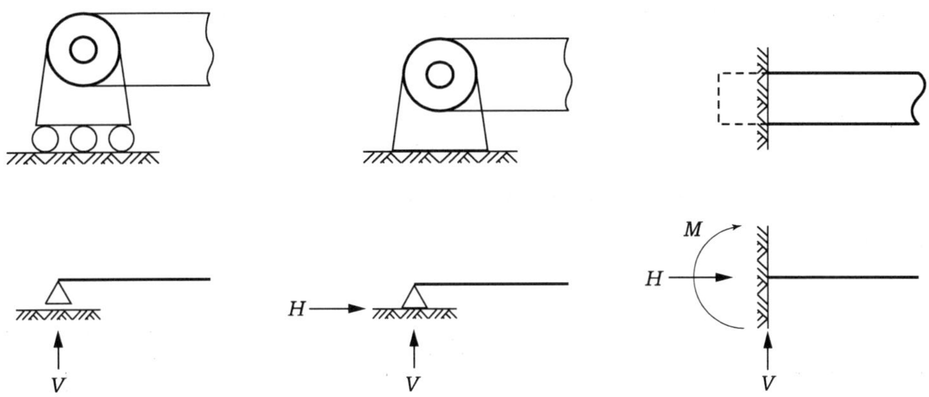

(a) (b) (c)

그림 3-2

2) 회전지점(hinge)

그림 (b)와 같이 부재가 회전만 할 수 있고 수직 및 수평으로 이동할 수 없는 지점으로 수평반력(H)과 수직반력(V)이 발생한다.

3) 고정지점(fixed)

그림 (c)와 같이 부재가 완전히 고정되어 수평 및 수직으로 움직일 수 없고 회전도 불가능하여 수평반력(H), 수직반력(V) 및 모멘트 반력(M) 등이 생긴다.

3.2 구조물의 종류

구조물은 여러 개의 부재가 절점으로 연결되고 지점으로 지지되어 구성된다. 또한 구조물의 형태에 따라서 외력에 저항하는 방법이 아주 다양하기 때문에 구조물의 형식을 이해하고 분류할 수 있는 능력을 갖추는 것은 매우 중요하다.

3.2.1 보(beam)

그림 (a)와 같이 단면의 치수에 비하여 길이가 긴 부재가 다양한 지점에 지지되어 주로 부재길이 방향에 직각방향의 하중을 받아 휨모멘트와 전단력을 저항하는 구조물로 단순보, 연속보, 캔틸레버보, 내민보, 게르버보 등의 정정보와 부정정보가 있다.

3.2.2 트러스(truss)

그림 (b)와 같이 2개 이상의 직선부재가 마찰이 없는 활절로 연결되어 있어 주로 축방향력에 저항하는 구조이다.

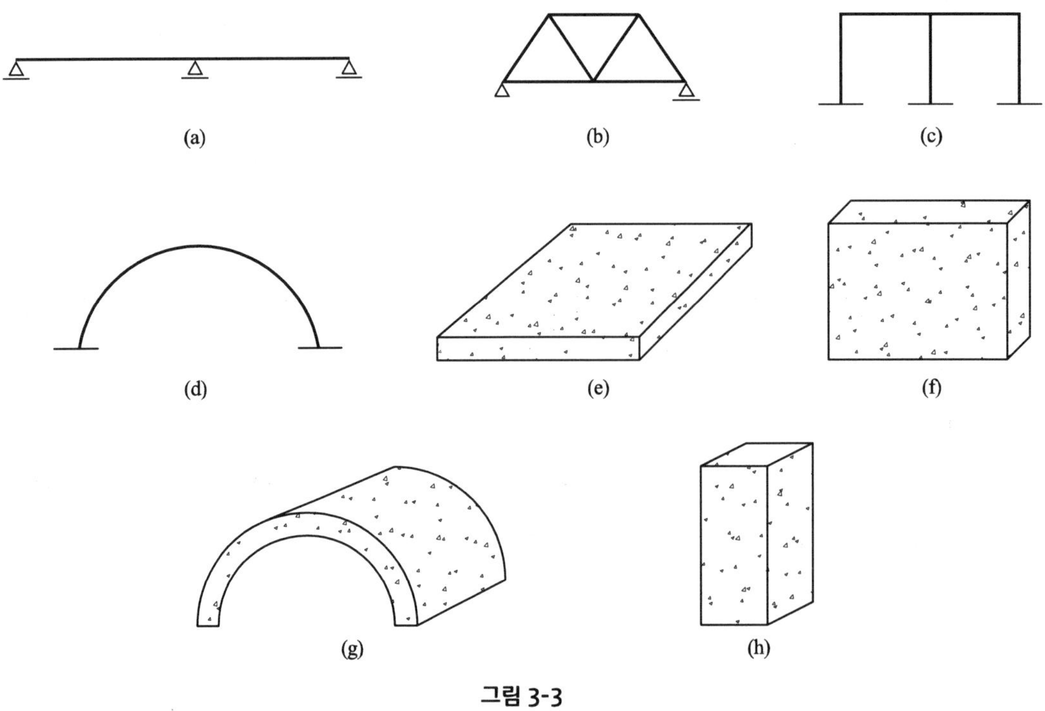

그림 3-3

3.2.3 라멘(rahmen)

그림 (c)와 같이 2개 이상의 부재가 강절로 연결되어 있는 구조이다.

3.2.4 아치(arch)

그림 (d)와 같이 부재의 축선이 곡선으로 이루어진 구조이다.

3.2.5 슬래브(slab)

그림 (e)와 같이 높이에 비하여 길이와 폭이 긴 평면판 형식의 구조이다.

3.2.6 샤이베(scheibe)

그림 (f)와 같이 아파트 벽체와 같이 슬래브를 세워서 외력에 저항하도록 만들어진 구조물을 말한다.

3.2.7 샬렌(schalen)

그림 (g)와 같이 슬래브를 곡면으로 만들어진 곡면판을 말한다.

3.2.8 기둥(column)

그림 (h)와 같이 보와 연결되어 상부의 하중을 하부에 전달하도록 만들어진 구조를 말한다.

3.3 하중의 종류

하중의 종류는 분류하는 방법에 따라 여러 가지로 구분될 수 있으나 역학에서 사용하는 분포상태에 따라 분류하면 그림 3-4와 같다.

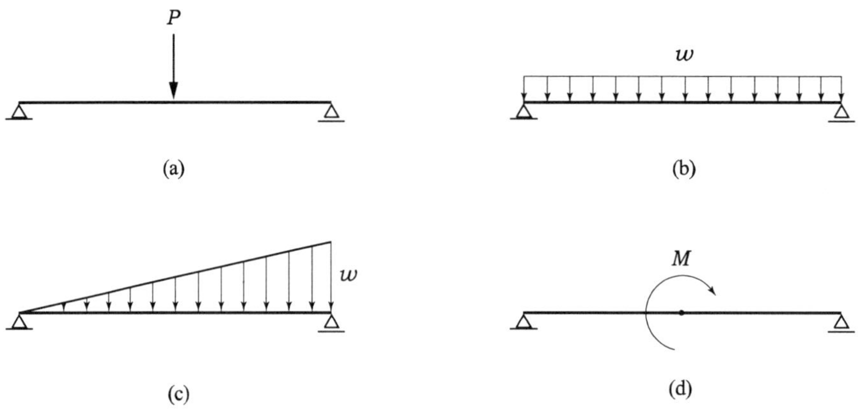

그림 3-4

3.3.1 집중하중(concentrated load)

그림 (a)와 같이 1점에 집중하여 작용하는 하중을 말하며 완전한 집중하중은 존재하지 않으나 한 점에 작용한다고 가정한다. 단위는 N, kN 등을 사용한다.

3.3.2 등분포하중(uniform load)

그림 (b)와 같이 부재의 길이에 따라 일정한 크기로 작용하는 하중으로 단위길이당 크기로 표시한다. 단위는 N/mm, kN/m 등을 사용한다.

3.3.3 등변분포하중(ununiformly varying load)

그림 (c)와 같이 수압 또는 토압과 같이 삼각형 또는 사다리꼴로 분포하여 작용하는 하중을 말한다. 단위는 N/mm, kN/m 등을 사용한다.

3.3.4 모멘트 하중(moment load)

그림 (d)와 같이 구조물을 회전시키려는 하중을 말한다. 단위는 N·mm, kN·m 등을 사용한다.

3.4 구조물의 판별

3.4.1 안정과 불안정

구조물이 외력에 대하여 항상 평형상태에 있고 구조물의 일부 또는 전체의 변위가 생기지 않는 상태를 안정(stable)이라고 하고 그렇지 못할 때는 불안정(unstable)이라고 한다. 불안정 중에서도 구조물의 내부가 변형하는 것을 내적 불안정이라 하고 구조물 전체가 위치를 옮기는 것을 외적 불안정이라 한다.

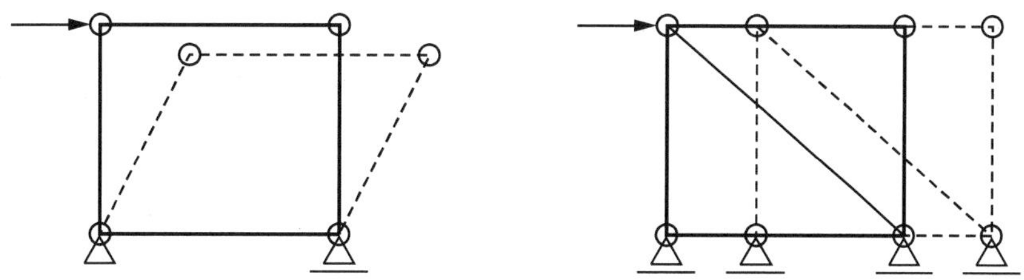

(a) 내적 불안정　　(b) 외적 불안정

그림 3-5

3.4.2 정정과 부정정

안정된 구조물은 정정(statically determinate)과 부정정(statically indeterminate)구조물로 나눌 수 있다. 정정구조는 힘의 평형조건식만으로 해석할 수 있는 구조를 말하고 부정정 구조는 힘의 평형조건식만으로는 해석할 수 없는 구조물을 말한다. 따라서 구조물을 해석하기에 앞서 구조물의 상태를 판별을 하여 적합한 해석방법을 사용하여야 한다.

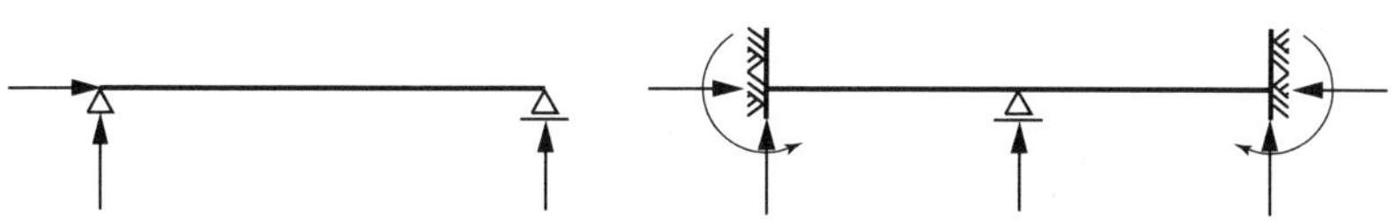

(a) 정정　　(b) 부정정

그림 3-6

3.4.3 판별식

1) 전체 부정정 차수

불안정, 안정(정정, 부정정)의 판별식은 다음과 같다.

$$N = r + m + s - 2k \tag{3-1}$$

$N < 0$ 이면 불안정

$N = 0$ 이면 정정

$N > 0$ 이면 부정정

여기서, N : 부정정 차수, r : 반력수, m : 전부재수,

k : 절점 및 지점 수(자유단 포함), s : 각 절점에서 한 부재에 강접합된 수

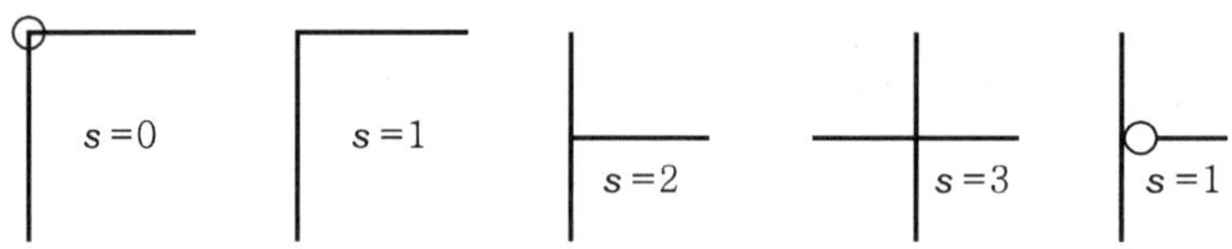

그림 3-7

2) 외적 부정정 차수

$$N_e = r - 3 \tag{3-2}$$

$r - 3 > 0$ 이면 외적 부정정

$r - 3 = 0$ 이면 외적 정정

$r - 3 < 0$ 이면 외적 불안정

3) 내적 부정정 차수

내적 부정정 차수는 전체 부정정 차수에서 외적 차수를 빼면 된다.

$$N_i = N - N_e \tag{3-3}$$

예제 3.1

그림과 같은 트러스 구조물의 부정정차수를 구하라.

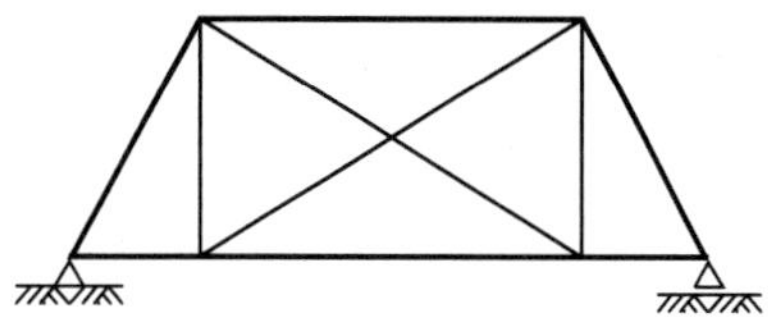

▸ 풀이

$N = r + m + s - 2k$

$= 3 + 10 + 0 - 2 \times 6 = 1$ 차 부정정

예제 3.2

그림과 같은 라멘 구조물의 부정정차수를 구하라.

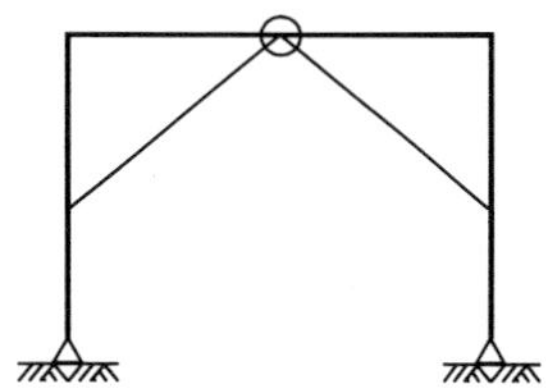

▸ 풀이

$N = r + m + s - 2k$

$= 4 + 8 + 6 - 2 \times 7 = 4$ 차 부정정

예제 3.3

그림과 같은 연속보에서 힌지를 몇 군데 넣어야 정정보로 해석할 수 있는가?

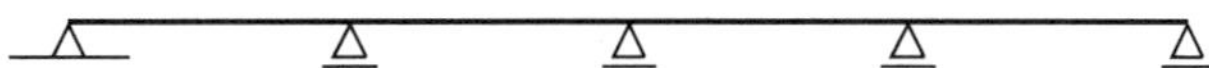

3차 부정정구조

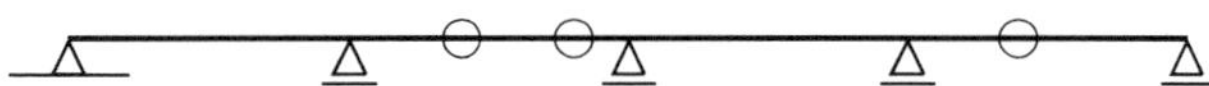

정정구조

▸ 풀이

$N = r + m + s - 2k = 6 + 4 + 3 - 2 \times 5 = 3$

∴ 3차 부정정이므로 3군데 넣으면 된다.

3.5 단면력

일반적으로 구조물에 하중(외력)이 작용할 때 구조물의 내부에는 단면력(내력)이 생겨 평형을 이룬다. 따라서 구조물 설계에 있어서 단면력을 구하는 것은 대단히 중요하다. 보의 단면력(section force)에는 축방향력(axial force), 전단력(shearing force), 휨모멘트(bending moment) 등이 있다.

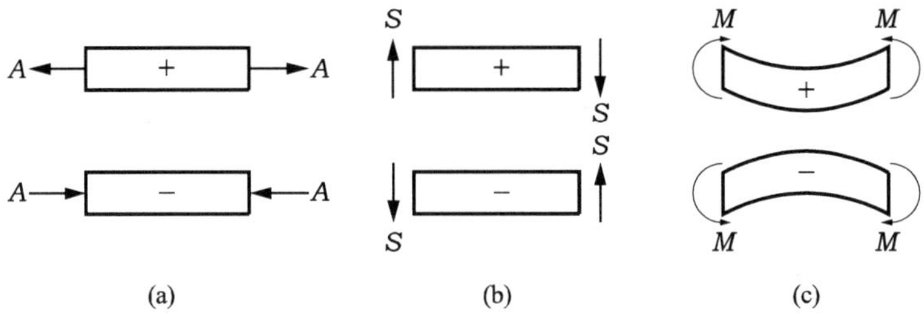

그림 3-8

3.5.1 축방향력

축방향력은 부재의 길이방향으로 발생하는 단면력을 말하고 부호는 일반적으로 그림 3-8의 (a)와 같이 인장력을 정(+), 압축력을 부(−)로 한다. 축방향력은 단면의 위치에 따라 크기가 변화하는데 이 상태를 전구간에 대하여 그림으로 도시한 것을 축방향력도(axial force diagram: AFD)라고 부른다.

3.5.2 전단력

전단력은 부재의 길이방향에 직각으로 작용하는 단면력을 말하며 부호는 그림 3-8의 (b)와 같이 좌측에서는 상향을 정(+), 하향의 것을 부(−)로 하고, 우측에서는 하향을 정(+), 상향의 것을 부(−)로 한다. 전단력도 단면의 위치에 따라 크기가 변화하는데 이 상태를 전구간에 대하여 그림으로 도시한 것을 전단력도(shearing force diagram: SFD)라고 부른다.

3.5.3 휨모멘트

휨모멘트는 부재를 휘게 만드는 단면력을 말하며 부호는 그림 3-8의 (c)와 같이 좌측에서는 상향을 정(+), 하향의 것을 부(−)로 하고, 우측에서도 상향을 정(+), 하향의 것을 부(−)로 한다. 휨모멘트도 단면의 위치에 따라 크기가 변화하는데 이 상태를 전구간에 대하여 그림으로 도시한 것을 휨모멘트도(bending moment diagram: BMD)라고 부른다.

연습문제

문제 3.1 그림과 같은 내민보의 부정정차수를 구하라.

▸ **풀이**

$N = r + m + s - 2k = 3 + 2 + 1 - 2 \times 3 = 0$ 정정구조

※ 자유단 끝도 절점으로 계산한다.

문제 3.2 그림과 같은 라멘구조의 부정정차수를 구하라.

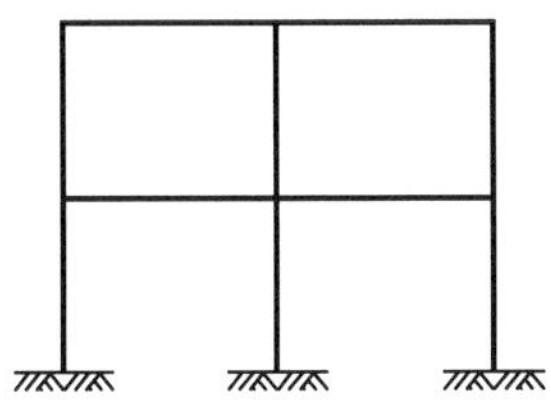

▸ **풀이**

$N = r + m + s - 2k = 9 + 10 + 11 - 2 \times 9 = 12$ 차 부정정구조

문제 3.3 그림과 같은 트러스의 부정정차수를 구하라.

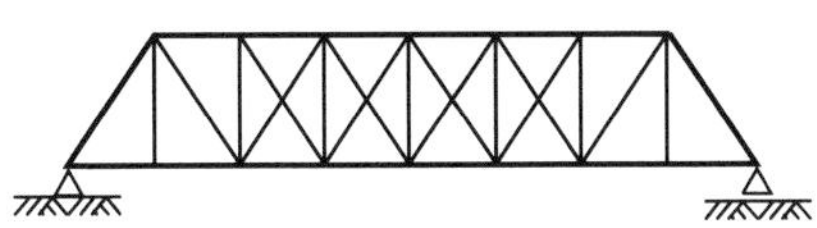

▸ **풀이**

$N = r + m + s - 2k$

$= 3 + 33 + 0 - 2 \times 16 = 4$ 차 부정정구조

※ 교차점은 절점이 아니다.

CHAPTER

04

정정보

4.1 캔틸레버 보

4.2 단순보

4.3 내민보

4.4 게르버보

4.5 영향선

4.6 최대단면력

■ 연습문제

CHAPTER 04

정정보

4.1 캔틸레버 보

4.1.1 집중하중이 작용하는 경우

그림 4-1과 같이 캔틸레버보에 집중하중이 작용할 경우 단면력을 구하는 방법은 좌측의 자유단 A점으로부터 우측으로 구해 가면 지점반력을 구하지 않고도 편리하게 구할 수 있다.

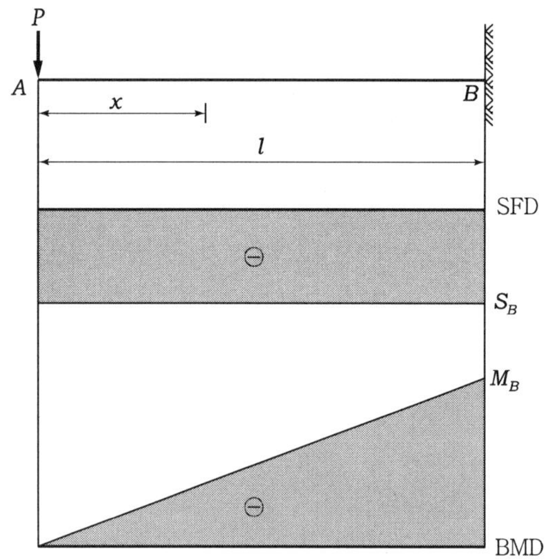

그림 4-1

1) 전단력

A~B 구간 x 점의 전단력

$0 \leq x \leq l,\ S_x = -P$

$x = 0$ 에서 $S_A = -P$

$x = l$ 에서 $S_B = -P$

2) 휨모멘트

A~B 구간 x 점의 휨모멘트

$0 \leq x \leq l,\ M_x = -Px$

$x = 0$ 에서 $M_A = 0$

$x = l$ 에서 $M_B = -Pl$

4.1.2 등분포하중이 작용하는 경우

그림 4-2와 같이 캔틸레버보에 등분포하중이 작용할 경우 단면력은 우측이 자유단이므로 B점으로부터 구한다.

1) 전단력

B~A 구간 x 점의 전단력

$0 \leqq x \leqq l$, $S_x = wx$

$x = 0$ 에서 $S_B = 0$

$x = l$ 에서 $S_A = wl$

2) 휨모멘트

B~A 구간 x 점의 휨모멘트

$0 \leqq x \leqq l$, $M_x = -\dfrac{wx^2}{2}$

$x = 0$ 에서 $M_B = 0$

$x = l$ 에서 $M_A = -\dfrac{wl^2}{2}$

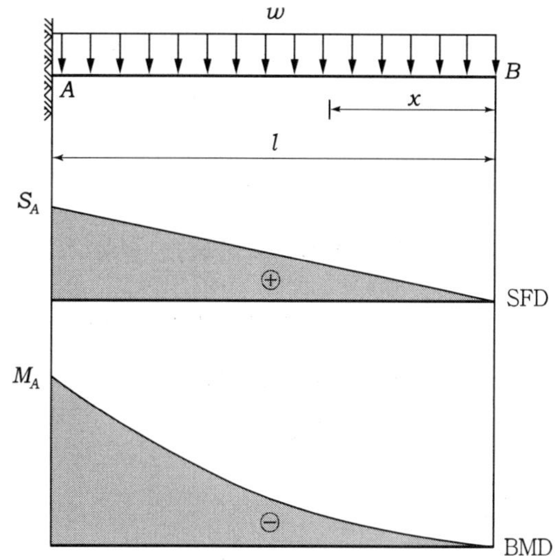

그림 4-2

4.1.3 등변분포하중이 작용하는 경우

그림 4-3와 같이 캔틸레버보에 등변분포하중이 작용할 경우 단면력은 좌측이 자유단이므로 A점으로부터 구한다.

1) 전단력

비례식으로부터 $x : q = l : w$

$\therefore q = \dfrac{wx}{l}$

A~B 구간 x 점의 전단력

$0 \leqq x \leqq l$, $S_x = -\dfrac{qx}{2} = -\dfrac{wx^2}{2l}$

$x = 0$ 에서 $S_A = 0$

$x = l$ 에서 $S_B = -\dfrac{wl}{2}$

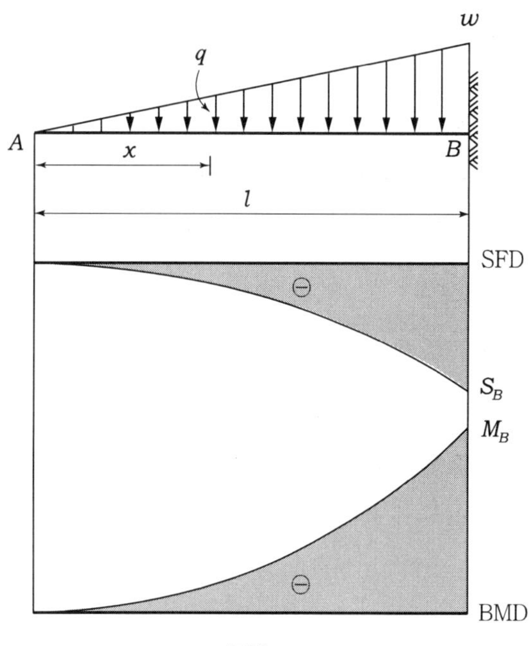

그림 4-3

2) 휨모멘트

A~B 구간 x 점의 휨모멘트

$$0 \leqq x \leqq l\,,\ M_x = -\frac{qx}{2}\cdot\frac{x}{3} = -\frac{wx}{l}\cdot\frac{x^2}{6} = -\frac{wx^3}{6l}$$

$$x = 0\text{ 에서 } M_A = 0,\ x = l\text{ 에서 } M_B = -\frac{wl^2}{6}$$

4.1.4 모멘트하중이 작용하는 경우

그림 4-4와 같이 캔틸레버보에 모멘트 하중이 작용하는 경우 단면력은 좌측이 자유단이므로 A점으로부터 구한다.

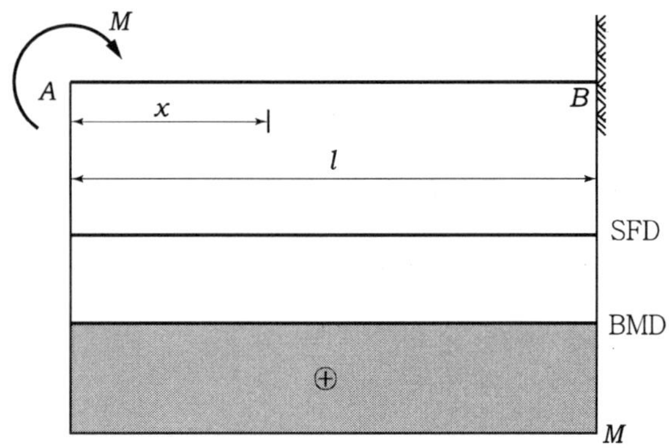

그림 4-4

1) 전단력

A~B 구간 x 점의 전단력

$0 \leqq x \leqq l\,,\ S_x = 0$

2) 휨모멘트

A~B 구간 x 점의 휨모멘트

$0 \leqq x \leqq l\,,\ M_x = M$

예제 4.1

그림과 같은 캔틸레버보의 단면력을 구하고 전단력도와 휨모멘트도를 그려라.

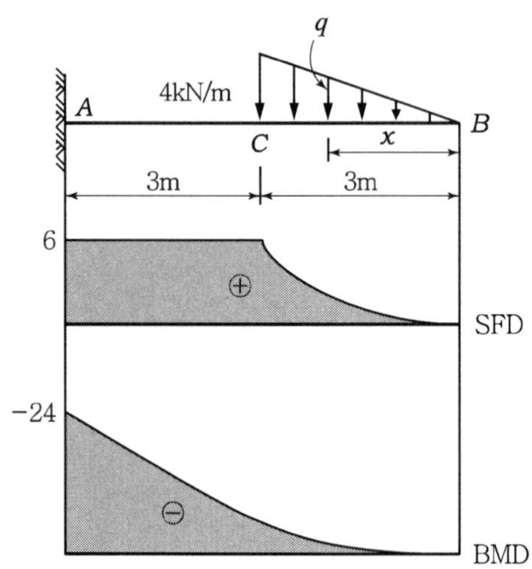

▸ **풀이**

① 전단력

$q = \frac{wx}{l}$ 에서 $q = \frac{4x}{3}$

B~C 구간 : $0 \leq x \leq 3$

$S_x = \frac{qx}{2} = \frac{2}{3}x^2$

$x = 0$ 에서 $S_B = 0$

$x = 3$ 에서 $S_C = 6\text{kN}$

C~A 구간 : $3 \leq x \leq 6$

$S_x = 4 \times 3 \times \frac{1}{2} = 6\text{kN}$

② 휨모멘트

B~C 구간 : $0 \le x \le 3$, $M_x = -\frac{qx}{2} \cdot \frac{x}{3} = -\frac{2}{9}x^3$

$x = 0$ 에서 $M_B = 0$, $x = 3$ 에서 $M_C = -6\text{kN} \cdot \text{m}$

C~A 구간 : $3 \le x \le 6$, $M_x = -4 \times 3 \times \frac{1}{2} \times (x-2)$

$x = 3$ 에서 $M_C = -6\text{kN} \cdot \text{m}$, $x = 6$ 에서 $M_A = -24\text{kN} \cdot \text{m}$

4.2 단순보

4.2.1 집중하중이 작용하는 경우

그림 4-5와 같은 단순보(simple beam)의 중앙점에 집중하중 P가 작용할 경우 지점반력과 단면력을 구하여 보자.

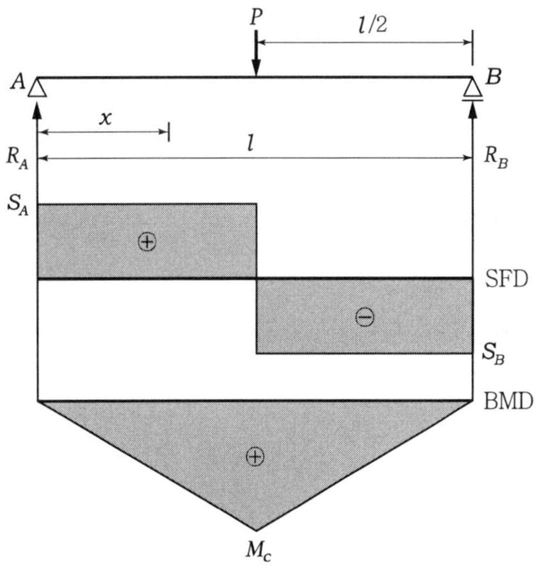

그림 4-5

1) 지점반력

지점반력 R_A를 구하기 위해서는 힘의 평형조건식 $\Sigma M_B = 0$을 적용한다. 이 때 모멘트의 부호는 시계방향으로 회전하면 (+)부호를, 반시계방향으로 회전하면 (−)부호를 사용한다.

$$R_A l - P \cdot \frac{l}{2} = 0$$

$$\therefore R_A = \frac{P}{2}$$

또한, 지점반력 R_B를 구하기 위해서는 힘의 평형조건식 $\Sigma V = 0$를 적용한다. 이 때 부호는 상향의 수직력을 (+)부호를, 하향의 수직력을 (−)부호를 사용한다.

$$R_A - P + R_B = 0$$

$$\therefore R_B = P - R_A = P - \frac{P}{2} = \frac{P}{2}$$

2) 전단력

A~C 구간 x 점의 전단력은 좌측으로부터 구한다.

$0 \leqq x \leqq \dfrac{l}{2}$, $S_x = R_A = \dfrac{P}{2}$

B~C 구간 x 점의 전단력은 우측으로부터 구한다.

$0 \leqq x \leqq \dfrac{l}{2}$, $S_x = -R_B = -\dfrac{P}{2}$

3) 휨모멘트

A~C 구간 x 점의 휨모멘트는 좌측으로부터 구한다.

$0 \leqq x \leqq \dfrac{l}{2}$, $M_x = R_A x = \dfrac{P}{2}x$

$x = 0$ 에서 $M_A = 0$, $x = \dfrac{l}{2}$ 에서 $M_C = \dfrac{Pl}{4}$

B~C 구간 x 점의 휨모멘트는 우측으로부터 구한다.

$0 \leqq x \leqq \dfrac{l}{2}$, $M_x = R_B x = \dfrac{P}{2}x$

$x = 0$ 에서 $M_B = 0$, $x = \dfrac{l}{2}$ 에서 $M_C = \dfrac{Pl}{4}$

4.2.2 등분포하중이 작용하는 경우

그림 4-6와 같이 단순보에 등분포하중 w 가 만재되어 작용하고 있는 경우의 지점반력과 단면력은 다음과 같이 구한다.

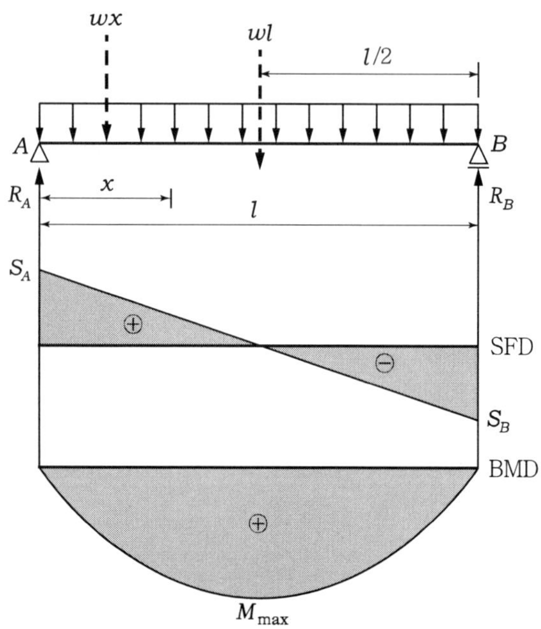

그림 4-6

1) 지점반력

지점반력 R_A 를 구하기 위해서 힘의 평형조건식 $\Sigma M_B = 0$ 를 적용한다. 이 때 모멘트를 용이하게 계산하기 위하여 등분포하중을 합력으로 대치시키면 wl 이 되고 작용점은 사각형의 도심으로 B점에서 $\dfrac{l}{2}$ 위치이다.

$$R_A l - wl \cdot \frac{l}{2} = 0\,,\ \ \therefore R_A = \frac{wl}{2}$$

또한 지점반력 R_B를 구하기 위해서는 힘의 평형조건식 $\sum V = 0$를 적용한다.

$$R_A - wl + R_B = 0$$

$$\therefore R_B = wl - \frac{wl}{2} = \frac{wl}{2}$$

2) 전단력

A점으로부터 x 점의 전단력을 구하기 위해서는 먼저 A~x 구간의 등분포하중의 합력 wx를 구한다.

A~B 구간 x 점의 전단력

$$0 \leqq x \leqq l\,,\ S_x = R_A - wx = \frac{wl}{2} - wx$$

$$x = 0 \text{ 에서 } S_A = \frac{wl}{2}$$

$$x = l \text{ 에서 } S_B = \frac{wl}{2} - wl = -\frac{wl}{2}$$

3) 휨모멘트

A점으로부터 x 점의 휨모멘트를 구하기 위해서는 A~x 구간의 등분포하중의 합력 wx와 작용점 $\dfrac{x}{2}$를 구한다.

A~B 구간 x 점의 휨모멘트

$$0 \leqq x \leqq l\,,\ M_x = R_A x - wx \cdot \frac{x}{2} = \frac{wl}{2}x - \frac{w}{2}x^2$$

$$x = 0 \text{ 에서 } M_A = 0$$

$$x = l \text{ 에서 } M_B = 0$$

최대휨모멘트는 중앙점에서 발생하며 다음과 같다.

$$x = \frac{l}{2} \text{ 에서 } M_{\max} = \frac{wl}{2} \cdot \frac{l}{2} - \frac{w}{2}\left(\frac{l}{2}\right)^2 = \frac{wl^2}{8}$$

4.2.3 등변분포하중이 작용하는 경우

그림 4-7과 같이 단순보에 등변분포하중의 최대치 w가 작용하고 있는 경우의 지점반력과 단면력은 다음과 같이 구한다.

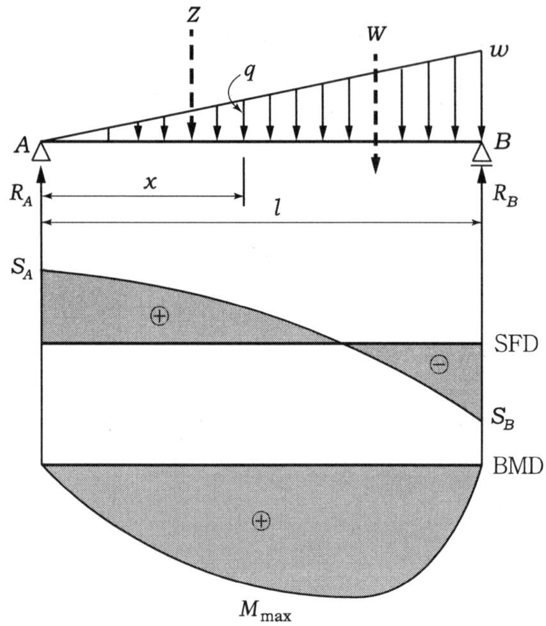

그림 4-7

1) 지점반력

지점반력 R_A를 구하기 위해서 힘의 평형조건식에서 $\Sigma M_B = 0$를 적용한다. 이 때 모멘트계산을 용이하게 하기 위해서 등변분포하중을 합력으로 대치시키면 $W = \frac{wl}{2}$이고 작용점은 삼각형의 도심으로 B점에서 $\frac{l}{3}$ 위치이다.

$$R_A l - \frac{wl}{2} \cdot \frac{l}{3} = 0, \quad R_A = \frac{wl}{6}$$

또한 지점반력 R_B를 구하기 위해서는 힘의 평형조건식 $\Sigma V = 0$를 적용한다.

$$R_A - \frac{wl}{2} + R_B = 0$$

$$R_B = \frac{wl}{2} - \frac{wl}{6}, \quad R_B = \frac{wl}{3}$$

2) 전단력

A점으로부터 x 점의 전단력을 구하기 위해서는 먼저 A~x 구간의 등변분포하중의 합력 $Z = \frac{qx}{2}$를 구한다.

A~B 구간 x 점의 전단력

$$0 \leq x \leq l, \quad S_x = R_A - \frac{qx}{2} = \frac{wl}{6} - \frac{wx}{l} \cdot \frac{x}{2} = \frac{wl}{6} - \frac{wx^2}{2l}$$

여기서 $q = \frac{wx}{l}$이다.

$$x = 0 \text{에서 } S_A = \frac{wl}{6}, \quad x = l \text{에서 } S_B = -\frac{wl}{3}$$

3) 휨모멘트

A점으로부터 x 점의 휨모멘트를 구하기 위하여 먼저 등변분포하중의 크기 $Z=\frac{qx}{2}$ 에 대한 작용점은 삼각형의 도심으로 $\frac{x}{3}$ 위치이다.

$$0 \leqq x \leqq l\,,\ M_x = R_A x - \frac{qx}{2}\cdot\frac{x}{3} = \frac{wl}{6}x - \frac{wx^3}{6l}$$

$x=0$ 에서 $M_A=0$, $x=l$ 에서 $M_B=0$

최대휨모멘트가 발생하는 단면의 위치는 다음과 같은 최대값을 구하는 조건식으로부터 구할 수 있다.

$$\frac{dM_x}{dx} = S_x = \frac{wl}{6} - \frac{wx^2}{2l} = 0$$

$$x^2 = \frac{l^2}{3}\,,\ \therefore x = \frac{l}{\sqrt{3}} = 0.577l$$

$$M_{\max} = \frac{wl}{6}\left(\frac{l}{\sqrt{3}}\right) - \frac{w}{6l}\left(\frac{l}{\sqrt{3}}\right)^3 = \frac{wl^2}{9\sqrt{3}}$$

4.2.4 모멘트하중이 작용하는 경우

그림 4-8과 같이 지간 l 인 단순보의 B점에 모멘트하중이 작용하는 경우 지점반력과 단면력은 다음과 같이 구한다.

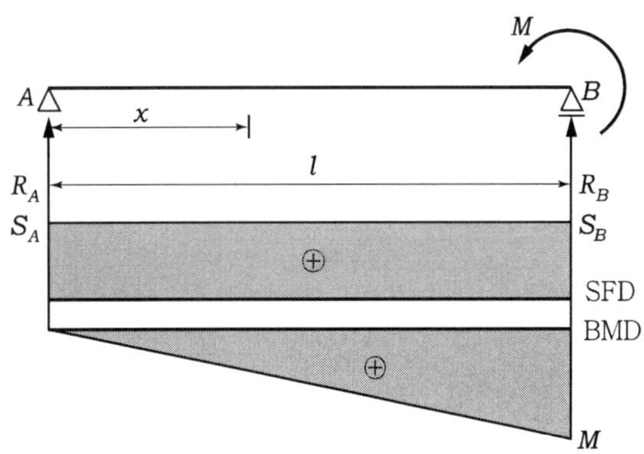

그림 4-8

1) 지점반력

힘의 평형조건식 $\Sigma M_B = 0$ 에서

$$R_A l - M = 0\,,\ R_A = \frac{M}{l}$$

$\Sigma V = 0$ 에서

$$R_A + R_B = 0$$

$$R_B = -R_A = -\frac{M}{l}$$

2) 전단력

A~B 구간의 x 점의 전단력을 좌측으로부터 구한다.

$$0 \leqq x \leqq l,\ S_x = R_A = \frac{M}{l}\ (\text{일정})$$

3) 휨모멘트

A~B 구간의 x 점의 휨모멘트를 좌측으로부터 구한다.

$$0 \leqq x \leqq l,\ M_x = R_A x = \frac{M}{l}x$$

$x = 0$ 에서 $M_A = 0$, $x = l$ 에서 $M_B = M$

예제 4.2

그림과 같은 단순보에 모멘트 하중과 집중하중이 동시에 작용할 때 단면력을 구하고 전단력도와 휨모멘트도를 그려라.

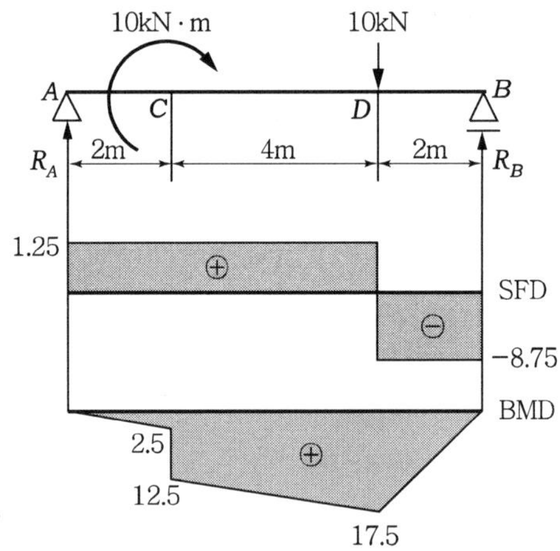

▸ 풀이

① 지점반력

$\Sigma M_B = 0$

$R_A \times 8 + 10 - 10 \times 2 = 0$

$R_A = 1.25\,\text{kN}$

$\Sigma V = 0,\ R_A + R_B - 10 = 0$

$R_B = 8.75\,\text{kN}$

② 전단력

A~D 구간 : $0 \leq x \leq 6$,

$S_x = 1.25\,\text{kN}$

B~D 구간 : $0 \leq x \leq 2$

$S_x = -8.75\,\text{kN}$

③ 휨모멘트

A~C 구간 : $0 \leq x \leq 2$,

$M_x = 1.25x$

$x = 0$ 에서 $M_A = 0$, $x = 2$ 에서 $M_C = 2.5\,\text{kN}\cdot\text{m}$

C~D 구간 : $2 \leq x \leq 6$, $M_x = 1.25x + 10$

$x = 2$ 에서 $M_C = 12.5\,\text{kN}\cdot\text{m}$, $x = 6$ 에서 $M_D = 17.5\,\text{kN}\cdot\text{m}$

B~D 구간 : $0 \leq x \leq 2$, $M_x = 8.75x$

$x = 0$ 에서 $M_B = 0$, $x = 2$ 에서 $M_D = 17.5\,\text{kN}\cdot\text{m}$

4.2.5 하중, 전단력 및 휨모멘트와의 관계

보에 하중이 작용하면 임의 단면에는 전단력과 휨모멘트가 발생한다. 이들 하중, 전단력, 휨모멘트 사이에는 서로 밀접한 관계가 있다. 이러한 관계식을 유도하기 위하여 임의 하중 w가 작용할 때 지점 A로부터 x 위치의 전단력을 S, 휨모멘트를 M이라고 하고 $(x+dx)$ 위치의 전단력을 $S+dS$, 휨모멘트를 $M+dM$라고 한다면 그림 4-9의 (b)에서 평형조건식 $(\sum V=0)$를 적용하면 다음 식과 같다.

$$\sum V=0 \text{ 에서 } S-\omega dx-(S+dS)=0$$

$$-wdx=dS$$

$$\therefore \frac{dS}{dx}=-w \qquad (4\text{-}1)$$

즉, 전단력을 x에 관하여 1차 미분하면 하중이 된다.

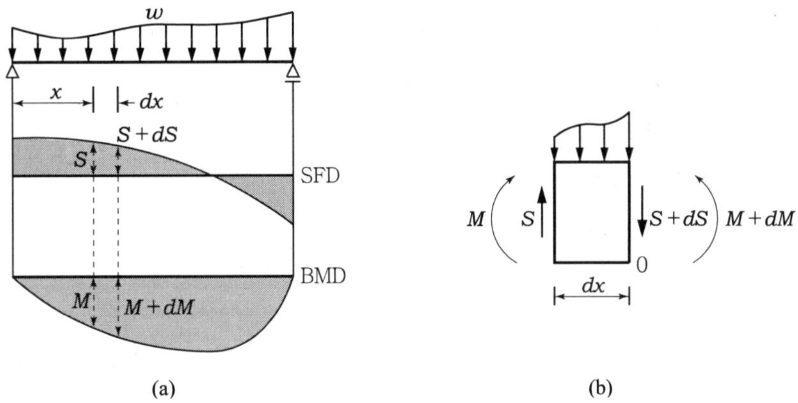

그림 4-9

또한, 평형조건식에서 $(\sum M=0)$를 적용하면

$$\sum M_o=0 \text{ 에서 } Sdx+M-(M+dM)-w\cdot\frac{(dx)^2}{2}=0$$

여기서, $(dx)^2$은 미소량이므로 무시하면

$$Sdx-dM=0$$

$$\therefore \frac{dM}{dx}=S \qquad (4\text{-}2)$$

즉, 모멘트를 미분하면 전단력이 되며 식 (4-1)과 (4-2)를 조합하면

$$\frac{d^2M}{dx^2}=\frac{dS}{dx}=-w \tag{4-3}$$

이 관계식으로부터 전단력과 휨모멘트는 다음 식과 같이 구할 수 있다.

$$S=-\int w\cdot dx+C_1 \tag{4-4}$$

$$M=-\int\int w\cdot dx\cdot dx+C_1x+C_2 \tag{4-5}$$

4.3 내민보

4.3.1 집중하중이 작용하는 경우

그림 4-10과 같은 내민보는 구조적으로 중앙부분은 단순보와 유사하고 양쪽 내민 부분은 캔틸레버보와 유사한 구조로 되어있다. 따라서 지점반력은 단순보처럼 구하고 단면력은 양쪽 끝 자유단쪽으로부터 구해간다.

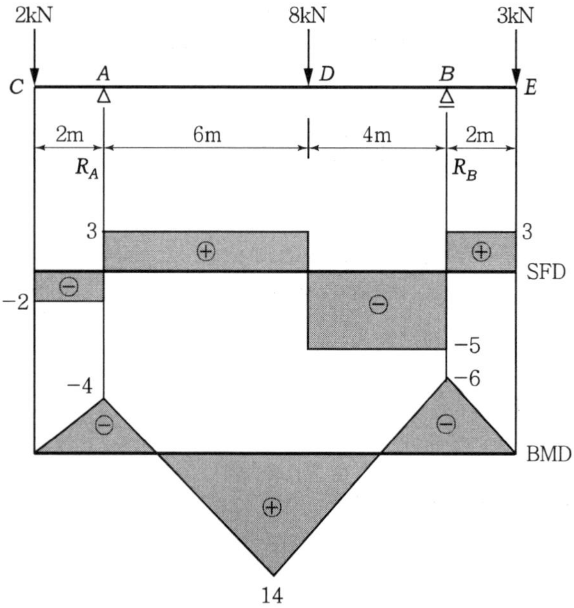

그림 4-10

1) 지점반력

힘의 평형조건식 $\Sigma M_B=0$ 에서

$R_A\times10-2\times12-8\times4+3\times2=0$

$\therefore R_A=5\,\text{kN}$

힘의 평형조건식 $\Sigma V=0$ 에서

$-2+5-8+R_B-3=0$

$\therefore R_B=8\,\text{kN}$

2) 전단력

C~A 구간 : $S_x = -2\,\text{kN}$

A~D 구간 : $S_x = -2 + 5 = 3\,\text{kN}$

E~B 구간 : $S_x = 3\,\text{kN}$

B~D 구간 : $S_x = +3 - 8 = -5\,\text{kN}$

3) 휨모멘트

C~A 구간 : $0 \leqq x \leqq 2$, $M_x = -2x$

$x = 0$ 에서 $M_C = 0$, $x = 2$ 에서 $M_A = -4\,\text{kN·m}$

A~D 구간 : $0 \leqq x \leqq 6$, $M_x = -2(2+x) + 5x = -4 + 3x$

$x = 0$ 에서 $M_A = -4\,\text{kN·m}$, $x = 6$ 에서 $M_D = 14\,\text{kN·m}$

E~B 구간 : $0 \leqq x \leqq 3$, $M_x = -3x$

$x = 0$ 에서 $M_E = 0$, $x = 2$ 에서 $M_B = -6\,\text{kN·m}$

B~D 구간 : $0 \leqq x \leqq 4$, $M_x = -3(2+x) + 8x = -6 + 5x$

$x = 0$ 에서 $M_B = -6\,\text{kN·m}$, $x = 4$ 에서 $M_D = 14\,\text{kN·m}$

4.3.2 등분포하중이 작용하는 경우

그림 4-11과 같이 내민보에 등분포하중이 작용하는 경우 지점반력과 단면력은 다음과 같이 구한다.

1) 지점반력

힘의 평형조건식 $\Sigma M_B = 0$ 에서

$R_A \times 10 - 2 \times 14 \times 7 = 0$

$\therefore R_A = 19.6\,\text{kN}$

힘의 평형조건식 $\Sigma V = 0$ 에서

$-28 + 19.6 - R_B = 0$

$\therefore R_B = 8.4\,\text{kN}$

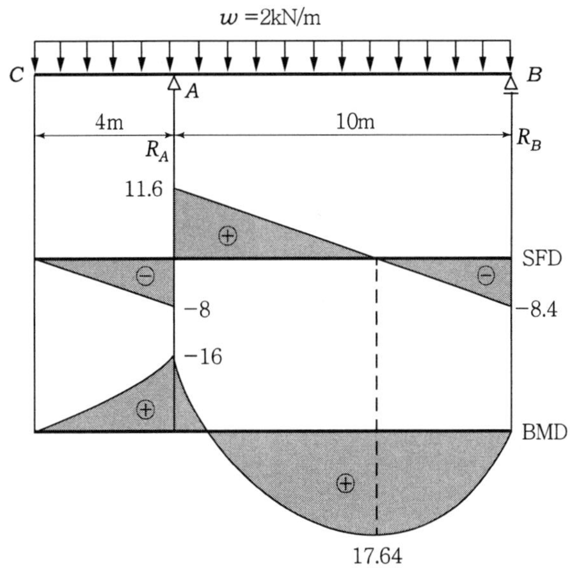

그림 4-11

2) 전단력

C~A 구간 : $0 \leqq x \leqq 4$, $S_x = -2x$

$x = 0$ 에서 $S_C = 0$, $x = 4$ 에서 $S_A = -8\,\text{kN}$

A~B 구간 : $0 \leqq x \leqq 10$, $S_x = -2(4+x) + 19.6 = -2x + 11.6$

$x = 0$ 에서 $S_A = 11.6\,\text{kN}$, $x = 10$ 에서 $S_B = -8.4\,\text{kN}$

3) 휨모멘트

C~A 구간 : $0 \leqq x \leqq 4$, $M_x = -x^2$

$x = 0$ 에서 $M_A = 0$, $x = 4$ 에서 $M_B = -16\,\text{kN·m}$

A~B 구간 : $0 \leqq x \leqq 10$, $M_x = -\dfrac{2(4+x)^2}{2} + 19.6x = -16 + 11.6x - x^2$

$x = 0$ 에서 $M_A = -16\,\text{kN·m}$, $x = 10$ 에서 $M_B = 0\,\text{kN·m}$

4) 최대 휨모멘트

위치 : $S_x = -2x + 11.6 = 0$, $x = 5.8\text{m}$

최대 휨모멘트 : $M_{\max} = -16 + 11.6 \times 5.8 - 5.8^2 = 17.64\,\text{kN·m}$

4.3.3 모멘트하중이 작용하는 경우

그림 4-12와 같이 내민보에 모멘트하중이 작용하는 경우 지점반력과 단면력은 다음과 같이 구한다.

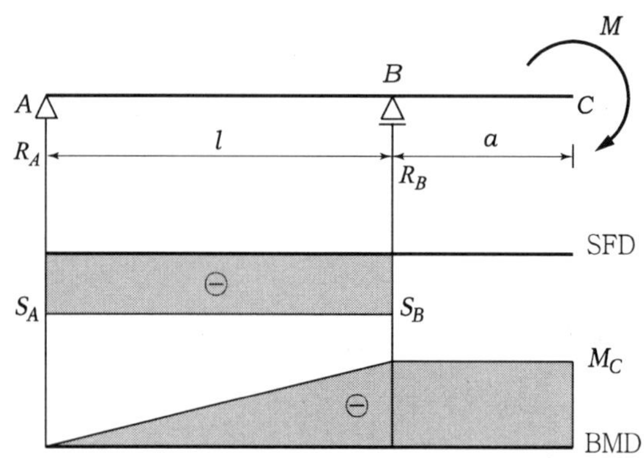

그림 4-12

1) 지점반력

힘의 평형조건식 $\Sigma M_B = 0$ 에서

$R_A \times l + M = 0$, $\therefore R_A = -\dfrac{M}{l}$

힘의 평형조건식 $\Sigma V = 0$ 에서

$R_A + R_B = 0$, $\therefore R_B = -R_A = \dfrac{M}{l}$

2) 전단력

A~B 구간 : $0 \leqq x \leqq l$, $S_x = -\dfrac{M}{l}$ (일정)

C~B 구간 : $0 \leqq x \leqq a$, $S_x = 0$

3) 휨모멘트

A~B 구간 : $0 \leqq x \leqq l$, $M_x = -\dfrac{M}{l}x$

$x=0$ 에서 $M_A = 0$, $x = l$ 에서 $M_B = -M$

C~B 구간 : $0 \leqq x \leqq l$, $M_x = -M$(일정)

예제 4-3

그림과 같은 내민보의 지점반력을 구하고 단면력도를 그려라.

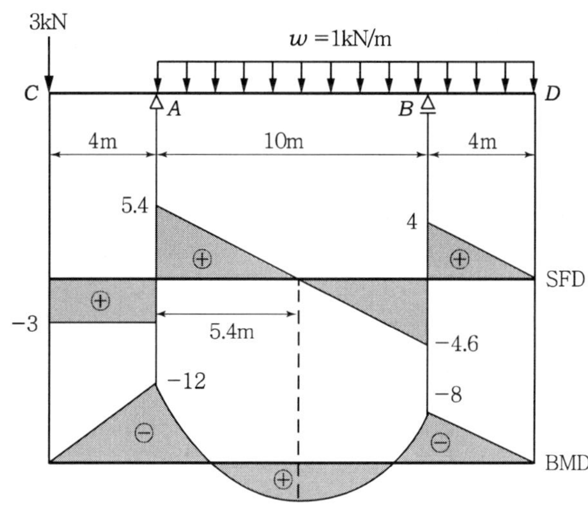

▸ **풀이**

① 지점반력

$\Sigma M_B = 0$

$R_A \times 10 - 3 \times 14 - 14 \times 3 = 0$

$R_A = 8.4\,\text{kN}$

$\Sigma V = 0$

$8.4 + R_B - 3 - 14 = 0$

$R_B = 8.6\,\text{kN}$

② 전단력

C~A 구간 : $0 \le x \le 4$

$S_x = -3\text{kN}$

A~B 구간 : $0 \le x \le 10$

$S_x = -3 + 8.4 - x = 5.4 - x$

$x = 0$ 에서 $S_A = 5.4\text{kN}$, $x = 10$에서 $S_B = -4.6\text{kN}$

D~B 구간 : $0 \le x \le 4$, $S_x = x$

$x = 0$ 에서 $S_D = 0$, $x = 4$에서 $S_B = 4\text{kN}$

③ 휨모멘트

C~A 구간 : $0 \le x \le 4$, $M_x = -3x$

$x = 0$ 에서 $M_C = 0$, $x = 4$에서 $M_A = -12\text{kN}\cdot\text{m}$

A~B 구간 : $0 \le x \le 10$, $M_x = -3(4+x) + 8.4x - \dfrac{x^2}{2} = -12 + 5.4x - 0.5x^2$

$x = 0$ 에서 $M_A = -12\text{kN}\cdot\text{m}$, $x = 10$ 에서 $M_B = -8\text{kN}\cdot\text{m}$

D~B 구간 : $0 \le x \le 4$, $M_x = -\dfrac{x^2}{2}$

$x = 0$ 에서 $M_D = 0$, $x = 4$ 에서 $M_B = -8\text{kN}\cdot\text{m}$

④ 최대휨모멘트

최대휨모멘트 위치 : $S_x = 5.4 - x = 0$, $x = 5.4\text{m}$

$M_{\max} = -12 + 5.4x - 0.5x^2 = -12 + 5.4 \times 5.4 - 0.5 \times 5.4^2 = 2.58\text{kN}\cdot\text{m}$

4.4 게르버보

4.4.1 집중하중이 작용하는 경우

그림 4-13과 같은 게르버보에 집중하중이 작용할 때 지점반력 및 단면력을 구하면 다음과 같다.

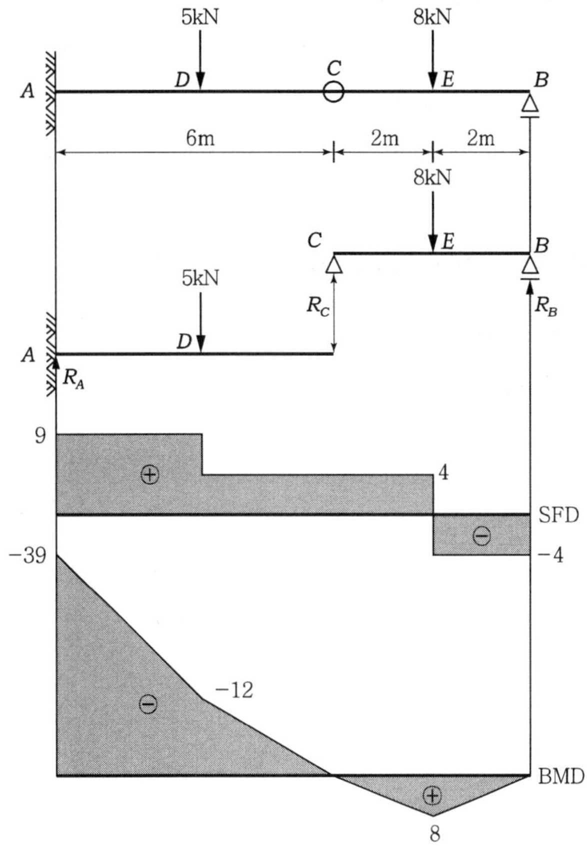

그림 4-13

1) 지점반력

C~B 구간은 단순보 구조이므로 힘의 평형조건식 $\Sigma M_B = 0$에서

$R_C \times 4 - 8 \times 2 = 0$, $R_C = 4\,\text{kN}$

힘의 평형조건식 $\Sigma V = 0$에서

$4 - 8 + R_B = 0$, $R_B = 4\,\text{kN}$

A~C 구간은 캔틸레버 구조이므로 $\Sigma V = 0$에서

$R_A - 5 - 4 = 0$, $R_A = 9\,\text{kN}$

힘의 평형조건식 $\Sigma M_A = 0$에서

$M_A + 5 \times 3 + 4 \times 6 = 0$,

$M_A = -39\,\text{kN·m}$

2) 전단력

A~D 구간 : $0 \leqq x \leqq 3$, $S_x = 9\,\text{kN}$

C~D 구간 : $0 \leqq x \leqq 3$, $S_x = 4\,\text{kN}$

C~E 구간 : $0 \leqq x \leqq 2$, $S_x = 4\,\text{kN}$

B~E 구간 : $0 \leqq x \leqq 2$, $S_x = -4\,\text{kN}$

3) 휨모멘트

A~D 구간 : $0 \leqq x \leqq 3$, $M_x = -39 + 9x$

$x = 0$에서 $M_A = -39\,\text{kN·m}$, $x = 3$에서 $M_D = -12\,\text{kN·m}$

C~D 구간 : $0 \leqq x \leqq 3$, $M_x = -4x$

$x=0$ 에서 $M_C=0$, $x=3$에서 $M_D=-12\,\mathrm{kN\cdot m}$

C~E 구간 : $0 \leqq x \leqq 2$, $M_x=4x$

$x=0$ 에서 $M_C=0$, $x=2$에서 $M_E=8\,\mathrm{kN\cdot m}$

B~E 구간 : $0 \leqq x \leqq 2$, $M_x=4x$

$x=0$ 에서 $M_B=0$, $x=2$에서 $M_E=8\,\mathrm{kN\cdot m}$

4.4.2 등분포하중이 작용하는 경우

그림 4-14와 같은 게르버보에 등분포하중이 작용할 때 지점반력 및 단면력을 구하면 다음과 같다.

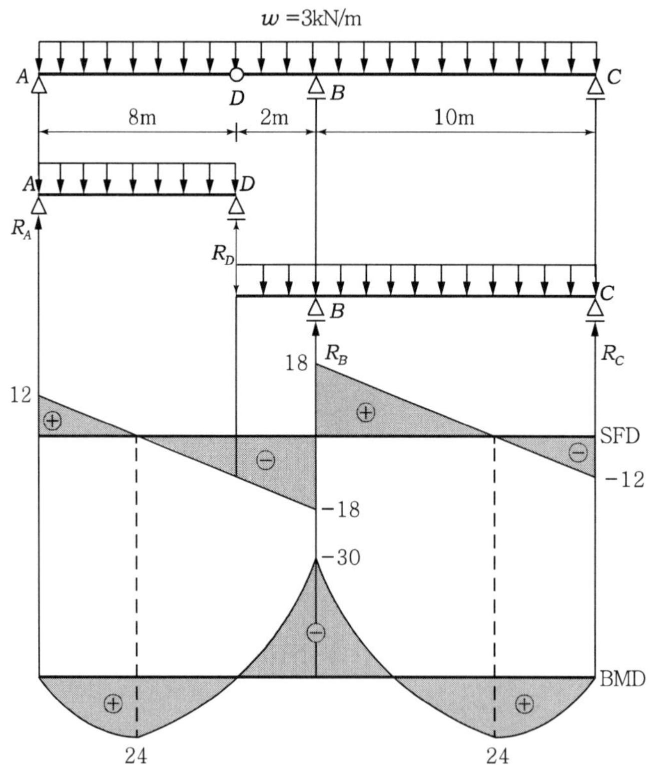

그림 4-14

1) 지점반력

A~D 구간은 단순보 구조이므로 힘의 평형조건식 $\sum M_D = 0$ 에서

$R_A \times 8 - 24 \times 4 = 0$, $\therefore R_A = 12\,\text{kN}$

힘의 평형조건식 $\sum V = 0$에서

$12 - 24 + R_D = 0$, $\therefore R_D = 12\,\text{kN}$

D~C 구간은 내민보 구조이므로 $\sum M_C = 0$에서

$-12 \times 12 + R_B \times 10 - 36 \times 6 = 0$, $\therefore R_B = 36\text{kN}$

힘의 평형조건식 $\sum V = 0$에서

$-12 + 36 - 36 + R_C = 0$, $\therefore R_C = 12\text{kN}$

2) 전단력

A~D 구간 : $0 \leqq x \leqq 8$, $S_x = 12 - 3x$

$x = 0$에서 $S_A = 12\,\text{kN}$, $x = 8$에서 $S_D = -12\text{kN}$

D~B 구간 : $0 \leqq x \leqq 2$, $S_x = -12 - 3x$

$x = 0$에서 $S_D = -12\,\text{kN}$, $x = 2$에서 $S_B = -18\text{kN}$

C~B 구간 : $0 \leqq x \leqq 10$, $S_x = -12 + 3x$

$x = 0$ 에서 $S_C = -12\,\text{kN}$, $x = 10$ 에서 $S_B = 18\,\text{kN}$

3) 휨모멘트

A~D 구간 : $0 \leqq x \leqq 8$, $M_x = 12x - \dfrac{3}{2}x^2$

$x = 0$ 에서 $M_A = 0$, $x = 4$ 에서 $M = 24\,\text{kN·m}$, $x = 8$ 에서 $M_D = 0$

D~B 구간 : $0 \leqq x \leqq 2$, $M_x = -12x - \dfrac{3}{2}x^2$

$x = 0$ 에서 $M_D = 0$, $x = 2$ 에서 $M_B = -30\,\text{kN·m}$

C~B 구간 : $0 \leqq x \leqq 10$, $M_x = 12x - \dfrac{3}{2}x^2$

$x = 0$ 에서 $M_C = 0$, $x = 10$ 에서 $M_B = -30\,\text{kN·m}$

최대휨모멘트 위치 : $S_x = -12 + 3x = 0$, $x = 4$

최대휨모멘트 : $M_{\max} = 12x - \dfrac{3}{2}x^2 = 12 \times 4 - \dfrac{3}{2} \times 4^2 = 24\,\text{kN·m}$

4.4.3 등변분포하중이 작용하는 경우

그림 4-15과 같은 게르버보에 등변분포하중이 작용할 때 지점반력 및 단면력은 다음과 같이 구한다.

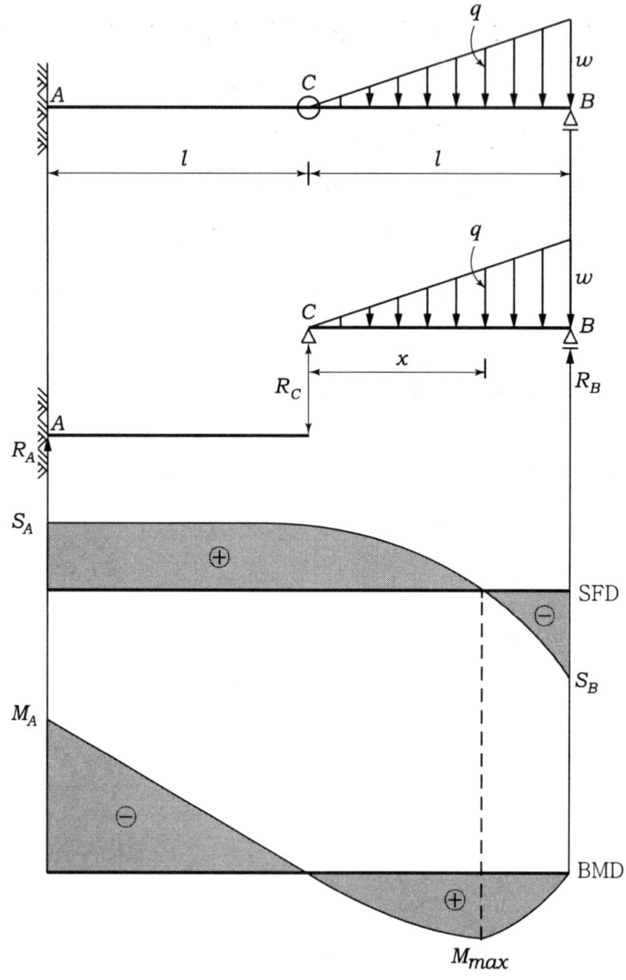

그림 4-15

1) 지점반력

C~B구간은 단순보 구조이므로 힘의 평형조건식 $\Sigma M_B = 0$ 에서

$$R_C \times l - \frac{wl}{2} \times \frac{l}{3} = 0$$

$$\therefore R_C = \frac{wl}{6}$$

$\Sigma V = 0$ 에서

$$\frac{wl}{6} - \frac{wl}{2} + R_B = 0$$

$$\therefore R_B = \frac{wl}{3}$$

A~C구간은 캔틸레버 구조이므로 $\Sigma V = 0$ 에서

$$R_A - \frac{wl}{6} = 0$$

$$\therefore R_A = \frac{wl}{6}$$

2) 전단력

C~A 구간 : $0 \leqq x \leqq l$, $S_x = \dfrac{wl}{6}$

C~B 구간 : $0 \leqq x \leqq l$, $S_x = \dfrac{wl}{6} - \dfrac{qx}{2} = \dfrac{wl}{6} - \dfrac{wx^2}{2l}$, $\because q = \dfrac{wx}{l}$

$x = 0$ 에서 $S_C = \dfrac{wl}{6}$, $x = l$ 에서 $S_B = -\dfrac{wl}{3}$

3) 휨모멘트

C~A 구간 : $0 \leqq x \leqq l$, $M_x = -\dfrac{wl}{6}x$

$x=0$에서 $M_C=0$, $x=l$에서 $M_A = -\dfrac{wl^2}{6}$

C~B 구간 : $0 \leqq x \leqq l$, $M_x = \dfrac{wl}{6}x - \dfrac{qx}{2}\cdot\dfrac{x}{3} = \dfrac{wl}{6}x - \dfrac{wx^3}{6l}$

$x=0$에서 $M_C=0$, $x=l$에서 $M_B=0$

최대휨모멘트 위치 : $S_x = \dfrac{wl}{6} - \dfrac{wx^2}{2l} = 0$, $x = \dfrac{l}{\sqrt{3}}$

최대휨모멘트 : $M_{\max} = \dfrac{wl}{6}\left(\dfrac{l}{\sqrt{3}}\right) - \dfrac{w}{6l}\left(\dfrac{l}{\sqrt{3}}\right)^3 = \dfrac{wl^2}{9\sqrt{3}}$

예제 4-4

그림과 같은 게르버보의 지점반력을 구하고 단면력도를 그려라.

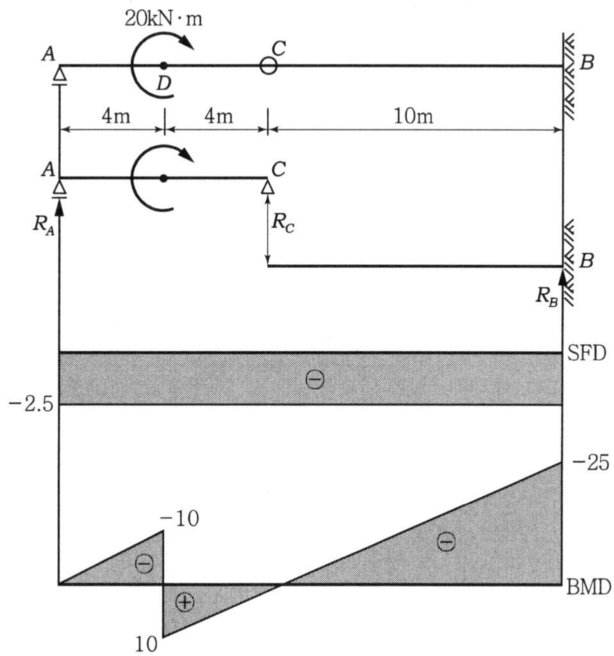

▸ **풀이**

① 지점반력

A~C 구간은 단순보 구조이므로

$\sum M_C = 0$, $R_A \times 8 + 20 = 0$, $R_A = -2.5\,\text{kN}$

$\sum V = 0$, $-2.5 + R_C = 0$, $R_C = 2.5\,\text{kN}$

C~B 구간은 캔틸레버 구조이므로

$\sum V = 0$, $-R_C + R_B = 0$, $R_C = R_B$, $R_B = 2.5\,\text{kN}$

② 전단력

A~C 구간 : $0 \le x \le 8$, $S_x = -2.5\,\text{kN}$

C~B 구간 : $0 \le x \le 20$, $S_x = -2.5\,\text{kN}$

③ 휨모멘트

A~D 구간 : $0 \le x \le 4$, $M_x = -2.5x$

$x = 0$ 에서 $M_A = 0$, $x = 4$ 에서 $M_D = -10\,\text{kN}\cdot\text{m}$

C~D 구간 : $0 \le x \le 4$, $M_x = 2.5x$

$x = 0$ 에서 $M_C = 0$, $x = 4$ 에서 $M_D = 10\,\text{kN}\cdot\text{m}$

C~B 구간 : $0 \le x \le 10$, $M_x = -2.5x$

$x = 0$ 에서 $M_C = 0$, $x = 10$ 에서 $M_B = -25\,\text{kN}\cdot\text{m}$

4.5 영향선

교량과 같이 이동하중이 작용하는 구조물의 단면력은 하중의 위치에 따라 시시각각으로 변화된다. 영향선(influence line)이란 단위하중을 보위에서 이동시켜 그 하중에 의한 단면력을 선으로 도시한 것으로서 실제하중에 의한 단면력은 다음과 같이 계산된다.

집중하중이 작용하는 경우 : 단면력 = 집중하중(P) × 영향선의 종거(y)

등분포하중이 작용하는 경우 : 단면력 = 등분포하중(w) × 영향선의 면적(A)

4.5.1 캔틸레버보의 영향선

1) 지점반력의 영향선

그림 4-16과 같이 캔틸레버보에 이동하중 $P=1$이 작용할 때 지점반력 R_B의 영향선을 구하면 다음과 같다.

$\sum V=0$에서 $R_B-1=0$

$R_B=1$ (일정)

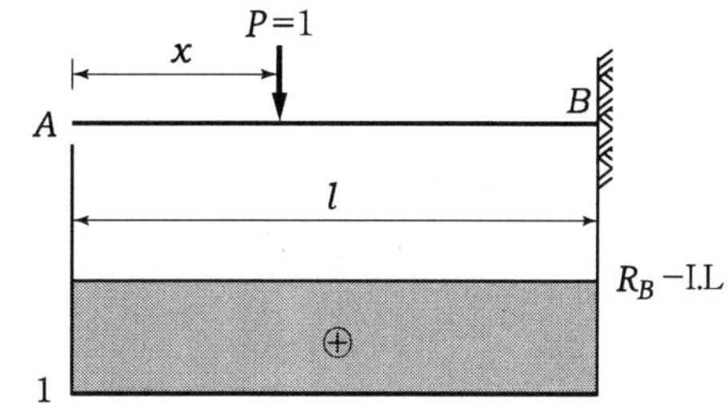

그림 4-16

2) 전단력의 영향선

그림 4-17과 같이 캔틸레버보에 이동하중 $P=1$이 작용할 때 전단력 S_C의 영향선을 구하면 다음과 같다.

(1) 하중 P가 A~C 구간에 작용

$S_C=-1$

(2) 하중 P가 C~B 구간에 작용

$S_C=0$

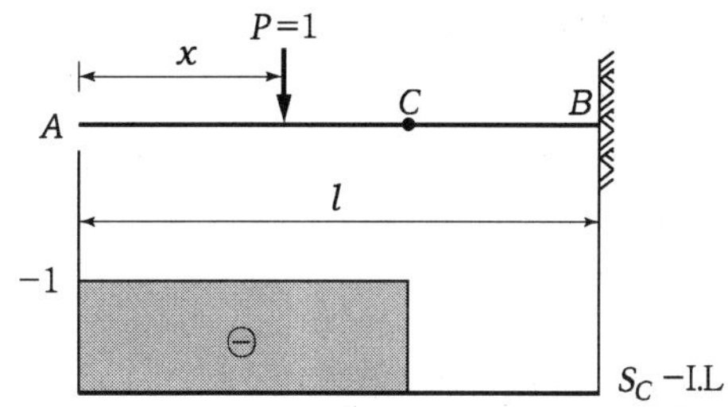

그림 4-17

3) 휨모멘트의 영향선

그림 4-18과 같은 캔틸레버보에 이동하중 $P=1$이 작용할 때 휨모멘트 M_C의 영향선을 구하면 다음과 같다.

(1) 하중 P가 A~C 구간에 작용

$M_C=-(a-x)$

$x=0$에서 $M_C=-a$

$x=a$에서 $M_C=0$

(2) 하중 P가 C~B 구간에 작용

$M_C=0$

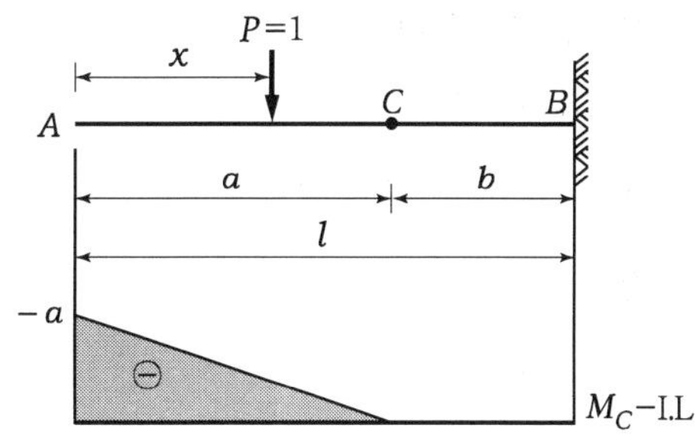

그림 4-18

예제 4.5

그림과 같은 캔틸레버보의 R_B, S_C, M_C를 영향선에 의하여 구하라.

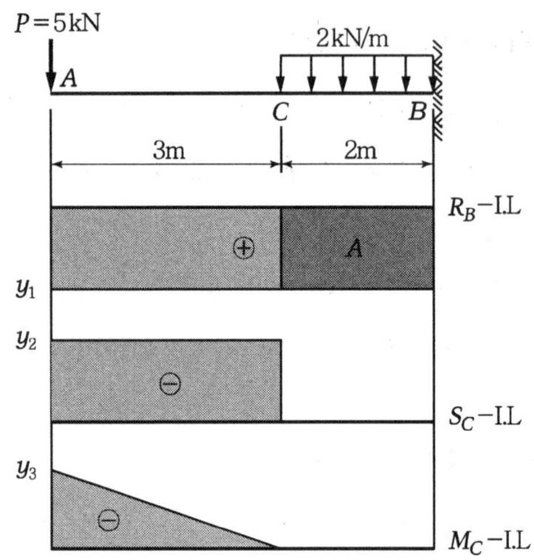

▸ **풀이**

① R_B 지점반력

$y_1 = 1,\ A = 2\times 1 = 2$

$R_B = Py_1 + wA = 5\times 1 + 2\times 2 = 9\,\text{kN}$

② S_C 전단력

$y_2 = -1$

$S_C = Py_2 = 5\times(-1) = -5\,\text{kN}$

③ M_C 휨모멘트

$y_3 = -3$

$M_B = Py_3 = 5\times(-3) = -15\,\text{kN}\cdot\text{m}$

4.5.2 단순보의 영향선

1) 지점반력의 영향선

단순보에 이동하중($P=1$)이 작용하면 지점반력은 특정한 값을 갖지 못하고 계속 변화할 것이다. $P=1$이 이동하여 그림 4-19와 같은 상태가 되었다면 이 순간의 지점반력은 다음과 같다.

$\sum M_B = 0$ 에서

$R_A l - 1\times(l-x) = 0$

$R_A = 1 - \dfrac{x}{l}$

$x = 0$ 에서 $R_A = 1$

$x = l$ 에서 $R_A = 0$

$\sum V = 0$ 에서

$(1 - \dfrac{x}{l}) - 1 + R_B = 0,\ R_B = \dfrac{x}{l}$

$x = 0$ 에서 $R_B = 0$

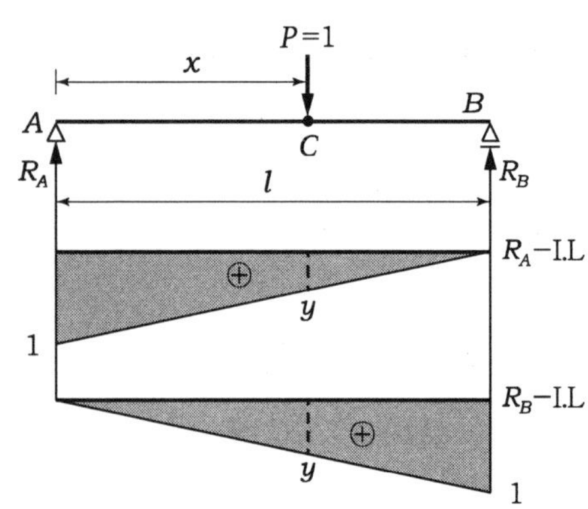

그림 4-19

$x = l$ 에서 $R_B = 1$

즉, 지점반력 R_A 의 영향선은 A점에서 종거가 1이고 B점의 종거가 0인 직선이 되고, 지점반력 R_B의 영향선은 A점의 종거가 0이고 B점의 종거가 1인 직선이 된다. 또한 C점의 종거 y_c 는 비례식으로 구하면 된다.

2) 전단력의 영향선

그림 4-20에서 단순보에 이동하중 $P = 1$ 이 작용할 때 전단력 S_C 의 영향선을 작도하려면 하중 P 가 A~C 구간에 작용할 경우와 하중 P 가 B~C 구간에 작용할 경우로 각각 나누어서 구한다.

(1) 하중 P 가 A~C 구간에 작용

$R_A = 1 - \dfrac{x}{l}$ 이므로

$S_C = R_A - 1 = 1 - \dfrac{x}{l} - 1 = -\dfrac{x}{l}$

$x = 0$ 에서 $S_C = 0$

$x = l$ 에서 $S_C = -1$

유효한 구간은 A~C 사이이다.

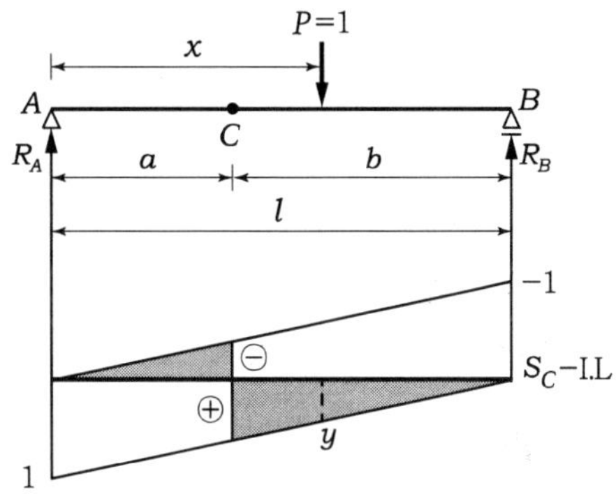

그림 4-20

(2) 하중 P 가 C~B 구간에 작용

$S_C = R_A = 1 - \dfrac{x}{l}$

$x = 0$ 에서 $S_C = 1$, $x = l$ 에서 $S_C = 0$

유효한 구간은 C~B 사이이다.

3) 휨모멘트의 영향선

그림 4-21에서 단순보에 이동하중 $P = 1$ 이 작용할 때 휨모멘트 M_C 의 영향선을 작도하려면 하중 P 가 A~C 구간에 작용할 경우와 하중 P 가 B~C 구간에 작용할 경우로 각각 나누어서 구한다.

(1) 하중P 가 A~C 구간에 작용

$R_A = 1 - \dfrac{x}{l}$ 이므로

$$M_C = R_A a - (a-x) = \left(1-\frac{x}{l}\right)a - (a-x)$$

$$= x\left(1-\frac{a}{l}\right) = \frac{bx}{l}$$

$x=0$ 에서 $M_C = 0$

$x=l$ 에서 $M_C = b$

유효한 구간은 A~C 사이이다.

(2) 하중 P가 C~B 구간에 작용

$$M_C = R_A a = \left(1-\frac{x}{l}\right)a$$

$x=0$ 에서 $M_C = a$, $x=l$ 에서 $M_C = 0$

유효한 구간은 C~B 사이이다.

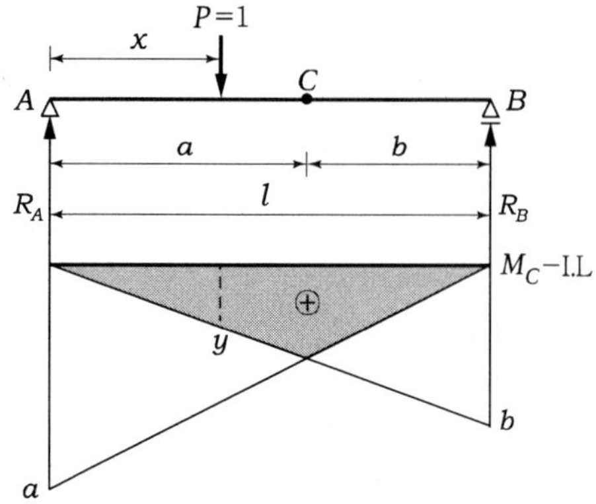

그림 4-21

예제 4.6

그림과 같은 단순보의 R_A, S_C, M_C를 영향선을 이용하여 구하라.

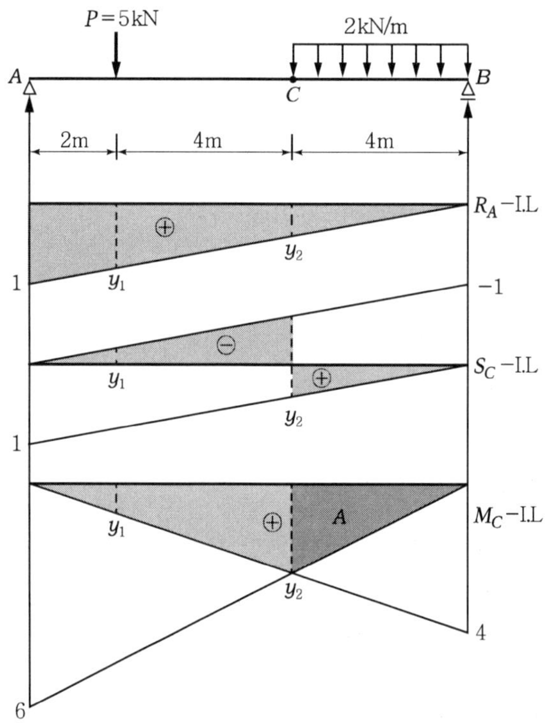

▸ **풀이**

① 지점반력 R_A

$y_1 = 0.8$, $y_2 = 0.4$

$A = \frac{1}{2} \times 0.4 \times 4 = 0.8$

$R_A = P \cdot y + w \cdot A$

$= 5 \times 0.8 + 2 \times 0.8 = 5.6\text{kN}$

② 전단력 S_C

$y_1 = -0.2$, $y_2 = 0.4$

$A = \frac{1}{2} \times 0.4 \times 4 = 0.8$

$S_C = P \cdot y + w \cdot A$

$= 5 \times (-0.2) + 2 \times 0.8 = 0.6\text{kN}$

③ 휨모멘트

$y_1 = 0.8$, $y_2 = 2.4$

$A = \frac{1}{2} \times 2.4 \times 4 = 4.8$

$M_C = P \cdot y + w \cdot A = 5 \times 0.8 + 2 \times 4.8 = 13.6\text{kN} \cdot \text{m}$

4.5.3 내민보의 영향선

그림 4-22와 같은 내민보의 영향선은 전술한 단순보의 영향선과 캔틸레버보의 영향선을 조합하면 용이하게 구할 수 있다.

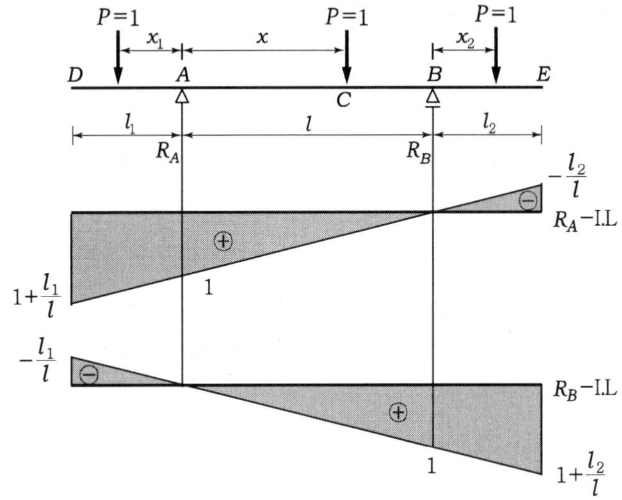

그림 4-22

1) 지점반력의 영향선

내민보에 이동하중 $P=1$ 이 작용할 때 지점반력의 영향선은 다음과 같이 구한다.

(1) 하중 P가 A~B 구간에 작용

단순보의 지점반력 영향선

과 동일하다.

(2) 하중 P가 D~A 구간에 작용

$\sum M_B = 0$ 에서

$-1 \times (l + x_1) + R_A \times l = 0$, $R_A = 1 + \dfrac{x_1}{l}$

$x_1 = 0$ 에서 $R_A = 1$, $x_1 = l_1$ 에서 $R_A = 1 + \dfrac{l_1}{l}$

(3) 하중 P가 B~E 구간에 작용

$\sum M_B = 0$ 에서

$R_A \times l + 1 \times x_2 = 0$, $R_A = -\dfrac{x_2}{l}$

$x_2 = 0$ 에서 $R_A = 0$, $x_2 = l_2$ 에서 $R_A = -\dfrac{l_2}{l}$

따라서, 단순보의 영향선을 단지 연장만 해주면 된다.

마찬가지로, R_B 의 영향선도 구하여 보면 그림 4-22와 같다.

2) 전단력의 영향선

그림 4-23과 같이 내민보에 이동하중 $P=1$ 이 작용할 때 C점의 전단력 영향선은 다음과 같이 구한다.

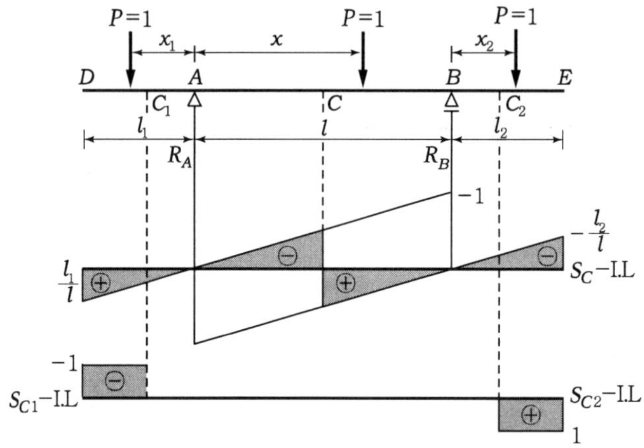

그림 4-23

(1) 하중 P가 A~B 구간에 작용

단순보의 전단력 영향선과 동일하다.

(2) 하중 P가 D~A구간에 작용

$S_C = -1 + R_A$

$= -1 + 1 + \dfrac{x_1}{l} = \dfrac{x_1}{l}$, $\left(\because R_A = 1 + \dfrac{x_1}{l}\right)$

$x_1 = 0$ 에서 $S_C = 0$, $x_1 = l_1$ 에서 $S_C = \dfrac{l_1}{l}$

(3) 하중 P가 B~E구간에 작용

$$S_C = -\frac{x_2}{l}$$

$x_2 = 0$ 에서 $S_C = 0$, $x_2 = l_2$ 에서 $S_C = -\frac{l_2}{l}$

따라서, 내민부분은 단순보의 전단력 영향선을 단지 연장만 해주면 된다.

또한, C_1점의 전단력 영향선을 구하면 하중 P가 $D \sim C_1$구간에 작용할 때만 발생한다.

$S_{C1} = -1$

또한, C_2점의 전단력 영향선을 구하면 하중 P가 $E \sim C_2$구간에 작용할 때만 발생한다.

$S_{C2} = 1$

따라서, 내민부분은 캔틸레버보의 전단력 영향선과 동일하다.

3) 휨모멘트의 영향선

그림 4-24와 같은 내민보에 이동하중 $P = 1$ 이 작용할 때 C점의 휨모멘트 영향선은 다음과 같이 구한다.

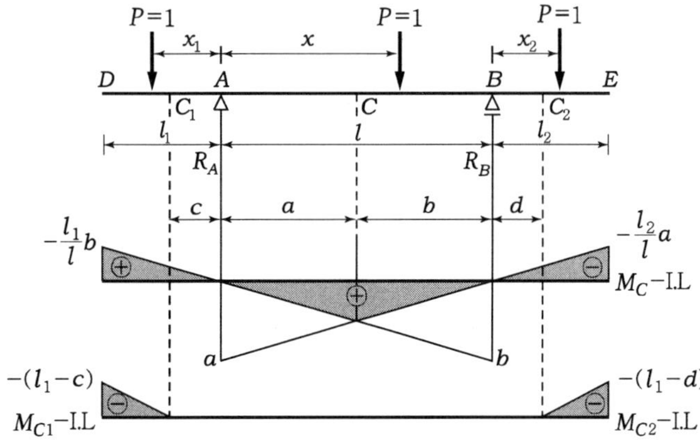

그림 4-24

(1) 하중 P가 A~B 구간에 작용

단순보의 휨모멘트 영향선과 동일하다.

(2) 하중 P가 A~D구간에 작용

$$M_C = -(a + x_1) + R_A a = -x_1 + \frac{x_1}{l} a, \left(\because R_A = 1 + \frac{x_1}{l} \right)$$

$x_1 = 0$ 에서 $M_C = 0$, $x_1 = l_1$ 에서 $M_C = -\dfrac{l_1}{l}b$

(3) 하중 P가 B~E구간에 작용

$M_C = -(b + x_2) + R_B b = -x_2 + \dfrac{x_2}{l}b$, $\left(\because R_B = 1 + \dfrac{x_2}{l}\right)$

$x_2 = 0$ 에서 $M_C = 0$, $x_2 = l_2$ 에서 $M_C = -\dfrac{l_2}{l}a$

따라서, 내민부분은 단순보의 휨모멘트 영향선을 단지 연장만 해주면 된다. 또한, C_1점의 휨모멘트 영향선을 구하여 보면, 하중 P가 $D \sim C_1$구간에 작용할 때만 발생한다.

$M_{C1} = -(x_1 - c)$

$x_1 = c$ 에서 $M_{C1} = 0$, $x_1 = l_1$ 에서 $M_{C1} = -(l_1 - c)$

마찬가지로, C_2점의 휨모멘트 영향선을 구하여 보면, 하중 P가 $E \sim C_2$구간에 작용할 때만 발생한다.

$M_{C2} = -(x_2 - d)$

$x_2 = d$ 에서 $M_{C2} = 0$, $x_2 = l_2$ 에서 $M_{C2} = -(l_2 - d)$

따라서, 내민부분은 캔틸레버보의 영향선과 동일하다.

4.5.4 게르버보의 영향선

그림 4-25와 같은 게르버보는 단순보와 내민보의 조합으로 이루어진 구조로 지점반력 및 단면력의 영향선은 단순보의 영향선과 내민보의 영향선을 조합하면 편리하게 구할 수 있다.

1) 지점반력의 영향선

그림 (a)에서 지점반력 R_A 영향선은 E~F구간은 내민보의 경우와 동일하다. C~E구간과 F~D구간은 단순보로서 이 구간에 작용하는 하중은 E점과 F점의 반력 R_E와 R_F가 내민보의 단부 E점과 F점에 작용하여 내민보에 영향을 주므로 직선으로 연결된다.

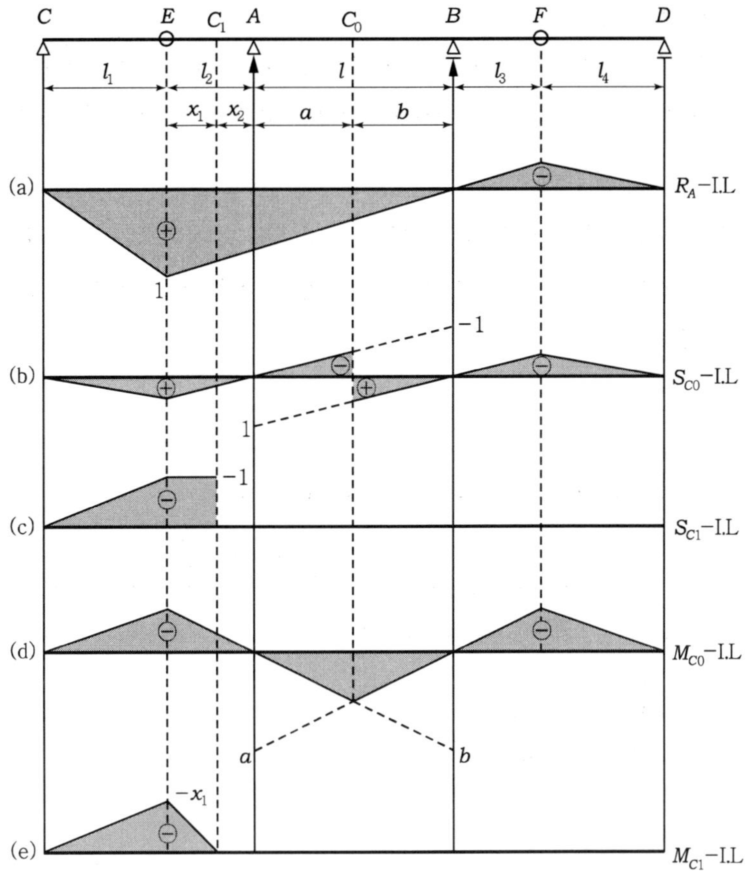

그림 4-25

2) 전단력의 영향선

그림 (b)에서 E~F구간은 내민보이므로 A~B구간의 C_0점의 전단력의 영향선은 전술한 내민보의 경우와 동일하다. C~E구간과 F~D구간에 작용하는 하중도 내민보에 영향을 주므로 직선으로 연결하면 된다.

그림 (c)에서 E~A구간은 캔틸레버보이므로 E~A구간의 C_1점의 전단력의 영향선은 캔틸레버보의 경우와 동일하다. C~E구간에 작용하는 하중도 영향을 주므로 직선으로 연결하면 된다.

3) 휨모멘트의 영향선

그림 (d)에서 E~F구간은 내민보이므로 A~B구간의 C_0점의 휨모멘트의 영향선은 내민보의 경우와 동일하다. C~E구간과 F~D구간에 작용하는 하중도 내민보에 영향을 주므로 직선으로 연결하면 된다.

그림 (e)에서 E~A구간은 캔틸레버보이므로 E~A구간의 임의의 점 C_1의 휨모멘트의 영향선은 캔틸레버보의 경우와 동일하다. C~E구간에 작용하는 하중도 영향을 주므로 직선으로 연결하면 된다.

예제 4.7

그림과 같은 게르버보에서 이동하중에 의한 R_A의 최대치를 구하라.

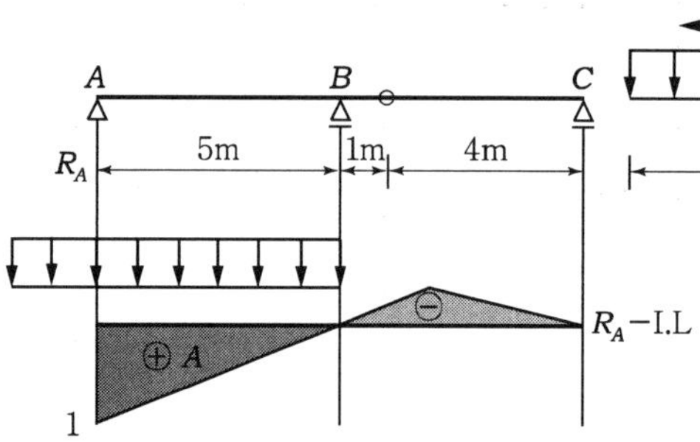

▸ 풀이

① R_A의 영향선을 작도한다.

② 지점반력 R_A가 최대가 되는 하중의 위치는 이동하중($7m$)의 선단이 A점을 통과하고 후단이 B점에 도달했을 때가 최대가 된다.

③ 최대 지점반력

$$R_{Amax} = w \cdot A = 0.5 \times \left(\frac{1 \times 5}{2}\right) = 1.25\,\text{kN}$$

4.6 최대단면력

4.6.1 최대지점반력

1) 집중하중이 이동하는 경우

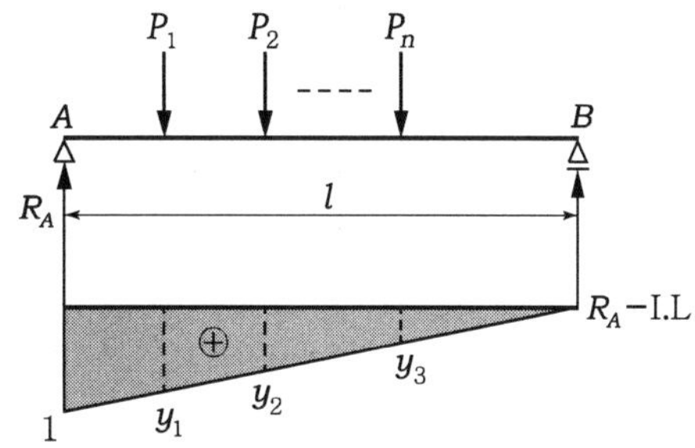

그림 4-26

집중하중이 보위를 이동할 때 지점반력은 하중의 위치에 따라 변화한다. 그림 4-26에서 알 수 있듯이 P_1, P_2, P_3 … P_n 이 A지점에 작용할 때마다 극대가 되고 그 중에서 가장 큰 값이 최대지점반력(maximum reaction)이다. 이 때 최대지점반력 값은 영향선을 이용하면 다음과 같은 식으로 구해진다.

$$R_{A\max} = P_1 y_1 + P_2 y_2 + \cdots + P_n y_n \tag{4-6}$$

2) 등분포하중이 이동하는 경우

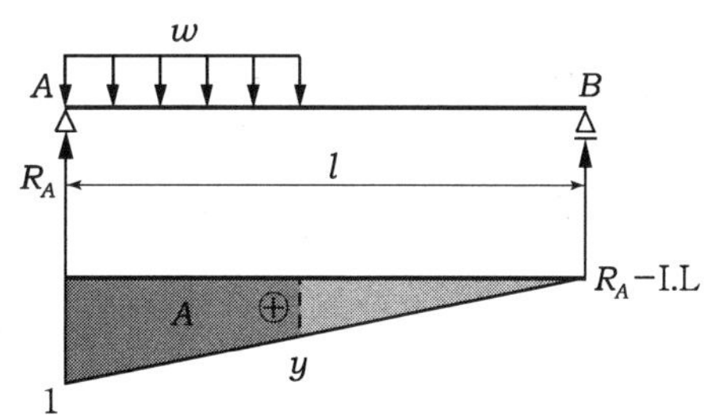

그림 4-27

등분포하중이 이동하는 경우에는 그림 4-27에서 알 수 있듯이 하중의 선단이 A점에 도달했을 때가 영향선의 면적이 최대가 되므로 이 때가 최대 지점반력이 된다.

$$R_{A\max} = wA \tag{4-7}$$

4.6.2 최대전단력

1) 집중하중이 이동하는 경우

그림 4-28에서 각각의 하중들이 C점에 작용할 때마다 큰 전단력이 발생하며 이들 중에서 가장 큰 전단력이 최대전단력(maximum shearing force)이다.

(1) P_1 이 C점에 작용할 때

$$\Sigma M_B = 0\ ,\ R_A l - Rd = 0,\quad R_A = \frac{Rd}{l}$$

$$S_{c1} = R_A = \frac{Rd}{l}$$

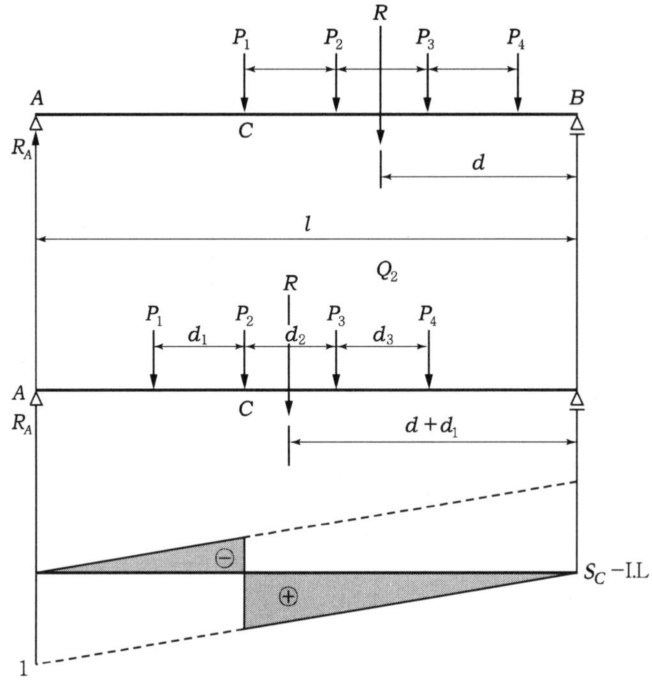

그림 4-28

(2) P_2 가 C점에 작용할 때

$$\Sigma M_B = 0\ ,\ R_A l - R(d + d_1) = 0,\ R_A = \frac{R(d+d_1)}{l}$$

$$S_{c2} = R_A - P_1 = \frac{R(d+d_1)}{l} - P_1$$

(3) S_{C2} 와 S_{C1} 의 차를 구하면

$$S_{c2} - S_{c1} = \frac{R(d+d_1)}{l} - P_1 - \frac{Rd}{l} = \frac{Rd_1}{l} - P_1 \qquad (4\text{-}8)$$

따라서, P_1 이 C점에 작용할 때 최대가 될 조건은

$\dfrac{Rd_1}{l} - P_1 < 0$ 이면 $S_{c1} > S_{c2}$ 이다.

(4) P_3 가 C점에 작용할 때

$$\Sigma M_B = 0\ ,\ R_A l - R(d + d_1 + d_2) = 0,\ \ R_A = \frac{R(d+d_1+d_2)}{l}$$

$$S_{c3} = R_A - P_1 - P_2 = \frac{R(d+d_1+d_2)}{l} - P_1 - P_2$$

(5) S_{C3} 와 S_{C2} 의 차를 구하면

$$S_{c3}-S_{c2}=\frac{R(d+d_1+d_2)}{l}-P_1-P_2-\left(\frac{R(d+d_1)}{l}-P_1\right)=\frac{Rd_2}{l}-P_2$$

따라서, P_2 가 C점에 작용할 때 최대가 될 조건은

$\frac{Rd_2}{l}-P_2<0$ 이면 $S_{c2}>S_{c3}$ 이다.

(6) 결과적으로

P_1 이 C점에 작용할 때 최대가 될 조건은

$$0<\frac{R}{l}<\frac{P_1}{d_1} \tag{4-9}$$

P_2 가 C점에 작용할 때 최대가 될 조건은

$$\frac{P_1}{d_1}<\frac{R}{l}<\frac{P_2}{d_2} \tag{4-10}$$

예제 4.8

그림과 같은 이동하중이 보위를 통과할 때 C점의 최대전단력을 구하라.

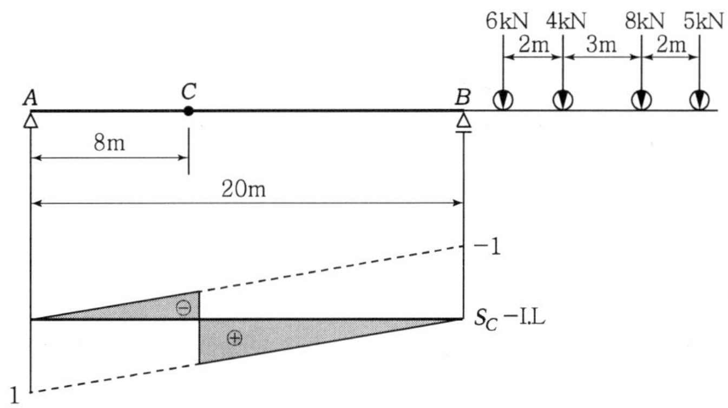

▸ **풀이**

먼저 6kN이 C점에 작용할 때 최대가 될 조건은

$0<\frac{R}{l}<\frac{P_1}{d_1}$ 이므로 $0<\frac{23}{20}<\frac{6}{2}$: 성립

지점반력 R_A 는 $\Sigma M_B=0$ 에서

$R_A\times 20-6\times 12-4\times 10-8\times 7-5\times 5=0$, $\therefore R_A=9.65\,\text{kN}$

최대전단력 $S_{cmax}=9.65\,\text{kN}$ 이다.

2) 등분포하중이 이동하는 경우

그림 4-29에서 알 수 있듯이 다음 두 개의 값 중 절대값이 큰 값을 사용한다.

(1) 하중선단이 C점에 위치할 경우

(+) $S_{cmax} = wA$

(2) 하중후단이 C점에 위치할 경우

(−) $S_{cmax} = -wA$

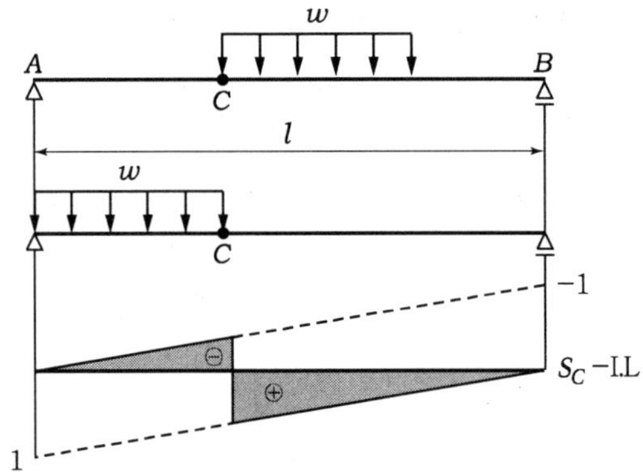

그림 4-29

예제 4.9

그림과 같은 무한길이의 등분포하중이 보위를 통과할 때 C점의 최대전단력을 구하여라.

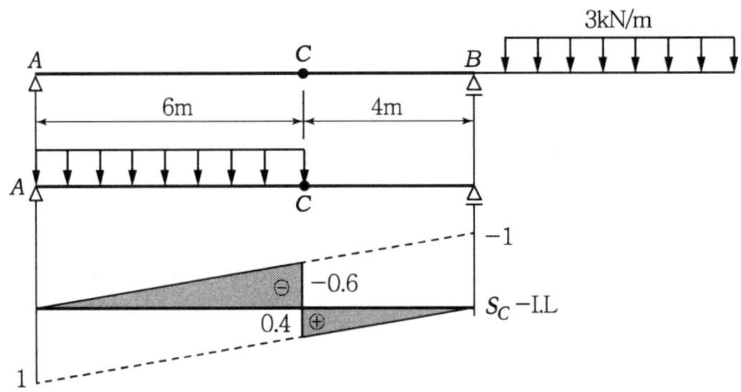

▸ **풀이**

$S_{cmax} = wA$ 에서

영향선의 면적 A 의 절대값이 크면 최대값이 되므로 등분포하중이 A~C구간에 만재할 때 최대가 된다.

$$S_{cmax} = -3 \times \left(0.6 \times 6 \times \frac{1}{2}\right) = -5.4\,\text{kN}$$

4.6.3 절대 최대전단력

절대 최대전단력(absolute maximum shearing force)은 최대 전단력중에서 가장 큰 전단력으로 지점에서 발생하며 최대 지점반력과 같다.

따라서, $S_{absmax} = R_{Amax}$ 및 $S_{absmax} = - R_{Bmax}$ 에서 구할 수 있다.

4.6.4 최대휨모멘트

그림 4-30에서 연행하중이 보위를 통과할 때 각 하중이 구하고자 하는 단면에 실리는 순간마다 모멘트의 극대가 나타나며 그 극대값 중 가장 큰 값이 최대휨모멘트(maximum bending moment)이다. 이 때 임의점 C에 대한 휨모멘트 영향선을 그려서 M_c 를 구하면 다음 식과 같다.

$$M_c = R_1 y_1 + R_2 y_2 \qquad (4\text{-}11)$$

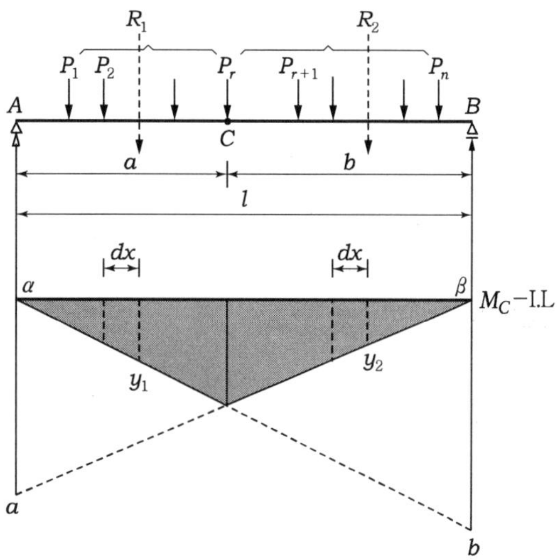

그림 4-30

연행하중이 미소거리 dx 만큼 왼쪽으로 이동함으로써 C점의 휨모멘트가 dM_c 만큼 변화를 가져왔다면 C점의 휨모멘트는 다음 식과 같다.

$$M_c + dM_c = R_1(y_1 - dx\tan\alpha) + R_2(y_2 + dx\tan\beta) \qquad (4\text{-}12)$$

모멘트의 변화량을 구하기 위하여 식 (4–12)에서 식 (4–11)의 차를 구하면

$$dM_c = R_2 dx\tan\beta - R_1 dx\tan\alpha$$

가 되고 이식에 $\tan\beta = \frac{a}{l}$, $\tan\alpha = \frac{b}{l}$ 을 대입하면 다음 식과 같다.

$$dM_c = R_2\frac{a}{l}dx - R_1\frac{b}{l}dx$$

$$\frac{dM_c}{dx} = \frac{ab}{l}\left(\frac{R_2}{b} - \frac{R_1}{a}\right)$$

M_c 가 최대가 되기 위해서는 $\dfrac{dM_c}{dx}=0$ 이 되어야 하므로

$\dfrac{R_2}{b}-\dfrac{R_1}{a}=0$ 이다. 이 식에 $R=R_1+R_2$ 를 대입하여 정리하면 다음과 같다.

$$\frac{R}{l}=\frac{R_1}{a} \tag{4-13}$$

그런데, C점의 하중 P_r 은 일부는 합력 R_1 에 속하고 일부는 R_2 에 속하기 때문에 만일 R_1 에 포함시키면 식 (4-13)은 다음과 같고

$$\frac{R}{l}<\frac{R_1}{a} \quad \text{여기서, } R=\sum_1^n P,\ R_1=\sum_1^r P$$

다음에 하중 P_r 을 R_1 에서 제외시키면

$$\frac{R}{l}>\frac{R_1}{a} \quad \text{여기서, } R_1=\sum_1^{r-1} P$$

으로 된다. 따라서, P_r 이 C점에 작용할 때 최대가 될 조건식은 다음과 같다.

$$\frac{1}{a}\sum_1^{r-1}P<\frac{1}{l}\sum_1^{n}P<\frac{1}{a}\sum_1^{r}P \tag{4-14}$$

예제 4.10

그림과 같은 단순보에 연행하중이 통과할 때 C점의 최대휨모멘트는?

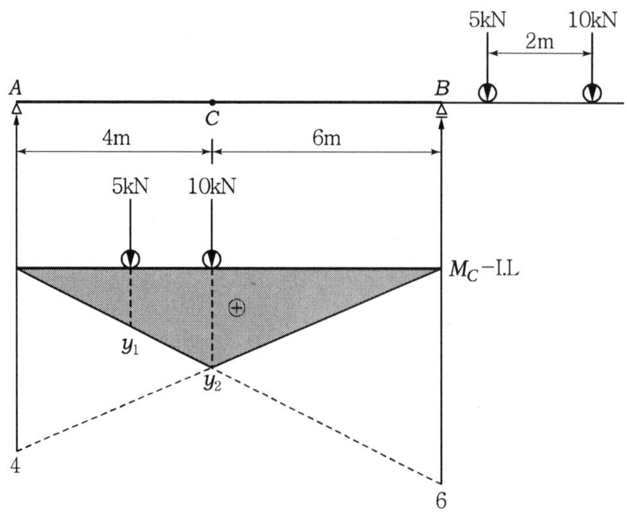

▶ **풀이**

P_r 이 C점에 작용할 때 최대가 될 조건식에 대입하면

$\frac{1}{a}\sum_{1}^{r-1}P < \frac{1}{l}\sum_{1}^{n}P < \frac{1}{a}\sum_{1}^{r}P$

$P_1 = 5\,\text{kN}$이 C점에 작용하는 경우 :

$\frac{1}{4}\times 0 < \frac{1}{10}\times 15 > \frac{1}{4}\times 5$: 불만족

$P_2 = 10\text{kN}$가 C점에 작용하는 경우 :

$\frac{1}{4}\times 5 < \frac{1}{10}\times 15 < \frac{1}{4}\times 15$: 만족

따라서, 이 경우가 최대가 되며 영향선의 종거를 구하여 최대휨모멘트를 구하면 다음과 같다.

$y_1 = 6\times\frac{2}{10} = 1.2$, $y_2 = 6\times\frac{4}{10} = 2.4$

$M_{\text{Cmax}} = 5\times 1.2 + 10\times 2.4 = 30\,\text{kN}\cdot\text{m}$

4.6.5 절대 최대휨모멘트

연행하중이 단순보 위를 통과할 때 절대 최대휨모멘트(absolute maximum bending moment)를 구하는 공식은 다음과 같다.

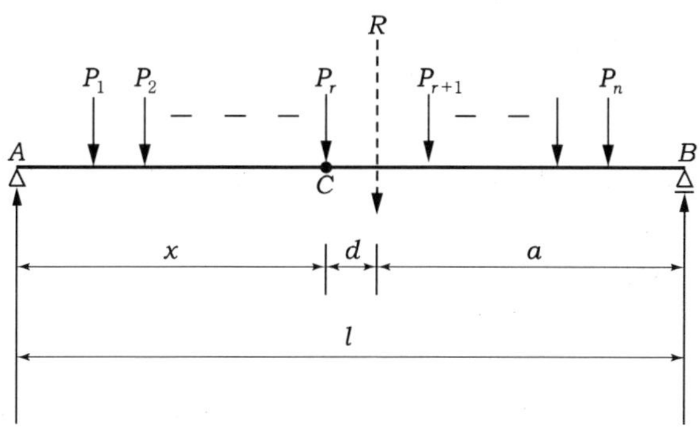

그림 4-31

그림 4-31와 같은 하중상태에서 C점의 휨모멘트가 최대값을 가진다면

$$M_C = \frac{Ra}{l}x - \Sigma M_C = \frac{R}{l}(l-x-d)x - \Sigma M_C \tag{4-15}$$

이고, ΣM_C는 A~C사이에 작용하는 하중들에 대한 C점의 모멘트이다.

최대휨모멘트를 가지는 합력 R의 위치를 구하기 위하여 식 (4-15)를 미분하면 다음과 같다.

$$\frac{dM_c}{dx} = \frac{R}{l}(l - 2x - d) = 0$$

$$l - 2x - d = 0$$

$$x = \frac{l}{2} - \frac{d}{2} \quad (4\text{-}16)$$

$$a = l - x - d = \frac{l}{2} - \frac{d}{2}$$

따라서, 합력과 인접한 하중과의 거리 d를 이등분한 점을 보의 중앙에 일치시고, 인접한 하중의 위치 C점에서 휨모멘트를 구하면 절대 최대휨모멘트가 된다.

예제 4.11

그림과 같은 연행하중이 통과할 때 절대 최대모멘트는?

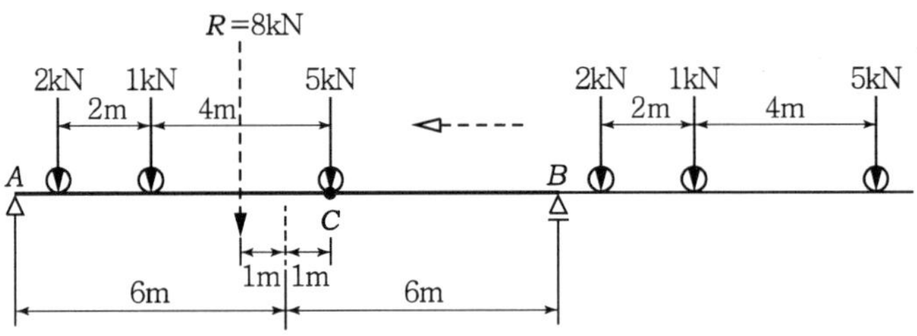

▸ 풀이

절대 최대휨모멘트는 합력과 인접하중(큰 하중)의 2등분점이 보의 중앙에 일치할 때 큰 하중이 작용하는 단면에서 발생한다.

합력 : $R = 2 + 1 + 5 = 8\text{kN}$

합력의 위치를 구하기 위하여 바리논의 정리를 적용하면

$8 \times x = 2 \times 6 + 1 \times 4$, $x = 2\text{m}$

따라서, 그림과 같이 하중이 작용할 때 5kN이 작용하는 위치에서 절대 최대휨모멘트가 발생한다.

$\Sigma M_A = 0$ 에서 $R_B \times 12 - 8 \times 5 = 0$, $R_B = \dfrac{40}{12}\text{kN}$

$M_{absmax} = \dfrac{40}{12} \times 5 = 16.67\text{kN·m}$

연습문제

문제 4.1 그림과 같은 단순보에 $50\,kN$의 하중이 경사지게 작용하고 B지점이 경사졌을 때 지점반력을 구하라.

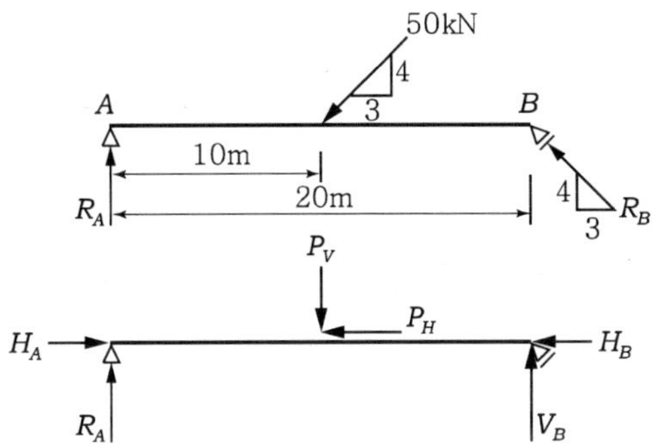

▸ **풀이**

먼저 하중과 B점의 지점반력이 경사지게 작용하므로 이 힘들을 수직력과 수평력으로 분해한다.

$P_H = 50 \times \frac{3}{5} = 30\,kN$, $P_V = 50 \times \frac{4}{5} = 40\,kN$

$V_B = \frac{4}{5} R_B$, $H_B = \frac{3}{5} R_B$

$\Sigma M_B = 0$에서 $R_A \times 20 - 40 \times 10 = 0$, $R_A = 20\,kN$

$\Sigma M_A = 0$에서 $-V_B \times 20 + 40 \times 10 = 0$

$$-\frac{4}{5} R_B \times 20 + 40 \times 10 = 0, \quad R_B = 25\,kN$$

$\Sigma H = 0$에서 $H_A - P_H - H_B = 0$, $H_A = 30 + \frac{3}{5} R_B$, $H_A = 45\,kN$

문제 4.2 단순보에 그림과 같이 하중이 작용할 때 전단력과 휨모멘트를 구하라.

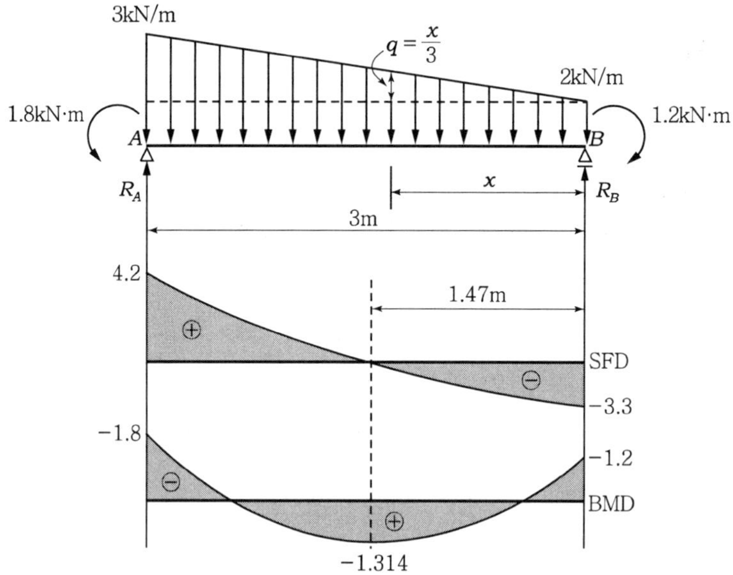

▸ 풀이

$\sum M_B = 0$에서 지점반력 R_A을 구한다.

$R_A \times 3 - 1.5 \times 2 - 6 \times 1.5 - 1.8 + 1.2 = 0$, $R_A = 4.2\,\text{kN}$

$\sum V = 0$에서 지점반력 R_B을 구한다.

$4.2 - 1.5 - 6 + R_B = 0$, $R_B = 3.3\,\text{kN}$

전단력은 B점으로부터 구한다.

B~A구간 : $0 \leqq x \leqq 3$, $S_x = -3.3 + 2x + \dfrac{x^2}{6}$

$x = 0$에서 $S_B = -3.3\,\text{kN}$, $x = 3$에서 $S_A = 4.2\,\text{kN}$

휨모멘트도 B점으로부터 구한다.

B~A구간 : $0 \leqq x \leqq 3$, $M_x = -1.2 + 3.3x - x^2 - \dfrac{x^3}{18}$

$x = 0$에서 $M_B = -1.2\,\text{kN·m}$, $x = 3$에서 $M_A = -1.8\,\text{kN·m}$

최대휨모멘트는 전단력이 0인 점에서 발생하므로

$S_x = -3.3 + 2x + \dfrac{x^2}{6} = 0$, $x^2 + 12x - 19.8 = 0$

2차 방정식이므로 근의 공식을 사용하여 x를 구한다.

$x = -6 + \sqrt{6^2 + 19.8} \fallingdotseq 1.47\text{m}$

이 거리를 휨모멘트를 구하는 식에 대입하면 최대휨모멘트가 구해진다.

$M_{\max} = -1.2 + 3.3 \times 1.47 - 1.47^2 - \dfrac{1.47^3}{18} = 1.314\,\text{kN·m}$

문제 4.3 그림과 같은 내민보의 지점반력을 구하고 단면력도를 그려라.

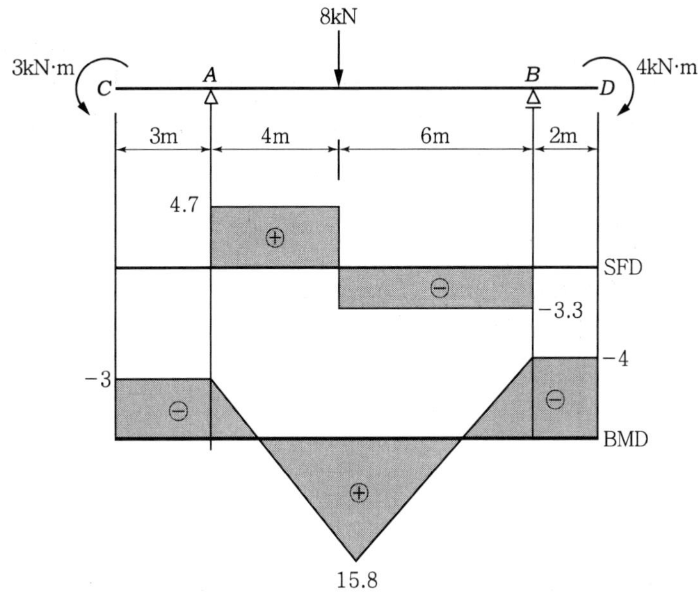

▸ **풀이**

1) 지점반력

$\sum M_B = 0,\ -3 + R_A \times 10 - 8 \times 6 + 4 = 0,\ R_A = 4.7\,\text{kN}$

$\sum V = 0,\quad 4.7 + R_B - 8 = 0,\ R_B = 3.3\,\text{kN}$

2) 전단력

C~A 구간 : $0 \le x \le 3,\ S_x = 0$

A~E 구간 : $0 \le x \le 4,\ S_x = 4.7\text{kN}$

D~B 구간 : $0 \le x \le 2,\ S_x = 0$

B~E 구간 : $0 \le x \le 6,\ S_x = -3.3\,\text{kN}$

3) 휨모멘트

C~A 구간 : $0 \le x \le 3,\ M_x = -3\,\text{kN·m}$

A~E 구간 : $0 \le x \le 4,\ M_x = -3 + 4.7x$

$x = 0$ 에서 $M_A = -3\,\text{kN·m}$, $x = 4$ 에서 $M_E = 15.8\,\text{kN·m}$

D~B 구간 : $0 \le x \le 2,\ M_x = -4\,\text{kN·m}$

B~E 구간 : $0 \le x \le 6,\ M_x = -4 + 3.3x$

$x = 0$ 에서 $M_B = -4\,\text{kN·m}$, $x = 6$ 에서 $M_E = 15.8\,\text{kN·m}$

문제 4-4 그림과 같은 단순보 위를 길이 $d=8\text{m}$ 인 등분포하중이 통과할 때 C점의 최대 휨모멘트는?

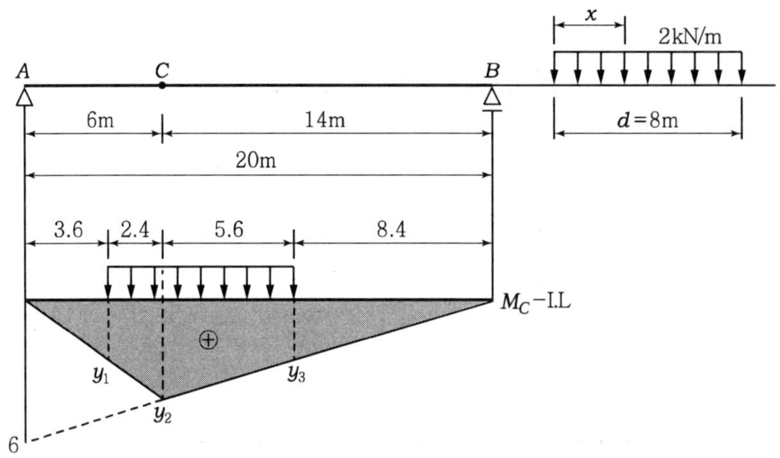

▸ **풀이**

조건식 (4−13)에서 $\dfrac{R_1}{a}=\dfrac{R}{l}$ 이므로 여기서, $R_1=wx$ 이고 $R=wd$ 이다.

$\dfrac{2x}{6}=\dfrac{2\times 8}{20}$, $x=2.4\text{m}$

따라서, 그림과 같이 작용할 경우가 최대값이다.

$y_1=3.6\times\dfrac{14}{20}=2.52$, $y_2=14\times\dfrac{6}{20}=4.2$, $y_3=8.4\times\dfrac{6}{20}=2.52$

$$M_{C\max}=wA=2\left[\frac{(2.52+4.2)\times 2.4}{2}+\frac{(4.2+2.52)\times 5.6}{2}\right]=53.76\,\text{kN}\cdot\text{m}$$

문제 4.5 그림과 같은 단순보 위를 연행하중이 이동할 때 C점에서의 최대전단력과 절대최대전단력을 구하고 또 최대휨모멘트와 절대 최대휨모멘트를 구하라.

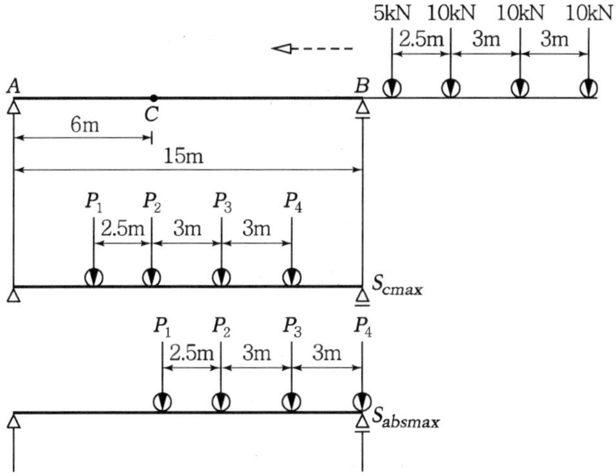

▸ 풀이

1) 최대전단력

P_1이 C점에 재하된 경우 :

$$0 \le \frac{R}{l} \le \frac{P_1}{d_1},\ 0 < \left(\frac{1}{15} \times 35 = 2.33\right) > \left(\frac{5}{2.5} = 2\right)$$: 불만족

P_2가 C점에 재하된 경우 :

$$\frac{P_1}{d_1} \le \frac{R}{l} \le \frac{P_2}{d_2},\ \left(\frac{5}{2.5} = 2\right) < \left(\frac{1}{15} \times 35 = 2.33\right) < \left(\frac{10}{3} = 3.3\right)$$: 만족

따라서, P_2가 C점에 재하된 경우가 최대가 된다.

$\Sigma M_B = 0$ 에서

$R_A \times 15 - 5 \times 11.5 - 10 \times 9 - 10 \times 6 - 10 \times 3 = 0$, $R_A = 15.83\,\text{kN}$

$S_{C\max} = R_A - 5 = 15.83 - 5 = 10.83\,\text{kN}$

2) 절대 최대전단력

P_4가 B점에 작용하는 경우가 최대가 된다.

$\Sigma M_A = 0$ 에서

$R_B \times 15 - 5 \times 6.5 - 10 \times 9 - 10 \times 12 - 10 \times 15 = 0$, $R_B = 26.17\,\text{kN}$

$S_{\text{absmax}} = -R_B = -26.17\,\text{kN}$

3) 최대휨모멘트

P_2가 C점에 작용하는 경우 :

$$\frac{1}{a}\sum_{1}^{r-1} P < \frac{1}{l}\sum_{1}^{n} P > \frac{1}{a}\sum_{1}^{r} P$$

$\left(\frac{1}{6}\times 5 = 0.833\right) < \left(\frac{1}{15}\times 35 = 2.33\right) < \left(\frac{1}{6}\times 15 = 2.5\right)$: 만족

P_3가 C점에 작용하는 경우 :

$\left(\frac{1}{6}\times 15 = 2.5\right) > \left(\frac{1}{15}\times 35 = 2.33\right) < \left(\frac{1}{6}\times 25 = 4.17\right)$: 불만족

따라서, P_2가 C점에 작용하는 경우가 최대가 된다.

$M_{\text{Cmax}} = 15.83\times 6 - 5\times 2.5 = 82.48\,\text{kN}\cdot\text{m}$

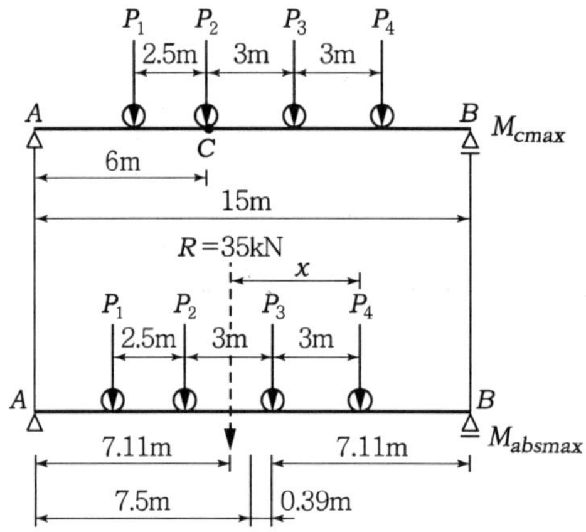

4) 절대 최대휨모멘트

합력이 위치는 바리논의 정리에 의해 구한다.

$35\times x = 10\times 3 + 10\times 6 + 5\times 8.5$, $x = 3.78\text{m}$

그림과 같이 작용했을 때 P_3하중 위치에서 절대 최대휨모멘트가 발생한다.

$\Sigma M_A = 0$ 에서

$R_B\times 15 - 35\times 7.11 = 0$, $R_B = 16.59\,\text{kN}$

$M_{\text{absmax}} = 16.59\times 7.11 - 10\times 3 = 87.95\,\text{kN}\cdot\text{m}$

CHAPTER
05

트러스

5.1 트러스 일반

5.2 트러스의 해법

5.3 트러스 영향선

▪ 연습문제

CHAPTER 05 트러스

5.1 트러스 일반

2개 이상의 직선부재를 마찰이 없는 활절(hinge)로 연결하여 만든 구조물을 트러스(truss)라고 한다. 따라서 트러스의 부재력은 인장 및 압축으로 작용하는 축방향력을 구하게 된다. 보는 지간이 길어졌을 경우 자중으로 인한 사하중이 증가하므로 비경제적임에 반하여 트러스는 상대적으로 자중이 적으므로 보 대신 사용되는 경제적인 구조물이다. 따라서 교량, 건물의 지붕, 크레인 등에 주로 이용된다.

5.1.1 트러스의 명칭

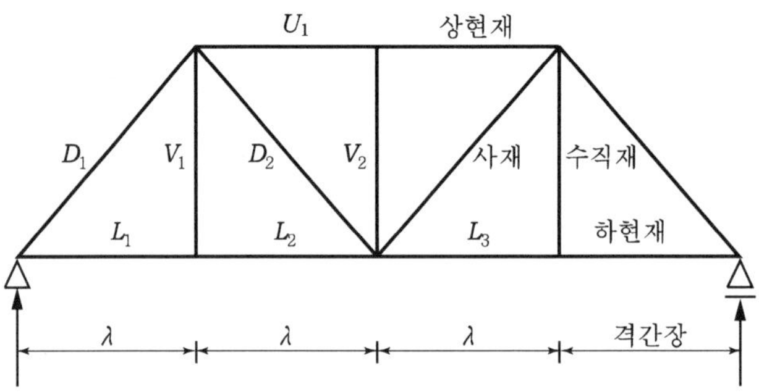

그림 5-1

그림 5-1과 같이 트러스를 구성하고 있는 각각의 직선재를 부재(member)라고 하고 부재축이 만나는 점을 절점(joint) 또는 활절(panel joint)이라고 한다. 트러스는 크게 현재(chord member)와 복재(web member)로 이루어져 있고, 현재는 트러스의 외부를 형성하고 있는 부재로 상현재(upper chord)와 하현재(lower chord)로 구분된다. 복재는 현재 상호간을 연결하는 부재로 수직재(vertical member)와 사재(diagonal member)로 구분된다. 하현재의 절점사이의 거리 λ를 격간장이라고 한다.

5.1.2 트러스의 종류

외력인 하중의 작용위치에 따라 분류하면 다음과 같다.

(1) 하로트러스 : 그림 (a)와 같이 하중이 하현재에 작용하는 구조이다.

(2) 상로트러스 : 그림 (b)와 같이 하중이 상현재에 작용하는 구조이다.

사재의 방향에 따라 분류하면 다음과 같다.

(1) 프랫(pratt) 트러스 : 그림 (c)와 같이 상현재와 수직재는 주로 압축력, 하현재와 사재는 주로 인장력이 작용하며 강교에 널리 사용된다.

(2) 하우(howe) 트러스 : 그림 (d)와 같이 상현재는 압축력, 하현재는 인장력, 사재는 주로 압축력, 수직재는 주로 인장력이 작용하고 목조트러스에 많이 사용된다.

(3) 와렌(warren) 트러스 : 그림 (e)와 같이 수직재가 없고 다른 트러스에 비해 부재수가 적고 구조가 간단하며 연속교에 많이 사용된다.

(4) K-트러스 : 그림 (f)와 같이 복재의 길이를 비교적 짧게 할 수 있고 사재의 경사를 적당히 할 수 있는 장점이 있으나 외관상 많이 사용되지 않는다.

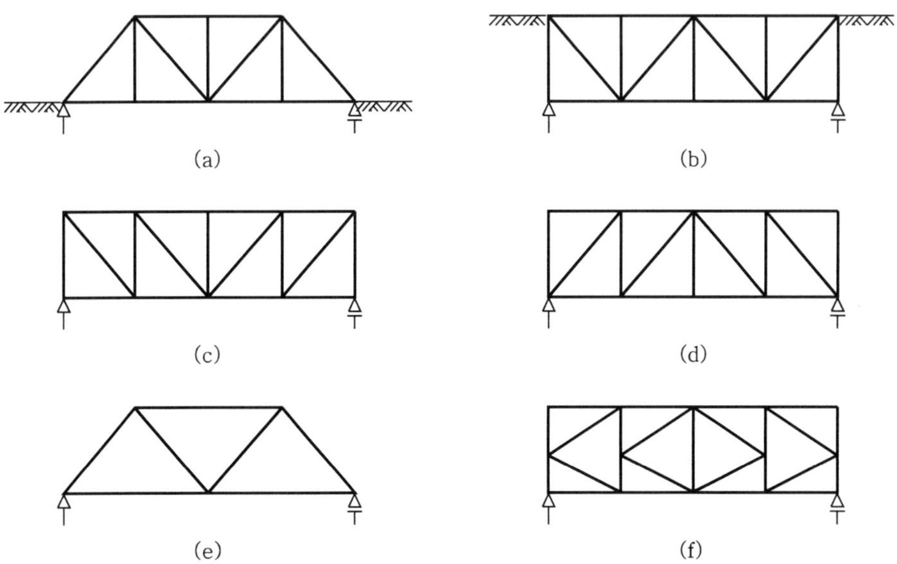

그림 5-2

5.2 트러스의 해법

트러스에서 구하는 부재력은 각 부재의 축방향력(인장력, 압축력)이다. 이 부재력을 구하는 방법은 다음에서 설명되는 여러 가지 방법이 있으므로 구조상태와 목적에 따라 적절한 방법을 사용하고, 외적 정정트러스에서 지점반력은 단순보의 경우와 동일한 방법으로 구한다.

5.2.1 절점법

트러스의 한 절점에 작용하는 힘은 이 절점에 연결되어 있는 부재력과 절점에 직접 작용하는 하중이다. 절점에서의 평형조건 $\Sigma H=0$, $\Sigma V=0$을 적용하여 미지의 부재력을 구하는 방법을 절점법이라고 한다. 그림 5-3에서 절점 ②를 중심으로 절단하면 그림 (b)와 같이 된다. 우선 힘의 방향은 부재력이 절단면 외측으로 가정(인장)하고 평형조건식을 적용하면 2개의 방정식이 된다. 이 방정식은 미지수가 2개이어야 해를 구할 수 있어 통상 지점에서부터 구하여야만 해석이 가능하다. 계산된 결과가 음(-)이면 압축력이 된다.

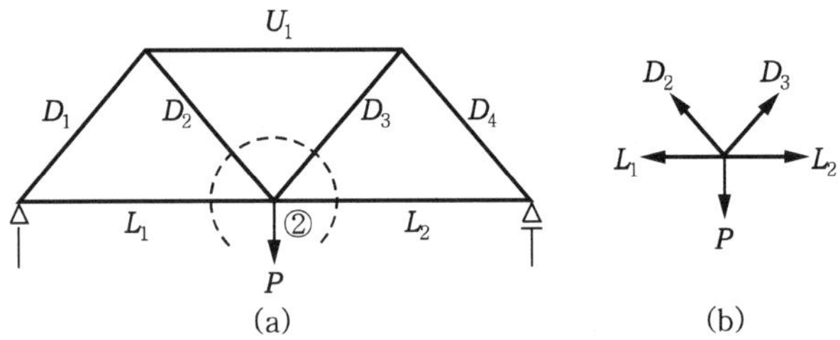

그림 5-3

예제 5.1

그림과 같은 트러스의 부재력 D, L을 구하라.

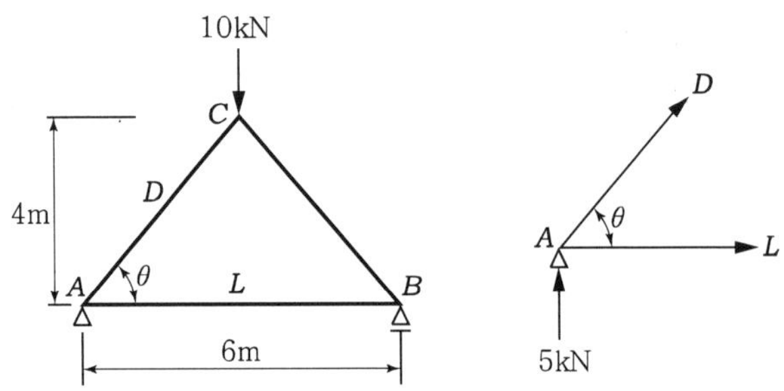

▸ **풀이**

① 지점반력

$V_A \times 6 - 10 \times 3 = 0$, $V_A = 5\,\text{kN}$

② 부재력

절점 A를 중심으로 절단하여 $\Sigma V = 0$ 에서

$D\sin\theta + 5 = 0$, $D = -\dfrac{5}{\sin\theta} = -\dfrac{5}{4/5} = -6.25\,\text{kN}$(압축)

$\Sigma H = 0$ 에서

$L + D\cos\theta = 0$

$L = -D\cos\theta = -(-6.25) \times \dfrac{3}{5} = 3.75\,\text{kN}$(인장)

5.2.2 단면법

전술한 절점법은 임의 부재의 부재력을 바로 구할 수 없는 경우가 있고, 앞서 구한 부재력 계산의 잘못이 다음에 계산되는 부재력에 영향을 미친다. 그러나 단면법에서는 임의 부재의 부재력을 바로 구할 수 있고 타 부재에 영향이 전달되지 않는다.

부재력을 구하려고 하는 부재를 절단하여 좌측 또는 우측의 절단된 트러스에 작용하는 모든 외력과 절단된 부재력이 평형을 이룬다는 조건으로부터 $\Sigma H = 0$, $\Sigma V = 0$, $\Sigma M = 0$ 의 평형조건식을 적용하여 미지의 부재력을 구하는 방법으로 복재인 사재와 수직재의 부재력을 구하는 데 편리하다.

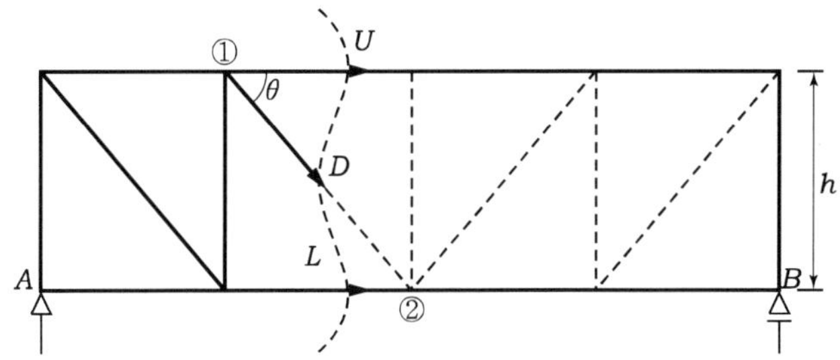

그림 5-4

그림 5-4에서 U, L, D의 부재력을 구하여 보면

$$U\ :\ \Sigma M_{②} = 0 \text{ 에서, } U \cdot h + M_{②} = 0\,,\ U = -\frac{M_{②}}{h}$$

여기서, $M_{②}$ 는 A~② 점까지의 휨모멘트이다.

$$L\ :\ \Sigma M_{①}=0\text{ 에서, }-L\cdot h+M_{①}=0\,,\ L=\frac{M_{①}}{h}$$

여기서, $M_{①}$ 은 A~①점까지의 휨모멘트이다.

$$D\ :\ \Sigma V_{①}=0\text{ 에서, }V_{①}-D\sin\theta=0\,,\ D=\frac{V_{①}}{\sin\theta}$$

여기서, $V_{①}$ 은 A~① 점까지의 전단력이다.

예제 5.2

그림과 같은 트러스의 부재력 U, D를 구하라.

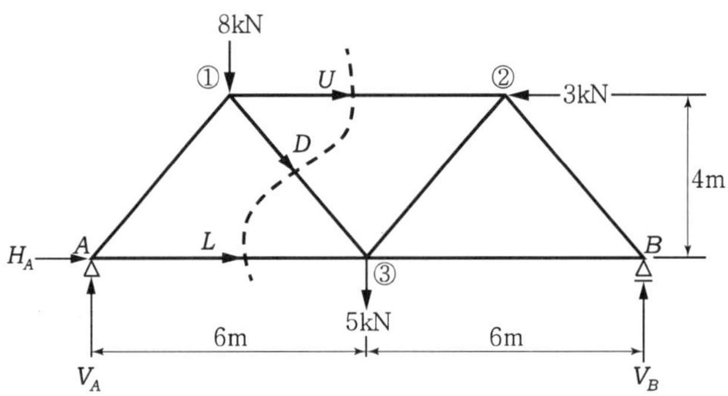

▸ **풀이**

① 지점반력

$V_A\times12-8\times9-5\times6-3\times4=0\,,\ \therefore V_A=9.5\,\text{kN}$

② 부재력

$U\ :\ \Sigma M_{③}=0$ 에서

$9.5\times6-8\times3+U\times4=0\,,\ \therefore U=-8.25\,\text{kN}$

$D\ :\ \Sigma V=0$ 에서

$9.5-8-\frac{4}{5}D=0\,,\ \therefore D=1.88\,\text{kN}$

5.2.3 단면력이 영인 부재

트러스 가정에서 "변형은 미소하므로 이를 무시한다"라고 되어 있다. 사실상은 트러스에서 변형이 생기나 무시했기 때문에 계산상 영이 되는 부재가 있다. 이 부재를 영부재라 한다. 영부재를 설치하는 이유는 수직변위 즉 처짐을 방지하기 위하여 설치한다. 영부재를 간편하게 판별하는 방법은 다음과 같다.

(1) 힘이 작용하지 않는 절점을 찾을 것

(2) 3개 이내로 부재가 모이는 절점을 찾을 것

(3) 절점을 중심으로 절단했을 때 같은 방향 또는 같은 작용선 상으로 1개만 절단되는 부재가 영부재이다.

예제 5.3

그림과 같은 트러스에서 부재력이 영이 되는 수는?

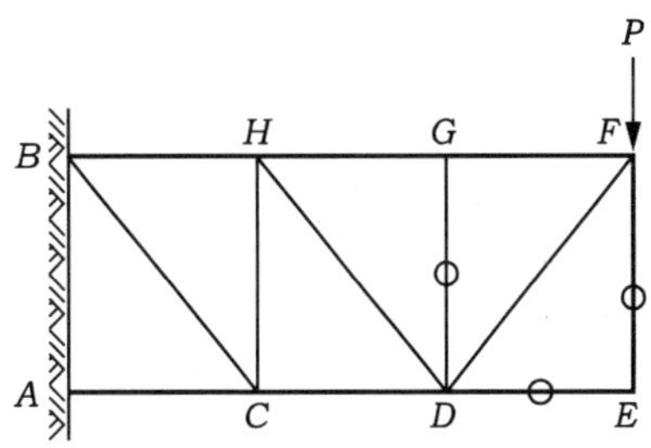

▸ **풀이**

절점 E에서

$\Sigma H = 0$, $DE = 0$

$\Sigma V = 0$, $EF = 0$

절점 G에서

$\Sigma V = 0$, $GD = 0$

$\Sigma H = 0$, $GH = GF$

그러므로 $DE = EF = GF = 0$ 등 3개이다.

5.3 트러스 영향선

트러스 구조물이 교량에 사용되는 경우에는 정하중보다 이동하중이 작용하는 경우가 많다. 이동하중을 받는 경우에는 지점반력 및 부재력을 영향선에 의하여 구하면 편리하다. 트러스의 영향선도 단순보의 경우와 같이 단위하중이 임의의 점에 작용할 때의 부재력을 절점법 및 단면법 등으로 계산하여 이들 하중이 작용하는 위치의 아래에 세로거리로서 나타낸 것이다. 트러스의 하중은 일반적으로 간접하중으로서 절점에 재하되기 때문에 상현재하 또는 하현재하에 따라 영향선이 달라진다. 특히 복재는 하중의 위치에 따라 인장재로 되기도 하고 압축재로 되기 때문에 최대 부재력을 구하는 데에 영향선이 필요하다.

5.3.1 와렌 트러스

그림 5-5와 같은 수직재가 있는 와렌 트러스의 부재력 U, D, L, V의 영향선을 구하면 다음과 같다.

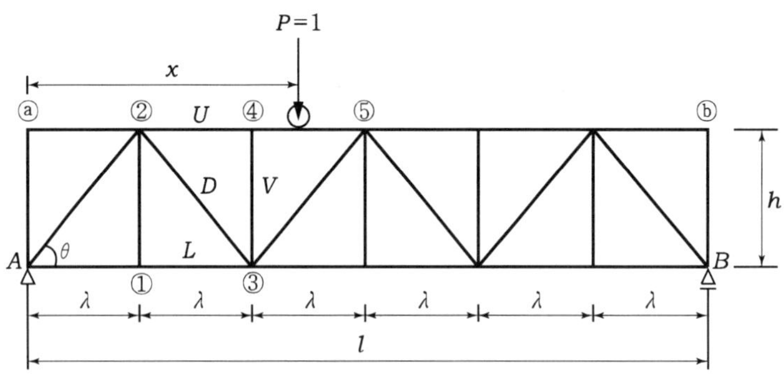

그림 5-5

1) 지점반력

$\Sigma M_B = 0$에서

$$R_A \times l - P \times (l-x) = 0\,,\ R_A = \frac{(l-x)}{l} = 1 - \frac{x}{l}$$

$\Sigma V = 0$에서 $R_B = \dfrac{x}{l}$

2) 상현재 U

(1) 하중 P가 ⓐ~④사이에 작용할 경우 ($0 \leq x \leq 2\lambda$)

$\Sigma M_{③} = 0$에서 $R_B \times 4\lambda + U \times h = 0$

$U = -R_B \cdot \dfrac{4\lambda}{h} = -\dfrac{x}{l} \cdot \dfrac{4\lambda}{h}$

$x = 0$ 에서 $U = 0$, $x = l$ 에서 $U = -\dfrac{4\lambda}{h}$

영향선의 유효한 구간은 ⓐ~④사이이다.

(2) 하중 P가 ④~ⓑ사이에 작용할 경우 ($2\lambda \leqq x \leqq l$)

$\sum M_{③} = 0$, $R_A \times 2\lambda + U \times h = 0$

$U = -R_A \cdot \dfrac{2\lambda}{h} = -\left(1 - \dfrac{x}{l}\right) \cdot \dfrac{2\lambda}{h}$

$x = 0$ 에서 $U = -\dfrac{2\lambda}{h}$, $x = l$ 에서 $U = 0$

영향선의 유효한 구간은 ④~ⓑ사이이다.

3) 하현재 L

(1) 하중 P가 ⓐ~②사이에 작용할 경우 ($0 \leqq x \leqq \lambda$)

$\sum M_{②} = 0$에서 $R_B \times 5\lambda - L \times h = 0$

$L = R_B \cdot \dfrac{5\lambda}{h} = \dfrac{x}{l} \cdot \dfrac{5\lambda}{h}$

$x = 0$ 에서 $L = 0$, $x = l$ 에서 $L = \dfrac{5\lambda}{h}$

영향선의 유효한 구간은 ⓐ~②사이이다.

(2) 하중 P가 ②~ⓑ사이에 작용할 경우 ($\lambda \leqq x \leqq l$)

$\sum M_{②} = 0$에서 $R_A \times \lambda - L \times h = 0$

$L = R_A \cdot \dfrac{\lambda}{h} = \left(1 - \dfrac{x}{l}\right) \cdot \dfrac{\lambda}{h}$

$x = 0$ 에서 $L = \dfrac{\lambda}{h}$, $x = l$ 에서 $L = 0$

영향선의 유효한 구간은 하중이 ②~ⓑ사이이다.

4) 사재 D

(1) 하중 P가 ⓐ~②사이에 작용할 경우 ($0 \leqq x \leqq \lambda$)

$\sum V_{②} = 0$, $R_A - P - D\sin\theta = 0$

$1-\dfrac{x}{l}-1-D\sin\theta=0,\ D=-\dfrac{x}{l}\cdot\dfrac{1}{\sin\theta}$

$x=0$ 에서 $D=0,\ x=l$ 에서 $D=-\dfrac{1}{\sin\theta}$

영향선의 유효한 구간은 ⓐ~②사이이다.

(2) 하중 P가 ④~ⓑ사이에 작용할 경우 $(2\lambda \leqq x \leqq l)$

$\sum V_{②}=0,\ R_A-D\sin\theta=0$

$D=\left(1-\dfrac{x}{l}\right)\cdot\dfrac{1}{\sin\theta}$

$x=0$ 에서 $D=\dfrac{1}{\sin\theta}$, $x=l$ 에서 $D=0$

영향선의 유효한 구간은 ④~ⓑ사이이다.

(3) 하중 P가 ②~④사이에 작용할 경우 $(\lambda \leqq x \leqq 2\lambda)$

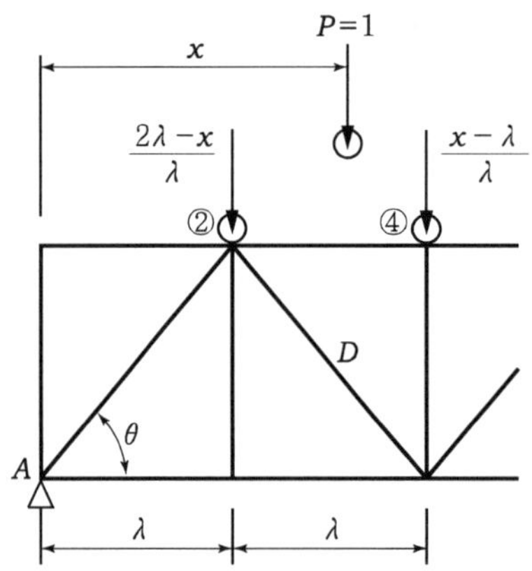

그림 5-6

$\sum V_{②}=0$ 에서 $R_A-\dfrac{2\lambda-x}{\lambda}-D\sin\theta=0$

$D=\left(1-\dfrac{x}{l}-2+\dfrac{x}{\lambda}\right)\cdot\dfrac{1}{\sin\theta}=\left(-1-\dfrac{x}{l}+\dfrac{x}{\lambda}\right)\cdot\dfrac{1}{\sin\theta}$, x 에 관한 일차식이다.

$x=\lambda$ 에서 $D=-\dfrac{\lambda}{l}\cdot\dfrac{1}{\sin\theta}=-\dfrac{1}{6}\cdot\dfrac{1}{\sin\theta}$

$x=2\lambda$ 에서 $D=\left(1-\dfrac{2\lambda}{l}\right)\cdot\dfrac{1}{\sin\theta}=\dfrac{2}{3}\cdot\dfrac{1}{\sin\theta}$

영향선의 유효한 구간은 ②~④사이이다.

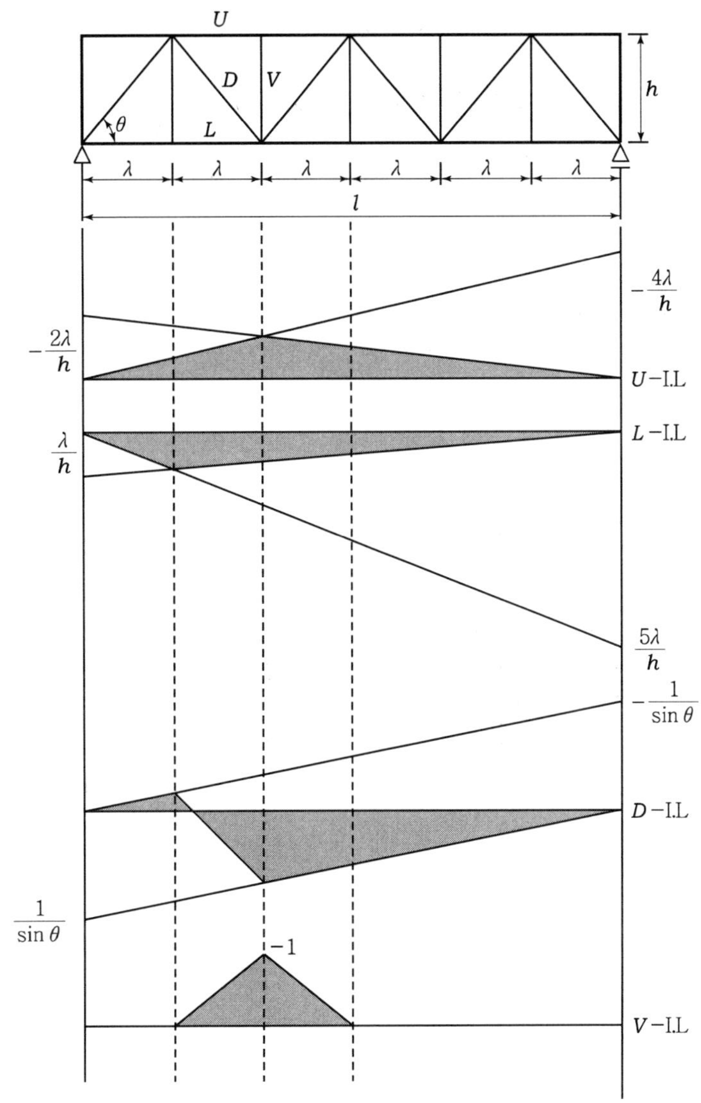

그림 5-7

5) 수직재 V

(1) 하중 P가 ②~④사이에 작용할 경우 ($\lambda \leqq x \leqq 2\lambda$)

$$\Sigma V_{④} = 0 \text{에서 } -\frac{x-\lambda}{\lambda} - V = 0$$

$$V = 1 - \frac{x}{\lambda}$$

$x = \lambda$ 에서 $V = 0$, $x = 2\lambda$ 에서 $V = -1$

영향선의 유효한 구간은 ②~④사이이다.

(2) 하중 P가 ④~⑤사이에 작용할 경우 ($2\lambda \leqq x \leqq 3\lambda$)

$\Sigma V_{④} = 0$에서 $-\dfrac{3\lambda - x}{\lambda} - V = 0$

$V = -3 + \dfrac{x}{\lambda}$

$x = 2\lambda$에서 $V = -1$, $x = 3\lambda$에서 $V = 0$

영향선의 유효한 구간은 ④~⑤사이이다.

5.3.2 프랫 트러스

그림 5-8과 같은 프랫 트러스의 부재력 U, D, L, V의 영향선을 구하면 다음과 같다.

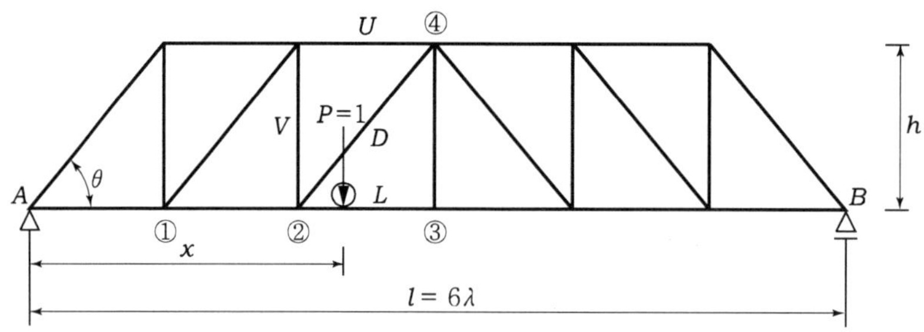

그림 5-8

1) 지점반력

$\Sigma M_B = 0$에서

$R_A \times l - P \times (l - x) = 0$, $R_A = \dfrac{(l-x)}{l} = 1 - \dfrac{x}{l}$

$\Sigma V = 0$에서

$1 - \dfrac{x}{l} - 1 + R_B = 0$, $R_B = \dfrac{x}{l}$

2) 상현재 U

(1) 하중 P가 A~②사이에 작용할 경우 ($0 \leqq x \leqq 2\lambda$)

$\Sigma M_{②} = 0$에서 $-R_B \times 4\lambda - U \times h = 0$

$$U = -\frac{4\lambda}{h}R_B = -\frac{4\lambda}{h}\left(\frac{x}{l}\right) = -\frac{2x}{3h}$$

$x=0$ 에서 $U=0$, $x=l$ 에서 $U=-\frac{2\times 6\lambda}{3h}=-\frac{4\lambda}{h}$

영향선의 유효한 구간은 A~②사이이다.

(2) 하중 P가 ②~B사이에 작용할 경우 $(2\lambda \leqq x \leqq l)$

$\sum M_{②} = 0$에서 $R_A \times 2\lambda + U \times h = 0$

$$U = -\frac{2\lambda}{h}R_A = -\frac{2\lambda}{h}(1-\frac{x}{l})$$

$x=0$ 에서 $U=-\frac{2\lambda}{h}$, $x=l$ 에서, $U=0$

영향선의 유효한 구간은 ②~B사이이다.

3) 하현재 L

(1) 하중 P가 A~③사이에 작용할 경우 $(0 \leqq x \leqq 3\lambda)$

$\sum M_{④} = 0$에서 $-R_B \times 3\lambda + L \times h = 0$

$$L = \frac{3\lambda}{h}R_B = \frac{3\lambda}{h}\left(\frac{x}{l}\right) = \frac{x}{2h}$$

$x=0$ 에서 $L=0$, $x=l$ 에서, $L=\frac{6\lambda}{2h}=\frac{3\lambda}{h}$

영향선의 유효한 구간은 A~③사이이다.

(2) 하중 P가 ③~B사이에 작용할 경우 $(3\lambda \leqq x \leqq l)$

$\sum M_{④} = 0$에서 $R_A \times 3\lambda - L \times h = 0$

$$L = \frac{3\lambda}{h}R_A = \frac{3\lambda}{h}(1-\frac{x}{l})$$

$x=0$ 에서 $L=\frac{3\lambda}{h}$, $x=l$ 에서 $L=0$

영향선의 유효한 구간은 ③~B사이이다.

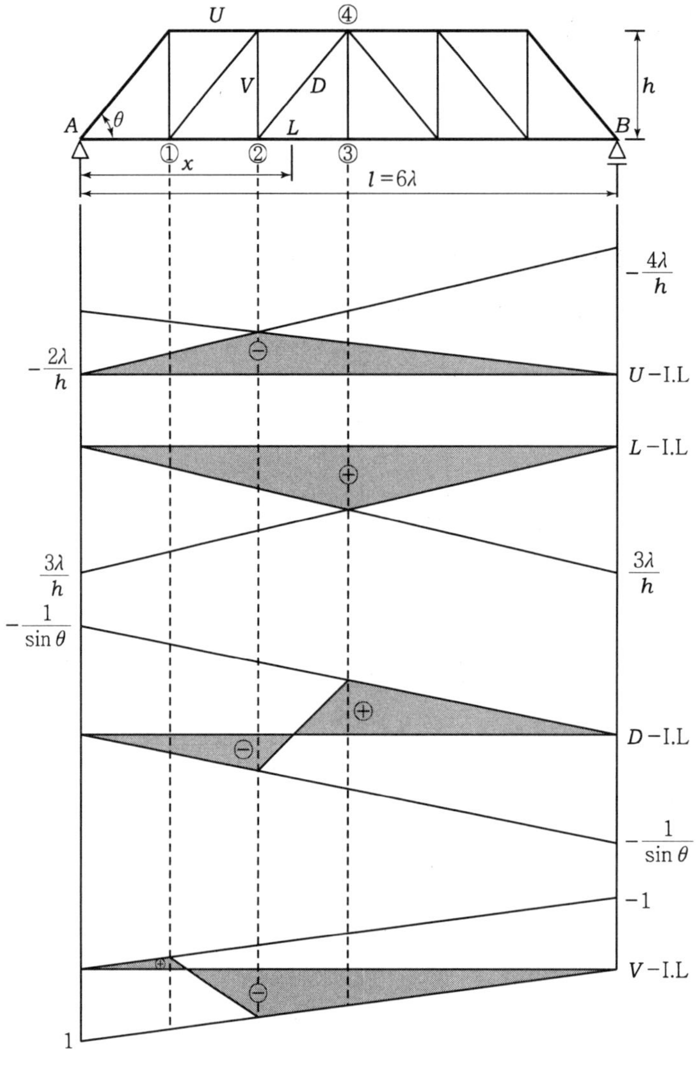

그림 5-9

4) 사재 D

(1) 하중 P가 A~②사이에 작용할 경우 $(0 \leqq x \leqq 2\lambda)$

$\sum V_{②} = 0$에서 $R_A - P + D\sin\theta = 0$

$\left(1-\dfrac{x}{l}\right) - 1 + D\sin\theta = 0$, $D = \dfrac{x}{l}\cdot\dfrac{1}{\sin\theta}$

$x=0$ 에서 $D=0$, $x=l$에서 $D=\dfrac{1}{\sin\theta}$

영향선의 유효한 구간은 A~②사이이다.

(2) 하중 P가 ③~B사이에 작용할 경우 $(3\lambda \leqq x \leqq l)$

$\sum V_{②} = 0$에서 $R_A + D\sin\theta = 0$

$D = -\left(1 - \dfrac{x}{l}\right) \cdot \dfrac{1}{\sin\theta}$

$x = 0$ 에서 $D = -\dfrac{1}{\sin\theta}$, $x = l$ 에서 $D = 0$

영향선의 유효한 구간은 ③~B사이이다.

(3) 하중 P가 ②~③사이에 작용할 경우 $(2\lambda \leqq x \leqq 3\lambda)$

$\sum V_{②} = 0$에서 $R_A - \dfrac{3\lambda - x}{\lambda} + D\sin\theta = 0$

$D = -(1 - \dfrac{x}{l} - 3 + \dfrac{x}{\lambda}) \cdot \dfrac{1}{\sin\theta} = (2 + \dfrac{x}{l} - \dfrac{x}{\lambda}) \cdot \dfrac{1}{\sin\theta}$, x 에 관한 일차식이다.

$x = 2\lambda$ 에서 $D = \dfrac{1}{3} \cdot \dfrac{1}{\sin\theta}$

$x = 3\lambda$ 에서 $D = -\dfrac{1}{2} \cdot \dfrac{1}{\sin\theta}$

영향선의 유효한 구간은 ②~③사이이다.

5) 수직재 V

(1) 하중 P가 A~①사이에 작용할 경우 $(0 \leqq x \leqq \lambda)$

$\sum V_{②} = 0$에서 $R_A - 1 - V = 0$

$V = (1 - \dfrac{x}{l}) - 1 = -\dfrac{x}{l}$

$x = 0$ 에서 $V = 0$, $x = l$ 에서 $V = -1$

영향선의 유효한 구간은 A~①사이이다.

(2) 하중 P가 ②~B사이에 작용할 경우 $(2\lambda \leqq x \leqq l)$

$\sum V_{②} = 0$에서 $R_A - V = 0$

$V = 1 - \dfrac{x}{l}$

$x = 0$ 에서 $V = 1$, $x = l$ 에서 $V = 0$

영향선의 유효한 구간은 ②~B사이이다.

(3) 하중 P가 ①~②사이에 작용할 경우 $(\lambda \leqq x \leqq 2\lambda)$

$\sum V_{②} = 0$에서 $R_A - \frac{2\lambda - x}{\lambda} - V = 0$

$V = (1 - \frac{x}{l} - 2 + \frac{x}{\lambda}) = (-1 - \frac{x}{l} + \frac{x}{\lambda})$, x에 관한 일차식이다.

$x = \lambda$에서 $D = -\frac{1}{6}$

$x = 2\lambda$에서 $D = \frac{2}{3}$

영향선의 유효한 구간은 ①~②사이이다.

예제 5.4

그림과 같은 트러스에서 U, D, L, V의 최대부재력을 영향선을 이용하여 구하라.

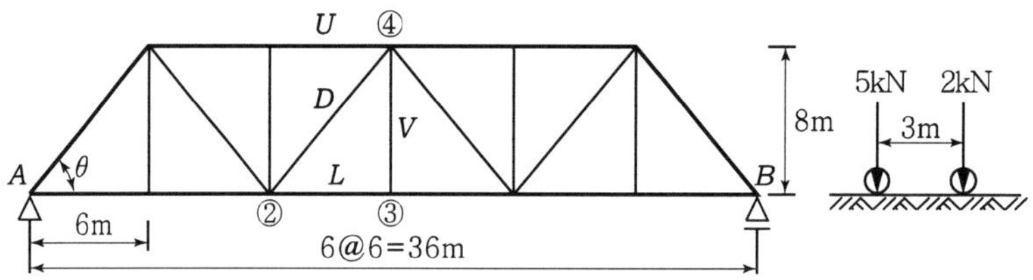

▸ **풀이**

① 지점반력

$\sum M_B = 0$에서

$R_A \times l - P \times (l - x) = 0$, $R_A = \frac{(l-x)}{l} = 1 - \frac{x}{l}$

$\sum V = 0$에서 $R_B = \frac{x}{l}$

② 상현재 U

(1) 하중 P가 A~②사이에 작용할 경우$(0 \leqq x \leqq 2\lambda)$

$\sum M_{②} = 0$에서 $-R_B \times 4\lambda - U \times h = 0$

$U = -\frac{4\lambda}{h} R_B = -\frac{4\lambda}{h}\left(\frac{x}{l}\right) = -\frac{2x}{3h}$

$x = 0$에서 $U = 0$, $x = l$에서 $U = -\frac{12\lambda}{3h} = -4 \times \frac{6}{8} = -3$

유효한 구간은 하중이 A~②사이에 작용할 경우이다.

(2) 하중 P가 ②~B사이에 작용할 경우($2\lambda \leqq x \leqq l$)

$\sum M_{②}=0$에서 $R_A \times 2\lambda + U \times h = 0$

$U=-\dfrac{2\lambda}{h}R_A=-\dfrac{2\lambda}{h}(1-\dfrac{x}{l})$

$x=0$에서 $U=-\dfrac{2\lambda}{h}=-\dfrac{12}{8}=-1.5$, $x=l$에서 $U=0$

유효한 구간은 하중이 ②~B사이에 작용할 경우이다.

③ 하현재 L

(1) 하중 P가 A~③사이에 작용할 경우 ($0 \leqq x \leqq 3\lambda$)

$\sum M_{④}=0$에서 $-R_B \times 3\lambda + L \times h = 0$

$L=\dfrac{3\lambda}{h}R_B=\dfrac{3\lambda}{h}\left(\dfrac{x}{l}\right)=\dfrac{x}{2h}$

$x=0$에서 $L=0$, $x=l$에서 $L=\dfrac{3\lambda}{h}=\dfrac{18}{8}=2.25$

유효한 구간은 하중이 A~③사이에 작용할 경우이다.

(2) 하중 P가 ③~B사이에 작용할 경우 ($3\lambda \leqq x \leqq l$)

$\sum M_{④}=0$에서 $R_A \times 3\lambda - L \times h = 0$

$L=\dfrac{3\lambda}{h}R_A=\dfrac{3\lambda}{h}(1-\dfrac{x}{l})$

$x=0$에서 $l=\dfrac{3\lambda}{h}=\dfrac{18}{8}=2.25$, $x=l$에서 $U=0$

유효한 구간은 하중이 ③~B사이에 작용할 경우이다.

④ 사재 D

(1) 하중 P가 A~②사이에 작용할 경우 ($0 \leqq x \leqq 2\lambda$)

$\sum V_{②}=0$에서 $R_A - P + D\sin\theta = 0$

$\left(1-\dfrac{x}{l}\right)-1+D\sin\theta=0$, $D=\dfrac{x}{l}\cdot\dfrac{1}{\sin\theta}$

$x=0$에서 $D=0$, $x=l$에서 $D=\dfrac{1}{\sin\theta}=\dfrac{5}{4}=1.25$

유효한 구간은 하중이 ⓐ~②사이에 작용할 경우이다.

(2) 하중 P가 ③~ⓑ사이에 작용할 경우 ($3\lambda \leqq x \leqq l$)

$\sum V_{②}=0$에서 $R_A + D\sin\theta = 0$

$D=-\left(1-\dfrac{x}{l}\right)\dfrac{1}{\sin\theta}$

$x=0$에서 $D=-\dfrac{1}{\sin\theta}=-\dfrac{5}{4}=-1.25$, $x=l$에서 $D=0$

유효한 구간은 하중이 ③~ⓑ사이에 작용할 경우이다.

(3) 하중 P가 ②~③사이에 작용할 경우 $(2\lambda \leqq x \leqq 3\lambda)$

$\sum V_{②}=0$에서 $R_A-\frac{3\lambda-x}{\lambda}+D\sin\theta=0$

$D=-\left(1-\frac{x}{l}-3+\frac{x}{\lambda}\right)\cdot\ \frac{1}{\sin\theta}=\left(2+\frac{x}{l}-\frac{x}{\lambda}\right)\cdot\ \frac{1}{\sin\theta}$, x에 관한 일차식이다.

$x=2\lambda$ 에서, $D=\frac{1}{3}\cdot\ \frac{1}{\sin\theta}=0.4167$

$x=3\lambda$ 에서, $D=-\frac{1}{2}\cdot\ \frac{1}{\sin\theta}=-0.625$

유효한 구간은 하중이 ②~③사이에 작용할 경우이다.

⑤ 수직재 V

(1) 하중 P가 ②~③사이에 작용할 경우 $(2\lambda \leqq x \leqq 3\lambda)$

$\sum V_{③}=0$에서 $V-\frac{x-2\lambda}{\lambda}=0$

$V=\frac{x-2\lambda}{\lambda}$

$x=2\lambda$ 에서 $V=0$, $x=3\lambda$ 에서 $V=1$

유효한 구간은 하중이 ②~③사이에 작용할 경우이다.

(2) 하중 P가 ③~⑤사이에 작용할 경우 $(3\lambda \leqq x \leqq 4\lambda)$

$\sum V_{③}=0$에서 $V-\frac{4\lambda-x}{\lambda}=0$

$V=\frac{4\lambda-x}{\lambda}$

$x=3\lambda$ 에서 $V=1$, $x=4\lambda$ 에서 $V=0$

유효한 구간은 하중이 ③~⑤사이에 작용할 경우이다.

⑥ 각 부재의 최대응력

$U=-(5y_1+2y_2)=-(5\times1+2\times0.875)=-6.75\text{kN}$

$L=5y_3+2y_4=5\times1.125+2\times0.9375=7.5\text{kN}$

$D=-(5y_5+2y_6)=-(5\times0.625+2\times0.521)=-4.16\text{kN}$

$V=(5y_7+2y_8)=5\times1+2\times0.5=6\text{kN}$

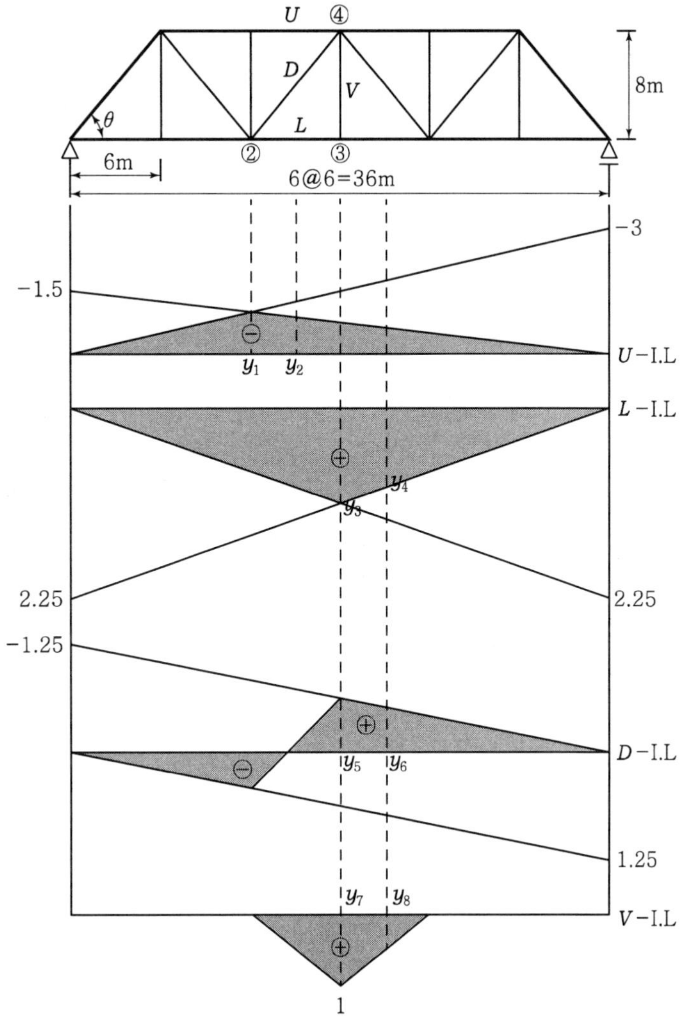
U ④
D
V
8m
θ
L
② ③
6m
6@6=36m
-3
-1.5
U-I.L
y1 y2
L-I.L
y4
y3
2.25
2.25
-1.25
D-I.L
y5 y6
1.25
y7 y8
V-I.L
1

연 습 문 제

문제 5.1 그림과 같은 트러스의 부재력을 구하라.

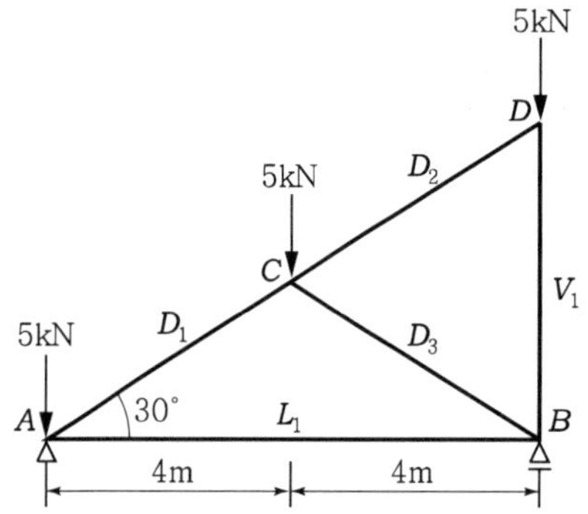

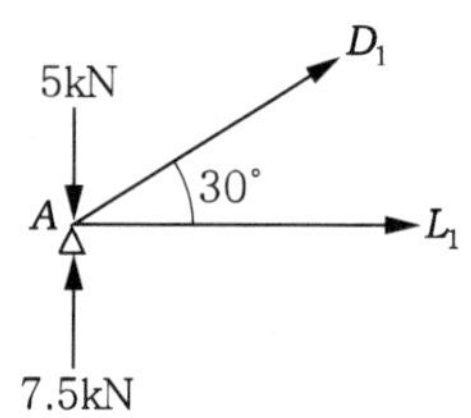

▸ 풀이

① 지점반력

$$V_A \times 8 - 5 \times 8 - 5 \times 4 = 0\,,\;\; V_A = \frac{40+20}{8} = 7.5\,\text{kN}$$

② 부재력

절점 A를 중심으로 절단하여 $\Sigma V = 0$ 에서

$7.5 + D_1 \sin 30 - 5 = 0$

$$D_1 = -\frac{2.5}{\sin 30} = -2.5 \times 2 = -5\,\text{kN}(\text{압축})$$

$\Sigma H = 0$ 에서 $L_1 + D_1 \cos 30 = 0$

$$L_1 = -D_1 \cos 30 = -(-5) \times \frac{\sqrt{3}}{2} = 4.33\,\text{kN}(\text{인장})$$

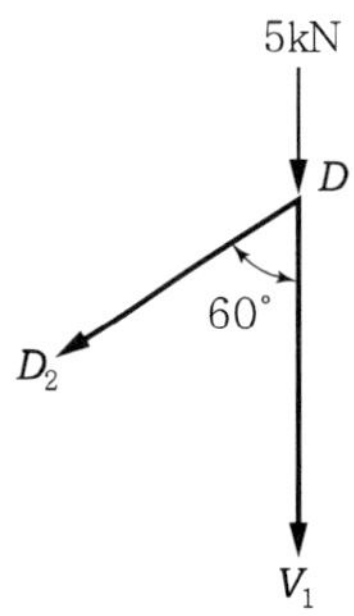

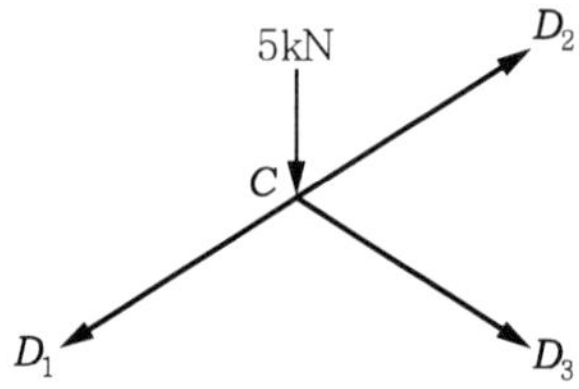

절점 D를 중심으로 절단하여 $\Sigma H=0$ 에서

$D_2\sin 60=0$, $D_2=0$

$\Sigma V=0$ 에서

$-D_2\cos 30-V_1-5=0$

$V_1=-D_2\cos 60-5=-0\times\frac{1}{2}-5=-5\,\text{kN}$ (압축)

절점 C를 중심으로 절단하여 $\Sigma H=0$ 에서

$-D_1\cos 30+D_2\cos 30+D_3\cos 30=0$

$D_3=D_1=-5\,\text{kN}$ (압축)

문제 5.2 그림과 같은 트러스에서 부재력 V_1, U_1, D_2, L_2, V_2를 구하라.

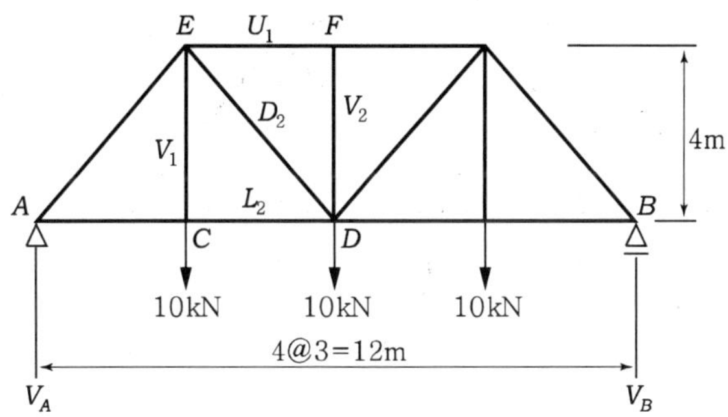

▸ **풀이**

① 지점반력

좌우 대칭이므로 $V_A=V_B=\frac{30}{2}=15\,\text{kN}$

② 부재력

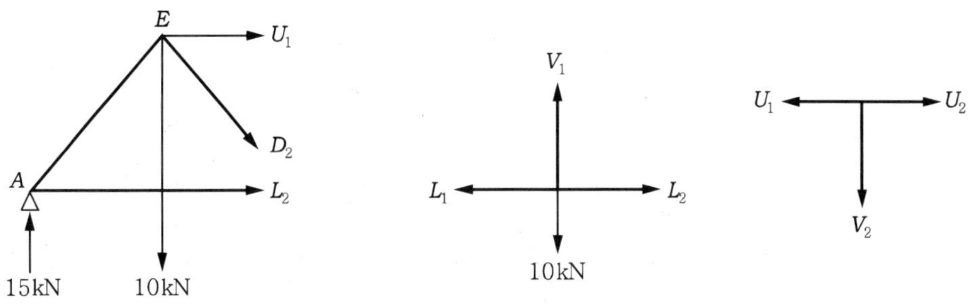

(a) (b) (c)

그림 (a)에서

U_1 : $\Sigma M_D = 0$, $U_1 \times 4 + 15 \times 6 - 10 \times 3 = 0$, $\therefore U_1 = -15\text{kN}$

D_2 : $\Sigma V = 0$, $-\frac{4}{5}D_2 - 10 + 15 = 0$, $\therefore D_2 = 6.25\text{kN}$

L_2 : $\Sigma M_E = 0$, $-L_2 \times 4 + 15 \times 3 = 0$, $\therefore L_2 = 11.25\text{kN}$

그림 (b)에서

V_1 : $\Sigma V = 0$, $V_1 - 10 = 0$, $\therefore V_1 = 10\text{kN}$

그림 (c)에서

V_2 : $\Sigma V = 0$, $V_2 = 0$

문제 5.3 그림과 같은 곡현 트러스에서 부재력 V, U, D, L을 구하라.

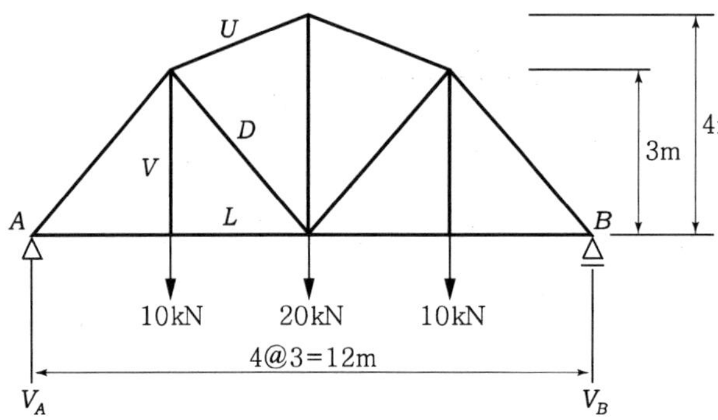

▸ **풀이**

① 지점반력

좌우 대칭이므로 $V_A = V_B = \frac{40}{2} = 20\text{kN}$

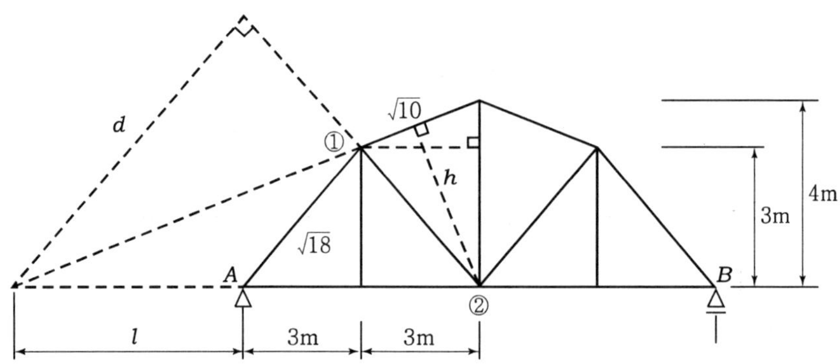

삼각형의 비례식으로부터 h를 계산하면

$\sqrt{10}:4=3:h$, $h=3.795\text{m}$

l을 계산하면

$3:(l+3)=4:(l+6)$, $l=6\text{m}$

d를 계산하면

$\sqrt{18}:d=6:12$, $d=8.485\text{m}$

② 부재력

그림과 같이 단면을 절단하여 단면법으로 구한다.

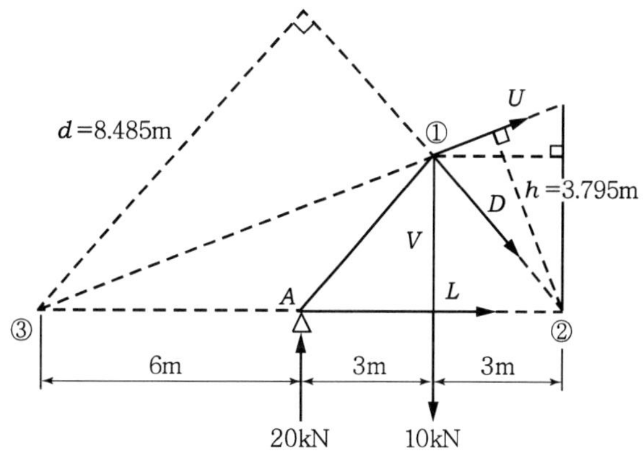

U : $\Sigma M_{②}=0$, $U\times h+20\times 6-10\times 3=0$, $\therefore U=-23.715\text{kN}$(압축)

L : $\Sigma M_{①}=0$, $L\times 3-20\times 3=0$, $\therefore L=20\text{kN}$(인장)

D : $\Sigma M_{③}=0$, $D\times 8.485-20\times 6+10\times 9=0$, $\therefore D=3.535\text{kN}$(인장)

V : $\Sigma V=0$, $\therefore V=10\text{kN}$(인장)

CHAPTER

06

정정 라멘과 아치

6.1 정정 라멘
6.2 정정 아치
■ 연습문제

CHAPTER 06 정정 라멘과 아치

6.1 정정 라멘

라멘은 보와 기둥이 강하게 연결되어 있기 때문에 강인하고 경제적이며 모양이 아름답다. 주로 도로를 횡단하는 과선교나 육교에 많이 사용된다. 본 단원에서는 정정 라멘에 대해서 단면력인 전단력, 축방향력과 휨모멘트를 구한다.

6.1.1 라멘의 종류

부재와 부재가 만나는 절점이 강절(fixed)로 연결되어 있는 구조를 라멘(rahmen)이라고 하며, 절점이 강절로 된 구조는 외력을 받아 구조가 변형된 후에도 각 절점이 이루는 회전각은 변형 전과 같다고 가정한다. 정정 라멘의 종류는 다음과 같다.

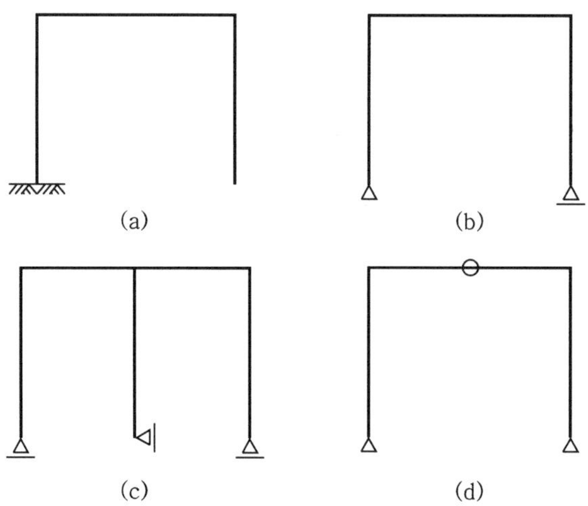

그림 6-1

(1) 캔틸레버형 라멘(cantilever rahmen) : 그림 (a)와 같이 지점이 고정지점 1개로 되어 있는 라멘이다.
(2) 단순보형 라멘(smple beam rahmen) : 그림 (b)와 같이 한쪽 지점은 회전지점 다른 지점은 이동지점으로 되어 있는 라멘이다.
(3) 3-롤러 라멘(3-roller rahmen) : 그림 (c)와 같이 이동지점 3개로 되어 있는 라멘으로 안정을 위해서 지점 한개는 방향이 직각으로 배치한다.
(4) 3-힌지 라멘(3-hinge rahmen) : 그림 (d)와 같이 2개의 회전지점으로 지지된 부정정구조에 부재 중간에 힌지를 배치하여 정정으로 만든 라멘이다.

6.1.2 캔틸레버형 라멘

그림 6-2와 같은 캔틸레버형 라멘의 자유단에 집중하중이 작용할 경우 단면력을 구하면 다음과 같다.

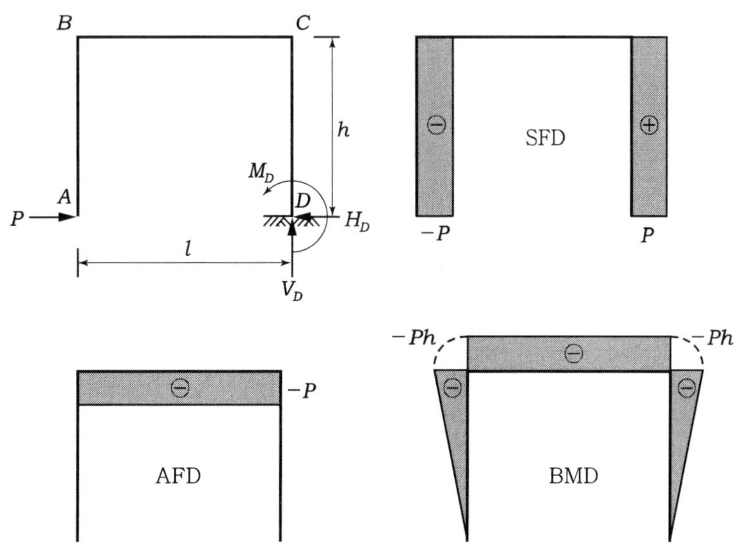

그림 6-2

1) 지점반력

$\Sigma V = 0$ 에서 $V_D = 0$

$\Sigma H = 0$ 에서 $P - H_D = 0, \ \therefore H_D = P$

$\Sigma M_D = 0$ 에서 $M_D = 0$

2) 전단력

A~B 구간 $S_x = -P$ (일정), B~C 구간 $S_x = 0$, D~C 구간 $S_x = P$ (일정)

3) 축방향력

A~B 구간 $A_x = 0$, B~C 구간 $A_x = -P$ (일정), D~C 구간 $A_x = 0$

4) 휨모멘트

A~B 구간 $M_x = -P \cdot x$ (1차식)

$x = 0$ 에서 $M_A = 0$, $x = h$ 에서 $M_B = -Ph$

B~C 구간 $M_x = -Ph$ (일정)

D~C 구간 $M_x = -P \cdot x$ (1차식)

$x = 0$ 에서 $M_D = 0$, $x = h$ 에서 $M_C = -Ph$

예제 6.1

그림과 같은 캔틸레버 라멘의 단면력도를 그려라.

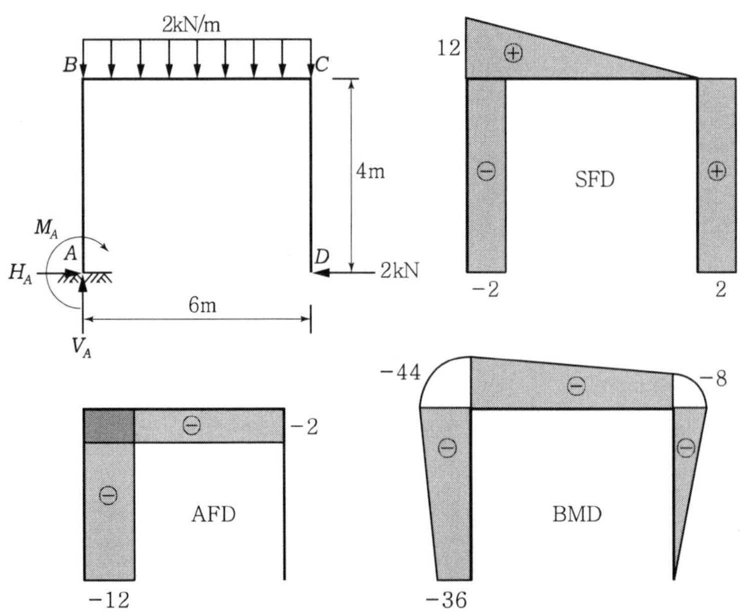

▸ **풀이**

① 지점반력

$\Sigma V = 0$ 에서 $V_A - 12 = 0$, $\therefore V_A = 12\,\text{kN}$

$\Sigma H = 0$ 에서 $H_A - 2 = 0$, $\therefore H_A = 2\,\text{kN}$

$\Sigma M_A = 0$ 에서 $M_A + 12 \times 3 = 0$, $\therefore M_A = -36\,\text{kN·m}$

② 전단력

A~B 구간 $S_x = -2\,\text{kN}$

B~C 구간 $S_x = 12 - 2x$

$x = 0$ 에서 $S_B = 12\text{kN}$, $x = 6$ 에서 $S_C = 0$

D~C 구간 $S_x = 2\,\text{kN}$

③ 축방향력

A~B 구간 $A_x = -12\,\text{kN}$

B~C 구간 $A_x = -2\,\text{kN}$

D~C 구간 $A_x = 0$

④ 휨모멘트

A~B 구간 $M_x = -36 - 2x$ (1차식)

$x = 0$ 에서 $M_A = -36\,\text{kN·m}$, $x = 4$ 에서 $M_B = -44\,\text{kN·m}$

B~C 구간 $M_x = -36 - 2 \times 4 + 12x - x^2 = -44 - 12x + x^2$

$x = 0$ 에서 $M_B = -44\,\text{kN·m}$, $x = 6$ 에서 $M_C = -8\,\text{kN·m}$

D~C 구간 $M_x = -2x$

$x = 0$ 에서 $M_D = 0$, $x = 4$ 에서 $M_C = -8\,\text{kN·m}$

6.1.3 단순보형 라멘

그림 6-3과 같은 단순보형 라멘의 CD부재에 등분포하중이 작용할 경우 단면력을 구하여 보자.

1) 지점반력

$$\Sigma M_B = 0 \text{ 에서 } V_A \times l - wl \times \frac{l}{2} = 0, \ \therefore V_A = \frac{wl}{2}$$

$$\Sigma V = 0 \text{ 에서 } V_A + V_B - wl = 0, \ \therefore V_B = \frac{wl}{2}$$

$$\Sigma H = 0 \text{ 에서 } H_A = 0$$

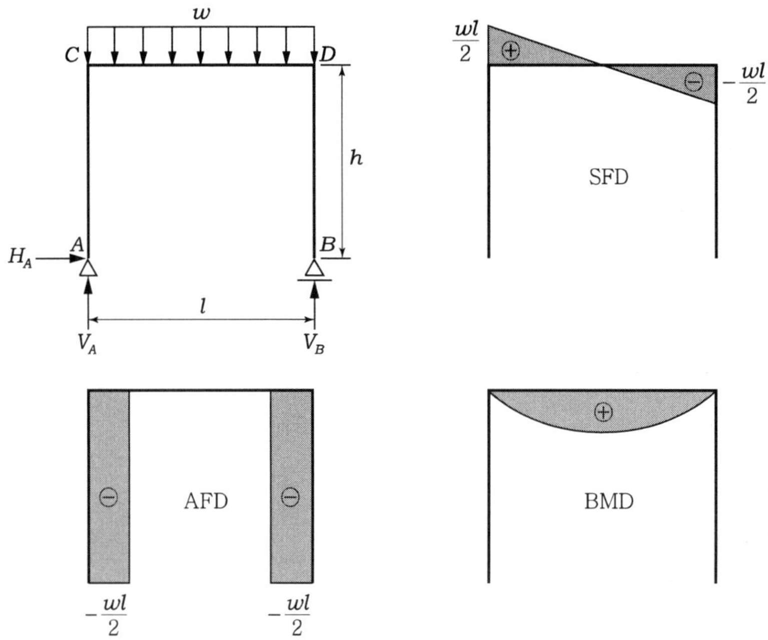

그림 6-3

2) 전단력

A~C 구간 $S_x = 0$

C~D 구간 $S_x = \frac{wl}{2} - wx$

$x = 0$ 에서 $S_C = \frac{wl}{2}$, $x = l$ 에서 $S_D = -\frac{wl}{2}$

B~D 구간 $S_x = 0$

3) 축방향력

A~C 구간 $A_x = -\frac{wl}{2}$

C~D 구간 $A_x = 0$

B~D 구간 $A_x = -\frac{wl}{2}$

4) 휨모멘트

A~C 구간 $M_x = 0$

C~D 구간 $M_x = \dfrac{wl}{2}x - \dfrac{wx^2}{2}$

$$x = 0 \text{ 에서 } M_C = 0\,,\; x = \frac{l}{2} \text{ 에서 } M = \frac{wl^2}{8}\,,\; x = l \text{ 에서 } M_D = 0$$

B~D 구간 $M_x = 0$

예제 6.2

그림과 같은 라멘의 단면력도를 그려라.

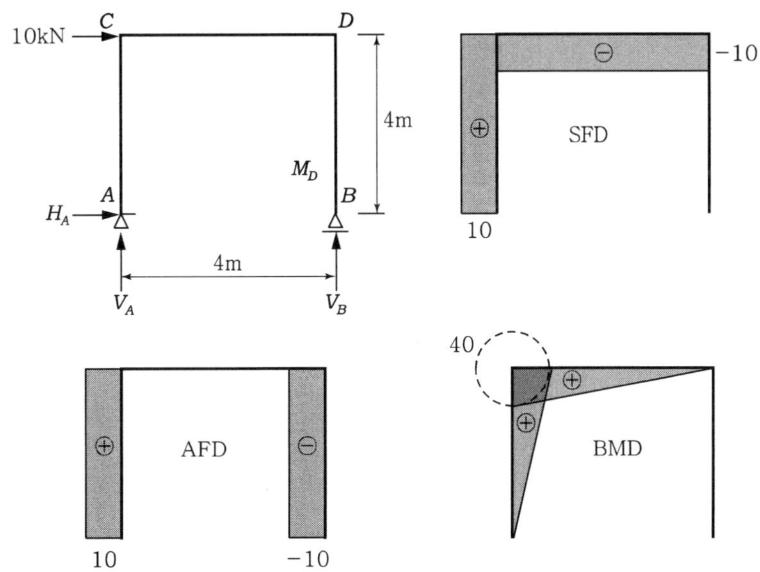

▸ 풀이

① 지점반력

$\Sigma H = 0$ 에서 $H_A + 10 = 0$, $\therefore H_A = -10\text{kN}$

$\Sigma M_B = 0$ 에서 $V_A \times 4 + 10 \times 4 = 0$, $\therefore V_A = -10\text{kN}$

$\Sigma V = 0$ 에서 $-10 + V_B = 0$, $\therefore V_B = 10\text{kN}$

② 전단력

A~C 구간 $S_x = 10\text{kN}$

C~D 구간 $S_x = -10\text{kN}$

B~D 구간 $S_x = 0$

③ 축방향력

A~C 구간 $A_x = +10\,\text{kN}$(인장)

C~D 구간 $A_x = 0$

B~D 구간 $A_x = -10\,\text{kN}$(압축)

④ 휨모멘트

A~C 구간 $M_x = 10x$

$x=0$ 에서 $M_A = 0$, $x=4$ 에서 $M_C = 40\,\text{kN·m}$

C~D 구간 $M_x = 40 - 10x$

$x=0$ 에서 $M_C = 40\,\text{kN·m}$, $x=4$ 에서 $M_D = 0$

B~D 구간 $M_x = 0$

6.1.4 3롤러 라멘

그림 6-4와 같은 3롤러 라멘의 AD부재에 등분포하중이 작용하는 경우 수치예를 통하여 단면력을 구하면 다음과 같다.

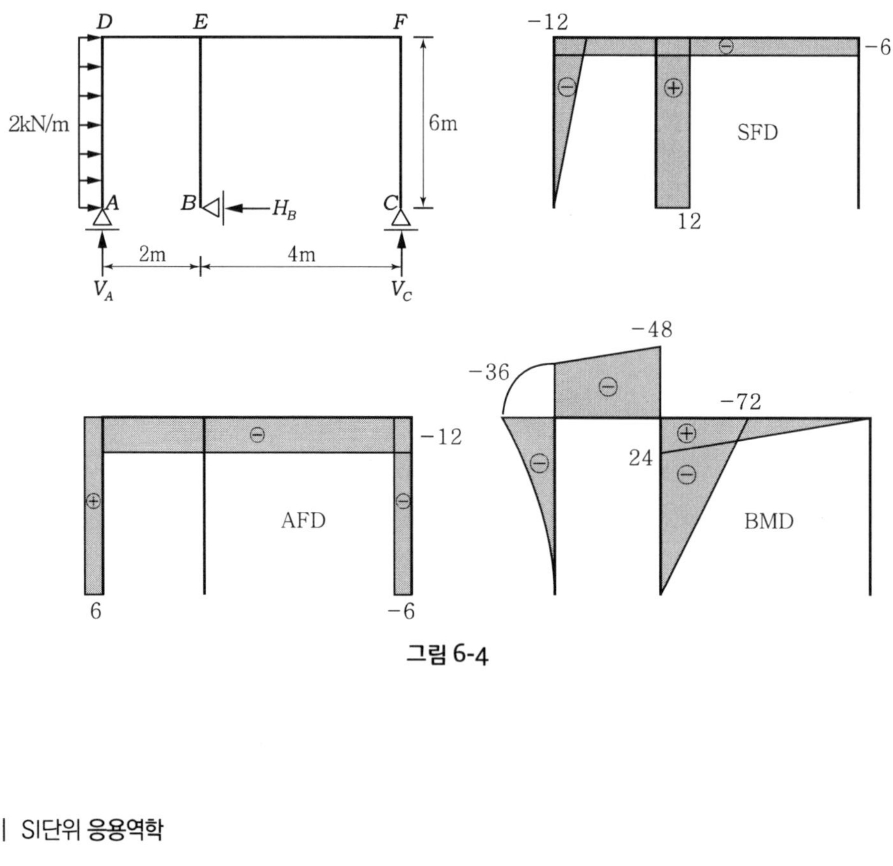

그림 6-4

1) 지점반력

$\Sigma H = 0$에서 $-H_B + 2 \times 6 = 0$, $\therefore H_B = 12\,\text{kN}$

$\Sigma M_C = 0$ 에서 $V_A \times 6 + 2 \times 6 \times 3 = 0$, $\therefore V_A = -6\text{kN}$

$\Sigma V = 0$ 에서 $V_A + V_C = 0$, $\therefore V_C = 6\,\text{kN}$

2) 전단력

A~D 구간 $S_x = -wx = -2x$

$x = 0$ 에서 $S_A = 0$, $x = 6$ 에서 $S_D = -12\,\text{kN}$

D~F 구간 $S_x = V_A = -6\,\text{kN}$

B~E 구간 $S_x = H_B = 12\,\text{kN}$

C~F 구간 $S_x = 0$

3) 축방향력

A~D 구간 $A_x = -V_A = 6\,\text{kN}$ (인장)

D~E 구간 $A_x = -H_B = -12\,\text{kN}$ (압축)

E~F 구간 $A_x = 0$

E~B 구간 $A_x = 0$

F~C 구간 $A_x = -V_C = -6\,\text{kN}$ (압축)

4) 휨모멘트

A~D 구간 $M_x = -\dfrac{wx^2}{2} = -\dfrac{2x^2}{2} = -x^2$

$x = 0$ 에서 $M_A = 0$, $x = 6$ 에서 $M_D = -36\,\text{kN·m}$

B~E 구간 $M_x = -H_B x = -12x$

$x = 0$ 에서 $M_B = 0$, $x = 6$ 에서 $M_E = -72\,\text{kN·m}$

D~E 구간 $M_x = -36 + V_A x = -36 - 6x$

$x = 0$ 에서 $M_D = -36\,\text{kN·m}$, $x = 2$ 에서 $M_E = -48\,\text{kN·m}$

F~E 구간 $M_x = V_c x = 6x$

$x = 0$ 에서 $M_F = 0$, $x = 4$ 에서 $M_E = 24\,\text{kN·m}$

C~F 구간 $M_x = 0$

6.1.5 3힌지 라멘

그림 6-5와 같은 3힌지 라멘의 DG부재에 집중하중이 작용할 경우 수치예를 통하여 단면력을 구하면 다음과 같다.

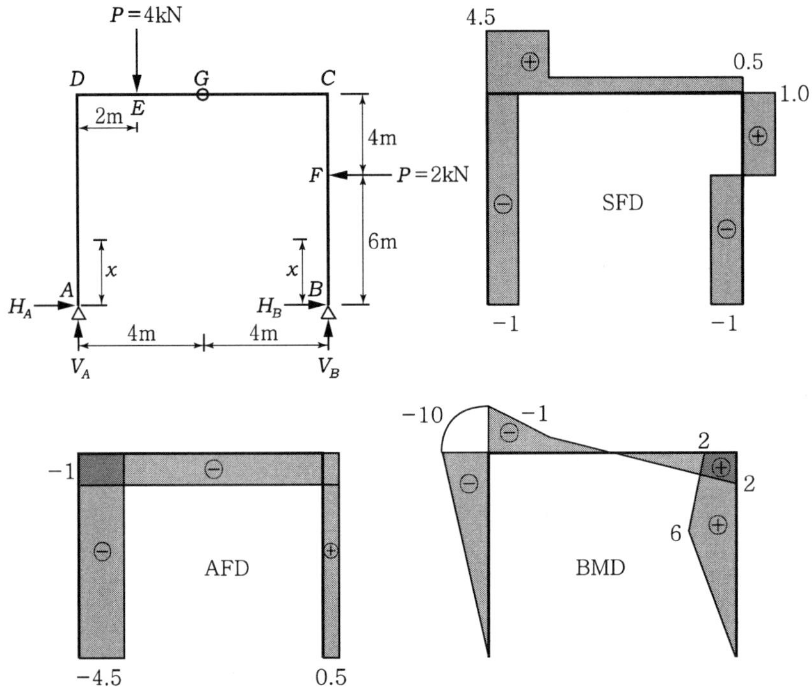

그림 6-5

1) 지점반력

$\Sigma M_B = 0$ 에서 $V_A \times 8 - 4 \times 6 - 2 \times 6 = 0$, $\therefore V_A = 4.5\,\text{kN}$

$\Sigma V = 0$ 에서 $V_A + V_B - 4 = 0$, $\therefore V_B = -0.5\,\text{kN}$

$\Sigma M_G = 0$ 에서 $4.5 \times 4 - H_A \times 10 - 4 \times 2 = 0$, $\therefore H_A = 1\,\text{kN}$

$\Sigma H = 0$ 에서 $H_A + H_B - 2 = 0$, $\therefore H_B = 1\,\text{kN}$

2) 전단력

A~D 구간 $S_x = -H_A = -1\,\text{kN}$

D~E 구간 $S_x = V_A = 4.5\,\text{kN}$

E G 구간 $S_x = V_A - P = 4.5 - 4 = 0.5\,\text{kN}$

B~F 구간 $S_x = -H_B = -1\,\text{kN}$

F~C 구간 $S_x = -H_B + P = -1 + 2 = 1\,\text{kN}$

C~G 구간 $S_x = -V_B = 0.5\,\text{kN}$

3) 축방향력

A~D 구간 $A_x = -V_A = -4.5\,\text{kN}$ (압축)

D~G 구간 $A_x = -H_A = -1\,\text{kN}$ (압축)

B~C 구간 $A_x = -V_B = 0.5\,\text{kN}$ (인장)

C~G 구간 $A_x = H_B - P = 1 - 2 = -1\,\text{kN}$ (압축)

4) 휨모멘트

A~D 구간 $M_x = -H_A \cdot x = -x$

$x = 0$ 에서 $M_A = 0$, $x = 10$ 에서 $M_D = -10\,\text{kN}\cdot\text{m}$

D~E 구간 $M_x = -10 + V_A \cdot x = -10 + 4.5x$

$x = 0$ 에서 $M_D = -10\,\text{kN}\cdot\text{m}$

$x = 2$ 에서 $M_E = -10 + 4.5 \times 2 = -1\,\text{kN}\cdot\text{m}$

E~G 구간 $M_x = -10 + V_A x - 4(x-2) = -2 + 0.5x$

$x = 2$ 에서 $M_E = -2 + 0.5 \times 2 = -1\,\text{kN}\cdot\text{m}$

$x = 4$ 에서 $M_G = -2 + 0.5 \times 4 = 0$

B~F 구간 $M_x = H_B x = x$

$x = 0$ 에서 $M_B = 0$, $x = 6$ 에서 $M_F = 6\,\text{kN}\cdot\text{m}$

F~C 구간 $M_x = H_B x - 2(x-6) = 12 - x$

$x = 6$ 에서 $M_F = 6\,\text{kN}\cdot\text{m}$, $x = 10$ 에서 $M_C = 2\,\text{kN}\cdot\text{m}$

C~G 구간 $M_x = 2 + V_B x = 2 - 0.5x$

$x = 0$ 에서 $M_C = 2\,\text{kN}\cdot\text{m}$, $x = 4$ 에서 $M_G = 2 - 0.5 \times 4 = 0$

6.2 정정 아치

6.2.1 아치의 종류

아치는 그림 6-6과 같이 부재를 곡선으로 만들어 외력에 저항하도록 하는 구조로서 정정 아치의 종류는 다음과 같다.

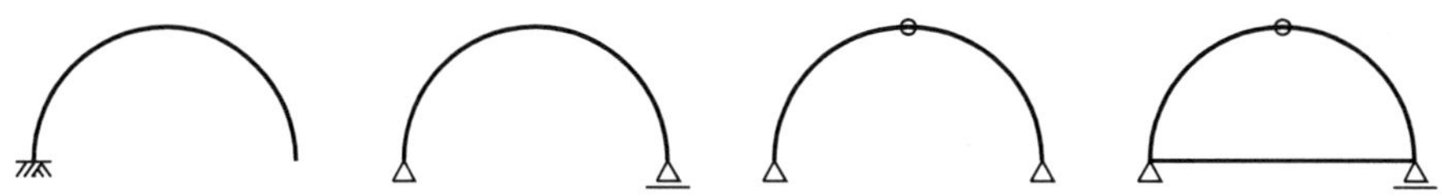

그림 6-6

(1) 캔틸레버형 아치(cantilever arch) : 그림 (a)와 같이 지점이 고정지점 1개로 되어 있는 아치이다.

(2) 단순보형 아치(simple beam arch) : 그림 (b)와 같이 지점이 한단은 회전지점 타단은 이동지점으로 되어 있는 아치이다.

(3) 3-힌지 아치(3-hinge arch) : 그림 (c)와 같이 지점이 2개의 회전지점으로 지지된 구조로 부재 중간에 힌지를 배치하여 정정으로 만든 아치이다.

(4) 타이드 아치(tied-arch) : 그림 (d)와 같이 2개의 지점을 타이드 바로 연결한 아치로 정정구조이다.

6.2.2 캔틸레버형 아치

그림 6-7과 같은 캔틸레버형 아치의 자유단에 집중하중이 작용할 경우 단면력을 구하면 다음과 같다.

1) 지점반력

$\Sigma V = 0$ 에서 $V_B = 0$

$\Sigma H = 0$ 에서 $P - H_B = 0$, $\therefore H_B = P$

$\Sigma M_B = 0$ 에서 $M_B = 0$

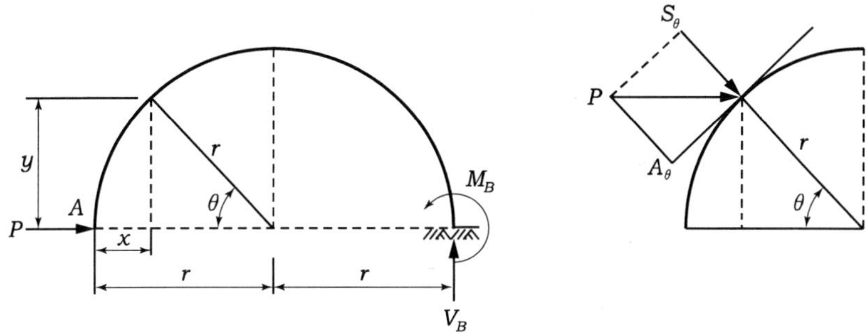

그림 6-7

2) 전단력

전단력은 원호접선에 수직방향의 분력을 생각하면 된다.

$S_\theta = -Pcos\theta$ 에서 $\theta = 0°$, $S_A = -P$

$$\theta = 45°,\ S_\theta = -\frac{P}{\sqrt{2}}$$

$$\theta = 90°,\ S_\theta = 0$$

$$\theta = 135°,\ S_\theta = \frac{P}{\sqrt{2}}$$

$$\theta = 180°,\ S_B = P$$

3) 축방향력

축방향력은 원호의 접선방향의 분력을 생각하면 된다.

$A_\theta = -P\sin\theta$ 에서 $\theta = 0°$, $A_A = 0$

$$\theta = 45°,\ A_\theta = -\frac{P}{\sqrt{2}}$$

$$\theta = 90°,\ A_\theta = -P$$

$$\theta = 135°,\ A_\theta = -\frac{P}{\sqrt{2}}$$

$$\theta = 180°,\ A_B = 0$$

4) 휨모멘트

휨모멘트는 힘 P 에다 수직길이 y 를 곱하면 된다.

$M_x = -P{\cdot}y$ 에서 $y = r\sin\theta$ 이므로 대입하면

$M_\theta = -\,\mathrm{Pr}\sin\theta$ 에서 $\theta = 0°,\ M_A = 0$

$$\theta = 45°,\ M_\theta = -\frac{\mathrm{Pr}}{\sqrt{2}}$$

$$\theta = 90°,\ M_\theta = -\,\mathrm{Pr}$$

$$\theta = 135°,\ M_\theta = -\frac{\mathrm{Pr}}{\sqrt{2}}$$

$$\theta = 180°,\ M_B = 0$$

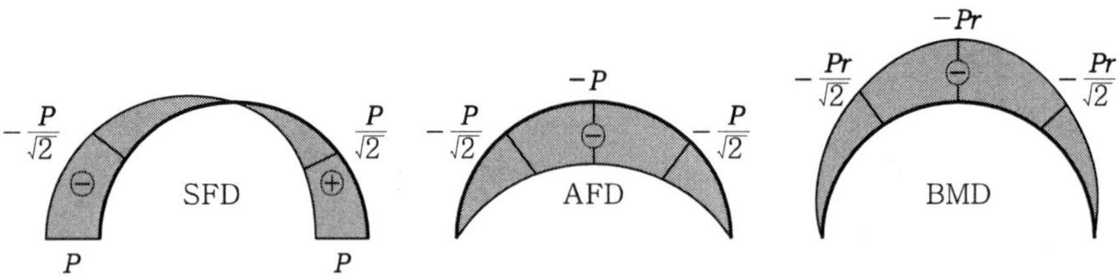

예제 6.3

그림과 아치의 단면력도를 그려라.

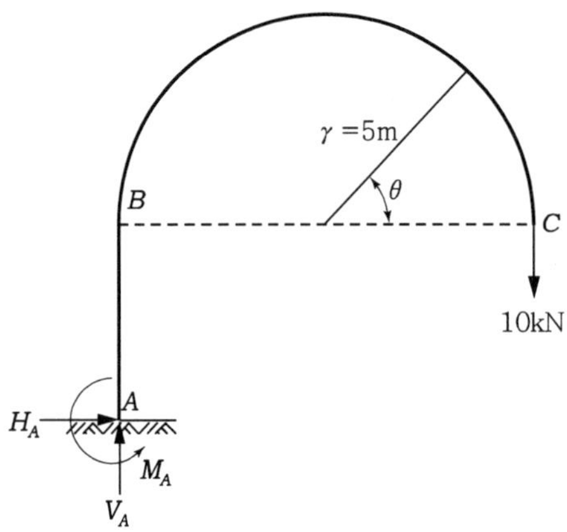

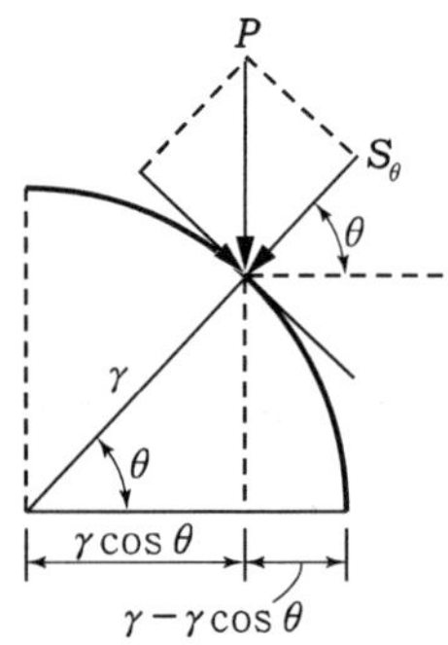

▸ **풀이**

① 지점반력

$\Sigma V = 0$ 에서 $V_A = 10\,\mathrm{kN}$

$\Sigma H = 0$에서 $H_A = 0$

$\Sigma M_A = 0$ 에서 $-M_A + 10 \times 10 = 0,\ \therefore M_A = 100\,\mathrm{kN \cdot m}$

② 전단력

전단력은 원호접선에 수직방향의 분력을 생각하면 된다.

C~B 구간 $S_\theta = P\sin\theta = 10\sin\theta$

$\theta = 0°$, $S_C = 0$

$\theta = 90°$, $S_\theta = 10\text{kN}$

$\theta = 180°$, $S_B = 0$

A~B 구간 $S_x = 0$

③ 축방향력

축방향력은 원호의 접선방향의 분력을 생각하면 된다.

C~B 구간 $A_\theta = Pcos\theta = 10\cos\theta$

$\theta = 0°$, $A_C = 10\text{kN}$

$\theta = 90°$, $A_\theta = 0$

$\theta = 180°$, $A_B = -10\text{kN}$

A~B 구간 $A_x = -10\text{kN}$

④ 휨모멘트

휨모멘트는 힘 P에다 수직길이 $r - r\cos\theta$를 곱하면 된다.

C~B 구간 $M_\theta = -P \cdot (r - rcos\theta) = -10 \cdot (5 - 5\cos\theta) = -50 \cdot (1 - \cos\theta)$

$\theta = 0°$, $M_C = 0$

$\theta = 90°$, $M_\theta = -50\text{kN} \cdot \text{m}$

$\theta = 180°$, $M_B = -100\text{kN} \cdot \text{m}$

A~B 구간 $M_x = -P \cdot 2r = -10 \times 2 \times 5 = -100\text{kN} \cdot \text{m}$

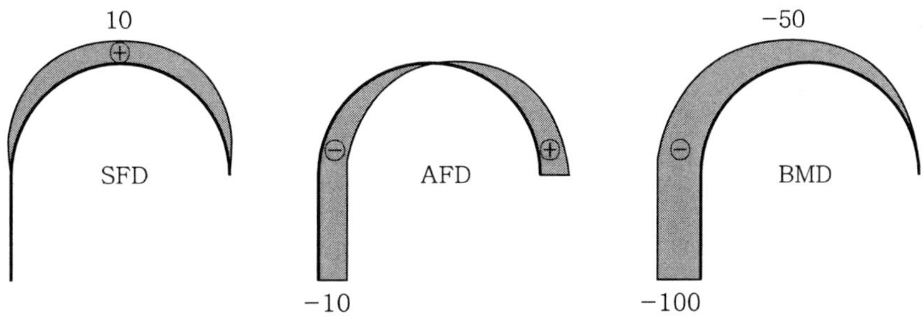

6.2.3 단순보형 아치

그림 6-8과 같은 단순보형 아치의 C점에 집중하중이 작용할 경우 단면력을 구하면 다음과 같다.

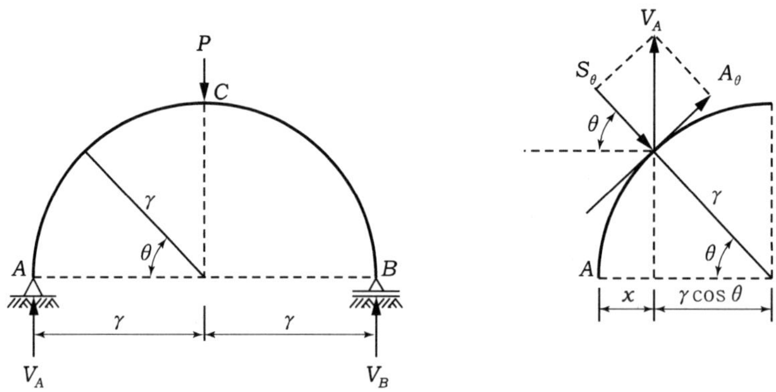

그림 6-8

1) 지점반력

$$\Sigma M_B = 0 \text{ 에서 } V_A \times 2r - P \times r = 0, \quad \therefore V_A = \frac{P}{2}$$

$$\Sigma V = 0 \text{ 에서 } V_A + V_B - P = 0, \quad \therefore V_B = \frac{P}{2}$$

2) 전단력

전단력은 원호접선에 수직방향의 분력을 생각하면 된다.

A~C 구간 $S_\theta = V_A \sin\theta = \frac{P}{2}\sin\theta$

$$\theta = 0°, \ S_A = 0$$

$$\theta = 45°, \ S_\theta = \frac{P}{2\sqrt{2}}$$

$$\theta = 90°, \ S_C = \frac{P}{2}$$

B~C 구간 $S_\theta = -V_B \sin\theta = -\frac{P}{2}\sin\theta$

$$\theta = 0°, \ S_B = 0$$

$$\theta = 45°, \ S_\theta = -\frac{P}{2\sqrt{2}}$$

$$\theta = 90°, \ S_C = -\frac{P}{2}$$

3) 축방향력

축방향력은 원호의 접선방향의 분력을 생각하면 된다.

A~C 구간 $A_\theta = -\frac{P}{2}cos\theta$

$$\theta = 0°, \ A_A = -\frac{P}{2}$$

$$\theta = 45°, \ A_\theta = -\frac{P}{2\sqrt{2}}$$

$$\theta = 90°, \ A_C = 0$$

B~C 구간은 A~C 구간과 대칭이다.

4) 휨모멘트

A~C 구간 $M_x = V_A \cdot x$ 에서 $x = r - rcos\theta$ 이므로

$$M_\theta = \frac{P}{2}(r - rcos\theta)$$

$$\theta = 0°, \ M_A = 0$$

$$\theta = 45°, \ M_\theta = \frac{\mathrm{Pr}}{2}\left(1 - \frac{1}{\sqrt{2}}\right)$$

$$\theta = 90°, \ M_C = \frac{\mathrm{Pr}}{2}$$

B~C 구간은 AC 구간과 대칭이다.

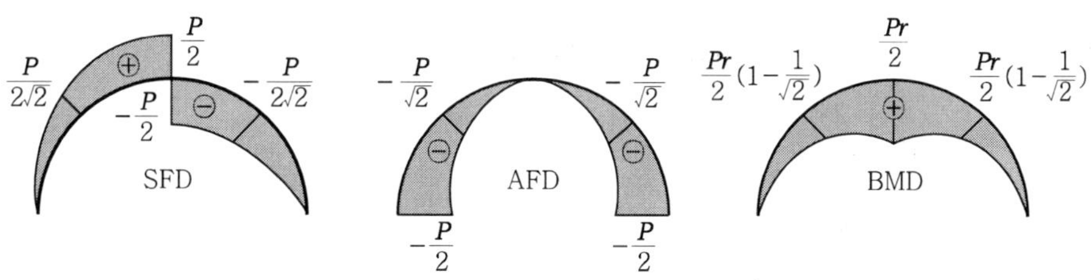

6.2.4 3힌지 아치

그림 6-9와 같은 3힌지 아치의 C점에 집중하중이 작용할 경우 단면력을 구하면 다음과 같다.

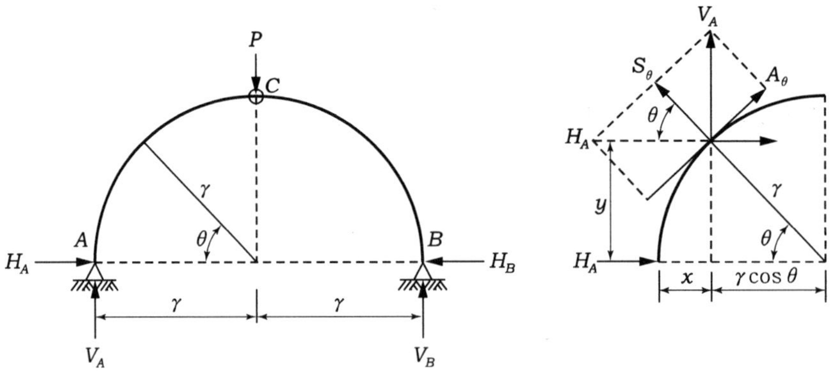

그림 6-9

1) 지점반력

$$\Sigma M_B = 0 \text{ 에서 } \quad V_A \times 2r - P \times r = 0, \ \therefore V_A = \frac{P}{2}$$

$$\Sigma V = 0 \text{ 에서 } \quad V_A + V_B - P = 0, \ \therefore V_B = \frac{P}{2}$$

$$\Sigma M_C = 0 \text{ 에서 } \quad V_A \times r - H_A \times r = 0, \ \therefore H_A = V_A = \frac{P}{2}$$

$$\Sigma H = 0 \text{에서 } \quad H_A - H_B = 0, \ \therefore H_B = \frac{P}{2}$$

2) 전단력

전단력은 원호접선에 수직방향의 분력을 생각하면 된다.

A~C 구간 $S_\theta = V_A \cdot \sin\theta - H_A \cos\theta = \frac{P}{2}(\sin\theta - \cos\theta)$

$$\theta = 0°, \ S_A = -\frac{P}{2}$$

$$\theta = 45°, \ S_\theta = 0$$

$$\theta = 90°, \ S_C = \frac{P}{2}$$

B~C 구간 $S_\theta = -V_B \cdot \sin\theta + H_B \cos\theta = \frac{P}{2}(\cos\theta - \sin\theta)$

$$\theta = 0°,\ S_B = \frac{P}{2}$$

$$\theta = 45°,\ S_\theta = 0$$

$$\theta = 90°,\ S_C = -\frac{P}{2}$$

3) 축방향력

축방향력은 원호의 접선방향의 분력을 생각하면 된다.

A~C 구간 $A_\theta = -V_A \cdot \cos\theta - H_A \sin\theta = -\frac{P}{2}(\cos\theta + \sin\theta)$

$$\theta = 0°,\ A_A = -\frac{P}{2}$$

$$\theta = 45°,\ A_\theta = -\frac{P}{\sqrt{2}}$$

$$\theta = 90°,\ A_C = -\frac{P}{2}$$

B~C 구간은 A~C 구간과 대칭이다.

4) 휨모멘트

A~C 구간 $M_x = V_A \cdot x - H_A \cdot y$ 에서 $x = r - r\cos\theta$, $y = r\sin\theta$ 이므로

$$M_\theta = \frac{\mathrm{Pr}}{2}(1-\cos\theta) - \frac{\mathrm{Pr}}{2}\sin\theta = \frac{\mathrm{Pr}}{2}(1-\cos\theta-\sin\theta)$$

$$\theta = 0°,\ M_A = 0$$

$$\theta = 45°,\ M_\theta = \frac{\mathrm{Pr}}{2}(1-\sqrt{2}) = -\frac{\mathrm{Pr}}{2}(\sqrt{2}-1)$$

$$\theta = 90°,\ M_C = 0$$

B~C 구간은 AC 구간과 대칭이다.

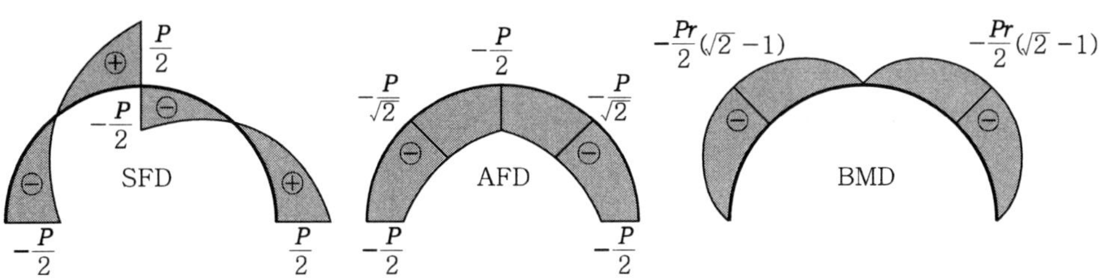

6.2.5 타이드 아치

그림 6-10과 같은 타이드 아치의 C점에 집중하중이 작용할 경우 단면력을 구하면 다음과 같다.

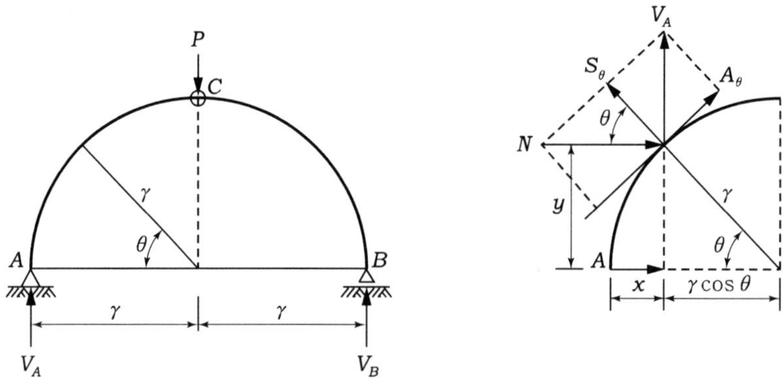

그림 6-10

1) 지점반력

$\Sigma M_B = 0$ 에서 $V_A \times 2r - P \times r = 0$, $V_A = \dfrac{P}{2}$

$\Sigma V = 0$ 에서 $V_A + V_B - P = 0$, $V_B = \dfrac{P}{2}$

$\Sigma H = 0$에서 $H_A = 0$

타이의 장력을 N이라 하고 C점의 모멘트가 0인 것을 이용하면

$\Sigma M_C = 0$ 에서 $V_A \times r - N \times r = 0$, $N = \dfrac{P}{2}$

2) 전단력

전단력은 원호접선에 수직방향의 분력을 생각하면 된다.

A~C 구간 $S_\theta = V_A \sin\theta - N\cos\theta = \dfrac{P}{2}(\sin\theta - \cos\theta)$

$\theta = 0°$, $S_A = -\dfrac{P}{2}$

$\theta = 45°$, $S_\theta = 0$

$\theta = 90°$, $S_C = \dfrac{P}{2}$

B~C 구간 $S_\theta = - V_B \sin\theta + N\cos\theta = \frac{P}{2}(\cos\theta - \sin\theta)$

$$\theta = 0°,\ S_B = \frac{P}{2}$$

$$\theta = 45°,\ S_\theta = 0$$

$$\theta = 90°,\ S_C = -\frac{P}{2}$$

A~B구간 $S_x = 0$

3) 축방향력

축방향력은 원호의 접선방향의 분력을 생각하면 된다.

A~C 구간 $A_\theta = - V_A \cdot \cos\theta - N\sin\theta = -\frac{P}{2}(\cos\theta + \sin\theta)$

$$\theta = 0°,\ A_A = -\frac{P}{2}$$

$$\theta = 45°,\ A_\theta = -\frac{P}{\sqrt{2}}$$

$$\theta = 90°,\ A_C = -\frac{P}{2}$$

B~C 구간은 A~C 구간과 대칭이다.

A~B 구간 $A_x = \frac{P}{2}$ (일정)

4) 휨모멘트

A~C 구간 $M_x = V_A \cdot x - N \cdot y$ 에서 $x = r - rcos\theta$, $y = r\sin\theta$ 이므로

$$M_\theta = \frac{\Pr}{2}(1 - \cos\theta) - \frac{\Pr}{2} sin\theta = \frac{\Pr}{2}(1 - \cos\theta - \sin\theta)$$

$$\theta = 0°,\ M_A = 0$$

$$\theta = 45°,\ M_\theta = \frac{\Pr}{2}(1 - \sqrt{2}) = -\frac{\Pr}{2}(\sqrt{2} - 1)$$

$$\theta = 90°,\ M_C = 0$$

B~C 구간은 A~C 구간과 대칭이다.

A~B 구간 $M_x = 0$

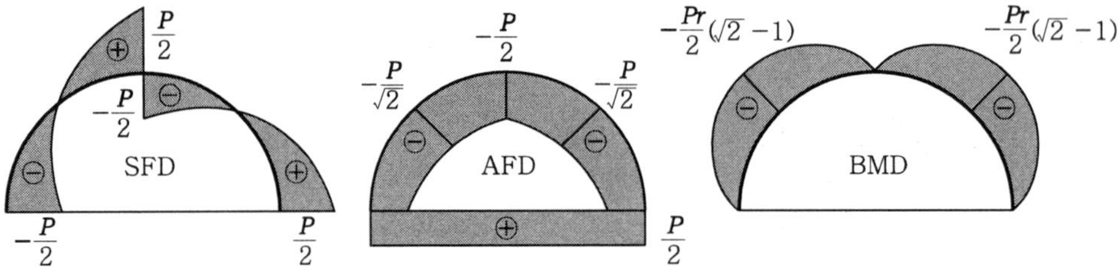

예제 6.4

그림과 같은 타이드 아치에서 타이바의 장력을 구하라.

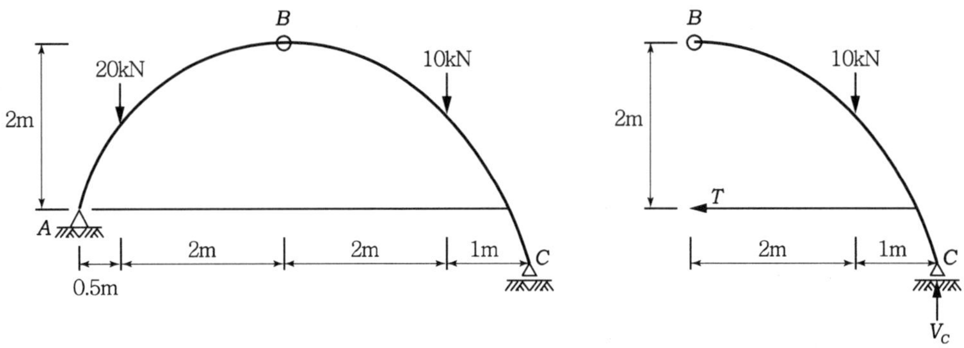

▸ **풀이**

$\Sigma M_A = 0$ 에서

$20 \times 0.5 + 10 \times 4.5 - V_C \times 5.5 = 0, \quad \therefore V_C = 10\text{kN}$

$\Sigma M_B = 0$ 에서

$10 \times 2 - 10 \times 3 + T \times 2 = 0, \quad \therefore T = 5\text{kN}$

연 습 문 제

문제 6.1 그림과 같은 3롤러 라멘에 발생하는 최대 휨모멘트를 구하라.

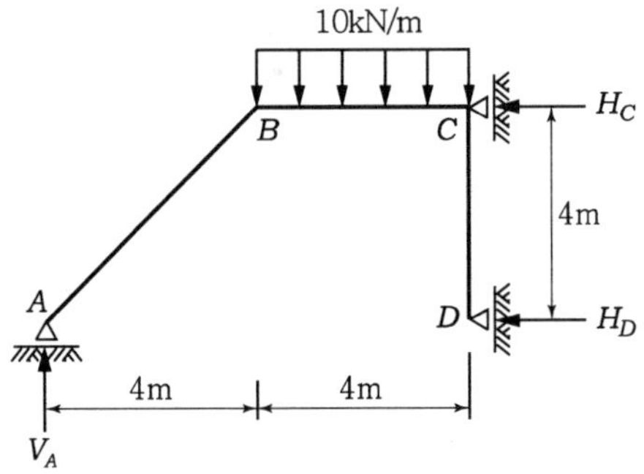

▸ **풀이**

① 지점반력

$\sum M_A = 0$ 에서 $(10\times 4)\times 6 - H_C \times 4 = 0$, $\therefore H_C = 60\text{kN}$

$\sum H = 0$ 에서 $-H_C - H_D = 0$, $\therefore H_D = -H_C = -60\text{kN}$

$\sum V = 0$ 에서 $V_A - 10\times 4 = 0$, $\therefore V_A = 40\text{kN}$

② 휨모멘트

A~B구간 $M_x = V_A x = 40x$

$x = 0$, $M_A = 0$, $x = 4$, $M_B = 160\,\text{kN}\cdot\text{m}$

D~C구간 $M_x = -H_D y = 60y$

$y = 0$, $M_D = 0$, $x = 4$, $M_C = 240\,\text{kN}\cdot\text{m}$

B~C구간 $M_x = 160 + 40x - 5x^2$

$x = 0$, $M_B = 160\text{kN}\cdot\text{m}$, $x = 4$, $M_C = 240\,\text{kN}\cdot\text{m}$

③ 최대 휨모멘트(B~C구간)

발생위치 $\dfrac{dM_x}{dx} = 40 - 10x = 0$, $\therefore x = 4\text{m}$

따라서 최대휨모멘트는 C점에서 발생한다.

$M_{\max} = 160 + 40\times 4 - 5\times 4^2 = 240\text{kN}\cdot\text{m}$

문제 6.2 3힌지 아치가 등분포하중을 받을 때 전단력, 휨모멘트, 축방향력을 구하고 경제적인 구조임을 보여라.

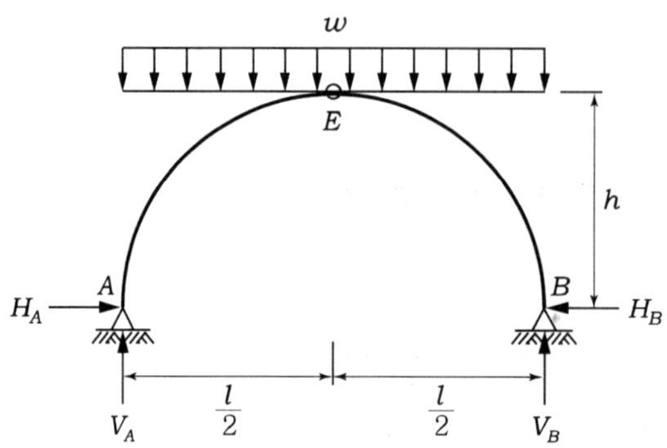

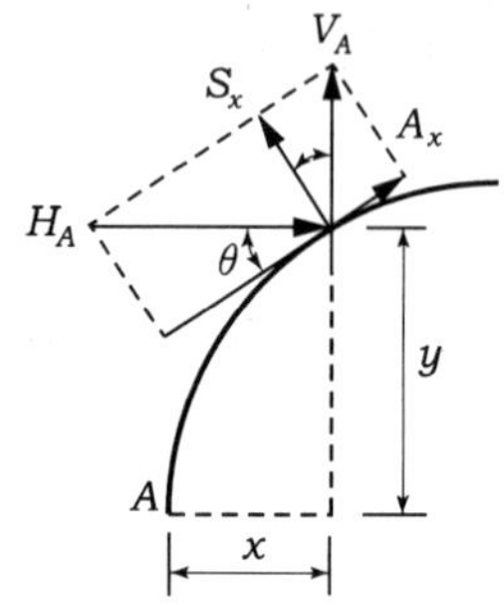

▸ **풀이**

① 지점반력

구조가 대칭이므로 $\sum V=0$ 에서

$$\therefore V_A = V_B = \frac{wl}{2}$$

$M_E=0$ 에서 절점 E의 좌측으로부터 구하면

$$V_A \times \frac{l}{2} - H_A \times h - \frac{wl^2}{8} = 0, \ \therefore H_A = \frac{wl^2}{8h}$$

$\sum H = 0$ 에서 $H_A - H_B = 0$, $\therefore H_A = H_B$

② 전단력

C(x,y)점의 전단력은 C점의 접선에 직각방향의 힘이 되므로

$$S_x = (V_A - wx)\cos\theta - H_A\sin\theta$$

$$= w\left\{\left(\frac{l}{2} - x\right) - \frac{l^2}{8h}\tan\theta\right\}\cos\theta$$

③ 휨모멘트

$$M_x = V_A x - H_A y - \frac{wx^2}{2} = w\left\{\frac{(l-x)}{2}x - \frac{l^2}{8h}y\right\}$$

④ 축방향력

C(x,y)점의 축방향력은 C점의 접선방향의 힘이 되므로

$$A_x = -(V_A - wx)\sin\theta - H_A\cos\theta$$

$$= -w\left\{\left(\frac{l}{2} - x\right)\sin\theta + \frac{l^2}{8h}\cos\theta\right\}$$

아치의 곡선이 포물선이라면 $y = \frac{4h}{l^2}(l-x)x$, $\tan\theta = \frac{dy}{dx} = \frac{8h}{l^2}\left(\frac{l}{2} - x\right)$

전단력 $S_x = w\left\{\left(\frac{l}{2} - x\right) - \frac{l^2}{8h} \cdot \ \frac{8h}{l^2}\left(\frac{l}{2} - x\right)\right\}\cos\theta = 0$

휨모멘트 $M_x = w\left[\frac{(l-x)}{2}x - \frac{l^2}{8h} \cdot \ \left\{\frac{4h}{l^2}(l-x)x\right\}\right] = 0$

축방향력 $A_x = -w\left\{\left(\frac{l}{2} - x\right)\sin\theta + \frac{l^2}{8h}cos\theta\right\}$

$$= -\frac{wl^2}{8h}\left\{\frac{8h}{l^2}\left(\frac{l}{2} - x\right)\sin\theta + \cos\theta\right\}$$

$$= -H_A\{\tan\theta \cdot \ \sin\theta + \cos\theta\} = -H_A\left\{\frac{(\sin^2\theta + \cos^2\theta)}{\cos\theta}\right\}$$

$$\therefore A_x = -H_A\sec\theta$$

따라서 등분포하중을 받는 3힌지 아치는 축방향력만 받는 경제적인 구조이다.

CHAPTER 07

재료의 역학적 성질

7.1 응력

7.2 변형률

7.3 탄성계수

7.4 응력·변형률 선도

7.5 허용응력과 안전계수

■ 연습문제

CHAPTER 07

재료의 역학적 성질

7.1 응 력

부재에 외력이 작용하면 부재 내부 단면에는 이에 저항하는 내력이 생겨서 외력과 내력이 평형을 이루게 된다. 이 내력을 단위면적당 힘으로 표시한 것을 응력(stress)이라고 하며, 단위는 $\mathrm{Pa(N/m^2)}$, $\mathrm{kPa(kN/m^2)}$, $\mathrm{MPa(MN/m^2 = N/mm^2)}$로 표시된다. 이러한 응력의 종류는 다음과 같다.

7.1.1 수직응력

그림 7-1과 같이 부재에 인장력 P가 작용하여 부재가 길이방향으로 늘어나는 힘을 받는 경우, 단면 A에 수직으로 발생하는 응력을 인장응력(tensile stress)이라 하고 다음 식으로 구한다.

$$\sigma = \frac{P}{A} \tag{7-1}$$

또한, 부재에 압축력 P가 작용하여 부재가 길이방향으로 줄어드는 힘을 받는 경우, 단면 A에 수직으로 발생하는 응력을 압축응력(compressive stress)이라 하고 음(-)의 부호를 사용하여 인장응력과 구분한다.

$$\sigma = -\frac{P}{A} \tag{7-2}$$

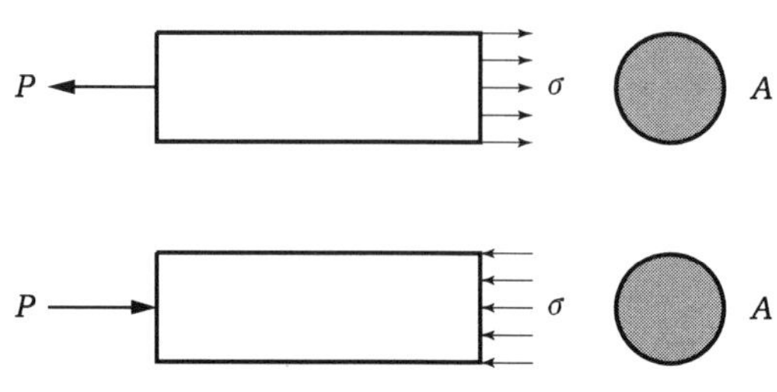

그림 7-1

7.1.2 전단응력

그림 7-2와 같이 부재의 길이 방향에 직각으로 전단력 S가 작용할 때 단면 A 에 나란하게 발생하는 응력을 전단응력(shear stress)이라 하고 다음 식으로 구한다.

$$\tau = \frac{S}{A} \tag{7-3}$$

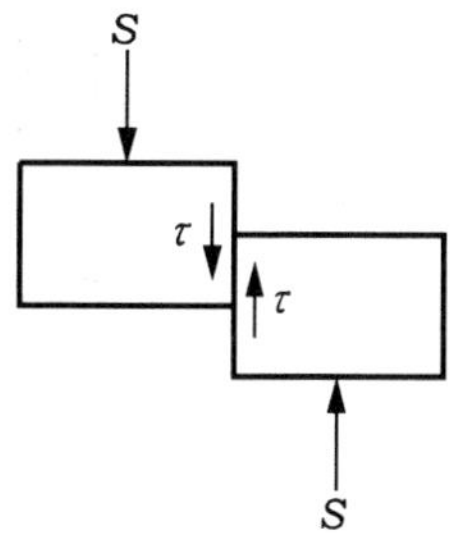

그림 7-2

7.1.3 휨응력

그림 7-3와 같이 부재에 연직방향의 하중이 작용하면 부재에는 휨모멘트가 발생하고 이 휨모멘트에 의하여 부재의 중립축을 기준으로 상부에는 압축응력이 발생하고 하부에는 인장응력이 발생한다. 이러한 응력을 휨응력(bending stress)이라고 한다.

$$\sigma = \frac{M}{I} y \tag{7-4}$$

여기서, M은 휨모멘트이고 I는 단면 2차 모멘트이며 y는 중립축으로부터 구하고자 하는 위치까지의 거리이다.

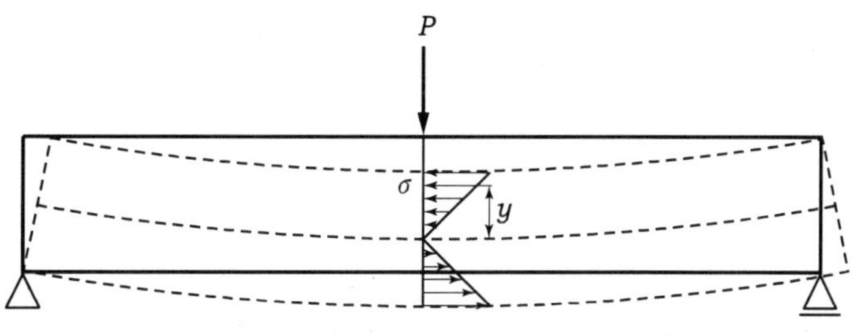

그림 7-3

7.1.4 비틀림 응력

그림 7-4와 같이 부재양단에 반대방향의 우력모멘트를 작용시키면 이 부재는 비틀어지게 되고 이와 같은 힘에 저항하기 위하여 부재 내부에는 비틀림응력(torsional stress)이 발생한다. 이 비틀림 응력은 전단응력과 성질이 같다.

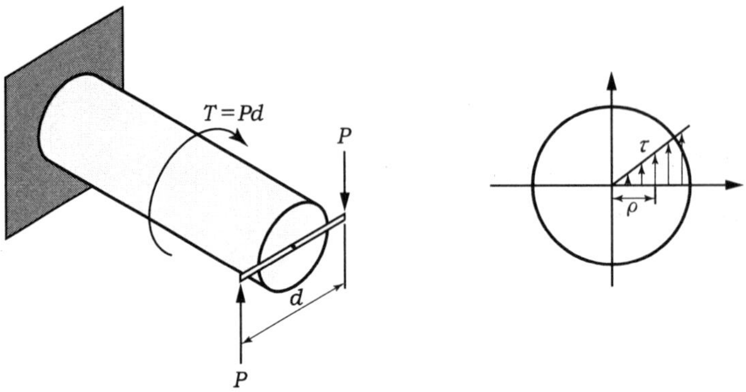

그림 7-4

$$\tau = \frac{T}{I_p}\rho \tag{7-5}$$

여기서, T는 비틀림 모멘트이고 I_p는 단면 2차 극모멘트이며 ρ는 임의의 반경이다.

7.1.5 온도응력

온도 변화에 따른 변형에 의하여 부재의 단면에서 발생하는 응력이다.

$$\sigma = E\epsilon_t = E\alpha\,\Delta t \tag{7-6}$$

여기서, E는 탄성계수이고 α는 선팽창계수이며 Δt는 온도변화량이다.

7.1.6 원통응력

그림 7-5와 같은 얇은 원통은 송수관과 같이 내부의 압력에 의해 강판의 내부에는 압력에 저항하는 가로방향과 세로방향으로 인장응력이 발생한다.

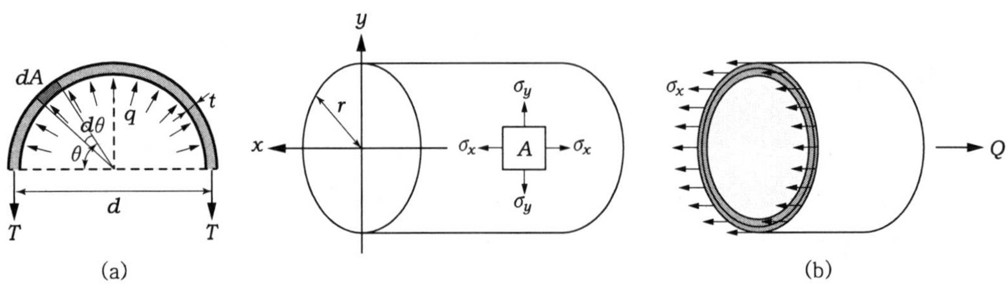

그림 7-5

그림 7-5(a)에서 반원 내부에 작용하는 압력의 수직성분은

$$2T = \int_0^\pi qrd\theta \sin\theta = qr\int_0^\pi \sin\theta\, d\theta = 2qr$$

$$T = qr$$

이고 원환응력인 가로방향의 응력은 다음 식과 같다.

$$\sigma_y = \frac{T}{A} = \frac{qr}{t} = \frac{qd}{2t} \tag{7-7}$$

그림 7-5(b)에서 원통을 수직으로 절단했을 때 세로방향의 총 압력은

$Q = \frac{\pi d^2}{4}q$ 로 표시되고

이것을 저항하는 원통의 절단면에는 세로방향으로 인장응력이 발생한다.

$$\sigma_x \pi d t = \frac{\pi d^2}{4}q$$

$$\sigma_x = \frac{qd}{4t} \tag{7-8}$$

예제 7.1

그림과 같이 양단이 고정된 강봉이 상온에서 20℃만큼 온도가 상승했다면 강봉에 작용하는 압축력의 크기는? (단, 강봉의 단면적 $A = 5{,}000\text{mm}^2$, 탄성계수 $E = 200{,}000\text{MPa}$, 열팽창계수 $\alpha = 0.00001/℃$ 이다.)

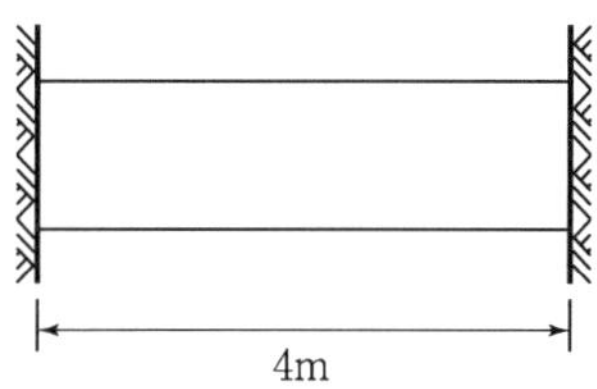

▸ **풀이**

① 온도응력 $\sigma = E\alpha\,\Delta t = 200{,}000 \times 0.00001 \times 20 = 40\text{MPa}$

② 압축력=온도응력×단면적

$P = \sigma A = 40 \times 5{,}000 = 200{,}000\text{N} = 200\text{kN}$

예제 7.2

지름 $d = 1{,}200\text{mm}$, 벽 두께 $t = 6\text{mm}$ 인 긴 강관이 $q = 2\text{MPa}$ 의 내압을 받고 있다. 이 관벽 속에 발생하는 원환응력 σ_y 의 크기는?

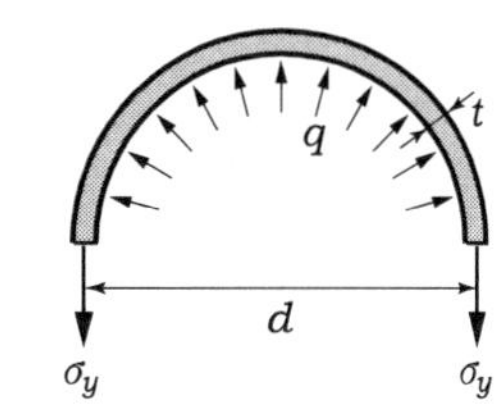

▸ **풀이**

① 원환응력 $\sigma_y = \frac{qd}{2t} = \frac{2 \times 1{,}200}{2 \times 6} = 200\text{MPa}$

7.2 변형률

부재에 외력을 가하면 내부에 응력이 발생하고 변형을 일으켜서 형상과 치수에 변화가 생긴다. 변형량과 원래의 치수에 대한 비율을 변형률(strain)이라고 하며 외력의 종류에 따라 변형률은 다음과 같이 구분된다.

7.2.1 세로변형률(종변형률)

그림 7-6과 같이 물체에 인장 또는 압축력이 작용하면 물체는 세로방향 또는 가로방향으로 늘어나거나 줄어들게 된다. 세로변형률은 수직응력과 관련되어 있으며 변형률은 다음과 같이 정의된다.

$$\text{변형률} = \frac{\text{변형된 길이}}{\text{원래의 길이}}$$

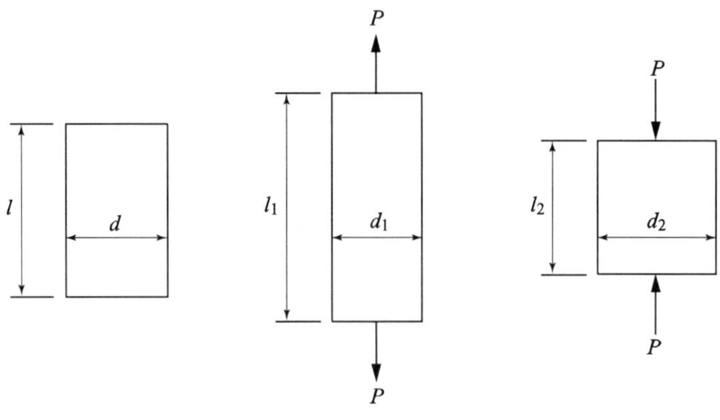

그림 7-6

원래 길이 l 인 물체가 하중 P 를 받아 l_1 과 l_2 로 변하였다면 세로변형량 Δl 은

인장력에 의하여 늘어난 량 : $\Delta l = l_1 - l$ (+부호)

압축력에 의하여 줄어든 량 : $\Delta l = l_2 - l$ (−부호)

세로변형률(longitudinal strain) : $\epsilon = \pm \dfrac{\Delta l}{l}$ (7-6)

7.2.2 가로변형률(횡변형률)

원래 폭 d 인 물체에 하중 P 를 받아 d_1 과 d_2 로 변하였다면 가로변형 Δd 는

인장력에 의하여 줄어든 량 $\Delta d = d_1 - d$ (−부호)

압축력에 의하여 늘어난 량 $\Delta d = d_2 - d$ (+부호)

가로변형률(lateral strean) : $\beta = \mp \dfrac{\Delta d}{d}$ (7-7)

7.2.3 포아송 비

세로변형률과 가로변형률 사이의 관계식을 포아송 비라고 하고 다음과 같은 일정한 관계가 성립한다.

$$\nu = \frac{\beta}{\epsilon} = -\frac{1}{m} \quad (7\text{-}8)$$

여기서, ν는 포아송 비(Poisson's ratio)이고 m은 포아송 수(Poisson's number)이다. 이 값들은 실험적으로 재료에 따라 정해지는 상수이며 표 (7−1)과 같다.

표 7-1 포아송 비와 수

재료	ν	m	재료	ν	m
주 철	0.27	3.7	콘크리트	0.17~0.08	6~12
연 철	0.28	3.6	유 리	0.24	4.1
연 강	0.30	3.3	셀루로이드	0.40	2.5
황 동	0.33	3.0	납	0.43	2.32
동	0.33	3.0	고 무	0.50	2.0
금 속	0.33~0.25	3.0~4.0	코르크	0	-

예제 7.3

지름 100mm, 길이 250mm인 재료에 인장력을 작용시켰더니 지름은 99.8mm로 길이는 252mm로 변하였다. 이 재료의 포아송 수는?

▸ **풀이**

$\nu=\frac{\beta}{\epsilon}=-\frac{1}{m}$ 에서 $m=-\frac{\epsilon}{\beta}$ 이므로

$\epsilon=\frac{\Delta l}{l}=\frac{2}{250}$, $\beta=\frac{\Delta d}{d}=-\frac{0.2}{100}$

$$m=-\frac{\epsilon}{\beta}=-\frac{\frac{2}{250}}{-\frac{0.2}{100}}=4$$

7.2.4 전단변형률

그림 7-7과 같이 물체가 한 쌍의 전단력 S를 받아 λ만큼 미끄러져 나갔다고 할 때, 이와 같은 변형을 전단변형이라고 한다. 전단변형률(shearing strain)은 전단응력과 관련에 있으며 단위 길이의 미끄럼 변형량으로 표시되고 다음과 같은 식으로 주어진다.

$$\gamma=\frac{\lambda}{l}=\tan\theta \fallingdotseq \theta \text{ radian} \qquad (7\text{-}9)$$

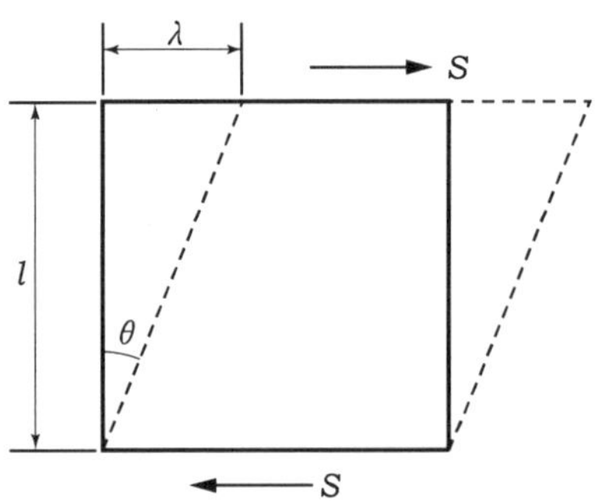

그림 7-7

7.2.5 체적변형률

물체가 압력수중 또는 진공탱크 속에 있을 때 전면에 직각으로 균일한 압축 또는 인장하중이 작용하게 되고 물체의 체적이 팽창 또는 수축으로 변형한다.

체적변형률(volumetric strain)은 체적변화량을 원래의 체적으로 나눈 값이다. 그림 7-8과 같은 한 변의 길이 l 인 정입방체의 각 변에 수직으로 응력 σ_x, σ_y, σ_z 가 작용해서 x 방향으로 길이가 $l(1+\epsilon_x)$만큼 늘어나고, y방향으로 길이가 $l(1+\epsilon_y)$만큼 늘어나며, z방향으로 길이가 $l(1+\epsilon_z)$만큼 늘어났다면 체적변화량 ΔV는 다음과 같이 구해진다.

최초의 체적 : $V=l^3$

응력이 가해진 후 체적 : $l(1+\epsilon_x)\times l(1+\epsilon_y)\times l(1+\epsilon_z)$

체적변화량 : $\Delta V=l(1+\epsilon_x)\times l(1+\epsilon_y)\times l(1+\epsilon_z)-l^3$

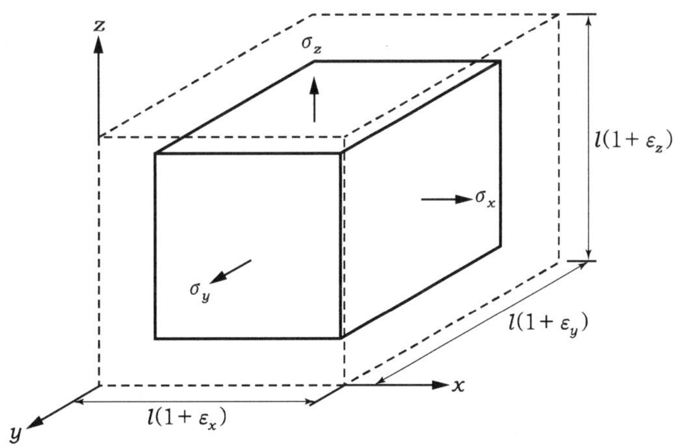

그림 7-8

이 식을 전개하여 미소량의 고차항은 더욱 미소하므로 생략하면 다음 식과 같다.

$$\Delta V=l^3(\epsilon_x+\epsilon_y+\epsilon_z)$$

따라서 체적변형률은 다음 식으로 표시된다.

$$\epsilon_v=\frac{\Delta V}{V}=\frac{l^3(\epsilon_x+\epsilon_y+\epsilon_z)}{l^3}=\epsilon_x+\epsilon_y+\epsilon_z \qquad (7\text{-}10)$$

특히, 재료가 등방성(isotropic) 재료인 경우에는

$\epsilon_x = \epsilon_y = \epsilon_z$ 이므로

$$\epsilon_v = \frac{\Delta V}{V} = 3\epsilon \tag{7-11}$$

여기서, ϵ 은 세로변형률과 같다.

7.2.6 온도 변형률

균질인 단면봉에 온도를 상승시키면 길이가 늘어난다. 즉 온도가 상승함으로써 Δl 만큼 신장되고 이 신장량 Δl 은 상승온도 Δt 와 봉의 길이 l 에 비례한다.

$$\Delta l = \alpha \Delta t l \tag{7-12}$$

여기서, α 는 재료의 고유상수이고 선팽창계수(coefficient of thermal expansion)라 부른다. 이 α 는 온도 1℃ 변화에 따른 양을 나타내며 일반적인 강재(steel)인 경우 $\alpha = 10 \sim 12 \times 10^{-6}/℃$ 이다. 따라서 온도 변형률(thermal strain) ϵ_t 는 다음 식으로 나타내진다.

$$\epsilon_t = \frac{\Delta l}{l} = \alpha \Delta t \tag{7-13}$$

7.3 탄성계수

7.3.1 훅크의 법칙

영국의 과학자인 Robert Hooke(1635~1703)은 재료의 탄성 거동을 연구한 최초의 인물이며 금속, 목재, 돌, 뼈와 같은 다양한 재료를 시험하였다. 그는 추를 매달은 긴 철사의 늘어난 값을 측정하였고 추에 따른 신장량이 언제나 같은 비율로 변함을 관찰함으로써 작용하중과 이에 따른 신장량이 선형관계가 있음을 발견하였다.

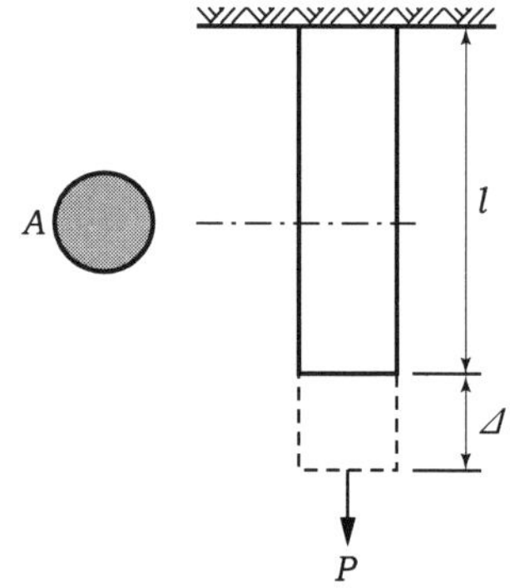

그림 7-9

그림 7-9와 같이 길이가 l 이고 균일한 단면적 A 를 가지고 있는 봉에 인장력 P 를 가하면 탄성한도 내에서는 늘어난 양 Δl

은 인장력 P와 길이 l에 비례하고 단면적 A에 반비례한다.

$$\triangle l = \frac{Pl}{EA} \tag{7-14}$$

여기서 E는 탄성계수로 재료에 따라 다른 고유상수이다. 이 식을 다시 정리하면 훅크의 법칙으로 알려진 방정식이 유도된다.

$$\frac{P}{A} = E\frac{\triangle l}{l}$$

$$\sigma = E\epsilon \tag{7-15}$$

예제 7.4

그림과 같은 부재에서 길이의 변화량 $\triangle l$은 얼마인가? (단, 보는 균일하며 단면적 A와 탄성계수 E는 일정하다고 가정한다.)

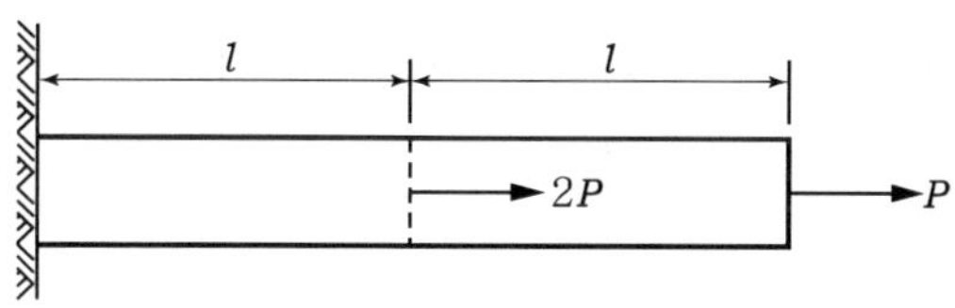

▸ **풀이**

$$\triangle l_1 = \frac{3Pl}{AE}, \ \triangle l_2 = \frac{Pl}{AE}$$

$$\triangle l = \triangle l_1 + \triangle l_2 = \frac{3Pl}{AE} + \frac{Pl}{AE} = \frac{4Pl}{AE}$$

7.3.2 탄성계수(종탄성계수)

탄성계수(modulus of elasticity)는 영국의 과학자인 Thomas Young(1773~1829)의 이름을 따라 Young 계수라고도 부른다. 균일 단면봉의 인장과 압축에 대해 시험한 Young은 탄성계수의 개념을 도입하게 되었다. 식 (7-15)로부터 탄성계수는 수직응력과 세로변형률 사이의 비례관계를 성립시키는 비례상수이다.

$$E = \frac{\sigma}{\epsilon} = \frac{P/A}{\triangle l/l} = \frac{Pl}{A\triangle l} \tag{7-16}$$

참고로 구조용 재료인 철근의 경우 탄성계수 값은 200,000 MPa이고 단위는 응력의 단위와 동일하다.

7.3.3 전단탄성계수(횡탄성계수)

탄성한도 내에서 전단응력 τ 와 그에 따른 전단변형률 γ 는 비례관계이며 전단에 관한 훅크의 법칙이 성립한다. 이 관계를 성립시키는 비례상수를 전단탄성계수(shear modulus of elasticity)라 부르며 G라 표기한다.

$$G = \frac{\tau}{\gamma} \tag{7-17}$$

전단탄성계수와 종탄성계수와의 관계식으로부터 다음 식으로 구할 수 있다.

$$G = \frac{E}{2(1+\nu)} \tag{7-18}$$

7.3.4 체적탄성계수(volumetric modulus)

수직응력 σ 와 체적변형도 ϵ_v 와의 비례관계를 성립시키는 비례상수를 체적탄성계수(volumetric modulus)라 부르고 K로 나타낸다.

$$K = \frac{\sigma}{\epsilon_v} = \frac{P/A}{\triangle V/V} = \frac{PV}{A \triangle V} \tag{7-19}$$

예제 7.5

단면적 $A = 2{,}000\,\mathrm{mm}^2$, 길이 $l = 500\,\mathrm{mm}$ 인 강봉에 인장력 $P = 80\,\mathrm{kN}$ 을 가했더니 길이가 $0.1\mathrm{mm}$ 늘어났다. 이 강봉의 포아송 수 $\mathrm{m} = 3$ 이라면 전단탄성계수 G는 얼마인가?

▸ **풀이**

$$\triangle l = \frac{Pl}{EA}, \quad E = \frac{Pl}{\triangle l A} = \frac{80{,}000 \times 500}{0.1 \times 2{,}000} = 200{,}000\mathrm{MPa}$$

$$\nu = \frac{1}{m} = \frac{1}{3}, \quad G = \frac{E}{2(1+\nu)} = \frac{200{,}000}{2(1+\frac{1}{3})} = 75{,}000\,\mathrm{MPa}$$

7.4 응력·변형률 선도

공학에서 사용되는 재료의 역학적 성질은 재료의 시편을 시험하여 결정한다. 이 시험은 시편에 여러 가지 형태의 하중에 가하여 응력과 변형률을 구한 다음 응력-변형률 선도를 그릴 수 있다. 이러한 응력-변형률 선도는 재료의 특성을 나타내고 역학적 성질과 거동의 유형에 관한 중요한 정보를 제공한다. 인장력을 받는 구조용 연강의 응력-변형률 선도가 그림 7-10에 보이고 있다.

변형률은 수평축에 응력은 수직축에 표시된다. 선도는 점 O에서 점 P까지 직선으로 시작되며 이것은 응력과 변형률이 비례함을 의미한다. 이 때 P점의 응력을 비례한도(proportional limit)라 하고, 원점 O에서 P점까지의 직선의 기울기를 탄성계수라고 부른다. 비례한도를 넘어 응력을 증가해 가면 탄성한도(elastic limit) E점에 도달하는데 하중을 제거하면 원상태로 되돌아가는 한계이다. E점을 넘어 응력을 증가시키면 곡선의 경사가 점점 작아지게 되다가 항복점(yielding point)에 도달하게 되며 완전 소성상태로 되어 응력의 증가 없이도 변형이 일어난다. Y점을 상항복점(upper yield limit)이라고 부르고 L점을 하항복점(lower yield limit)이라 한다.

L점에서부터는 응력은 조금씩 증가하는 반면 변형이 급격히 증대하여 극한강도(ultimate strength) U점에 도달한다. U점을 지나면 강재의 지름이 가늘어져 파괴강도(breaking point) F점에 이르면 파괴하게 된다.

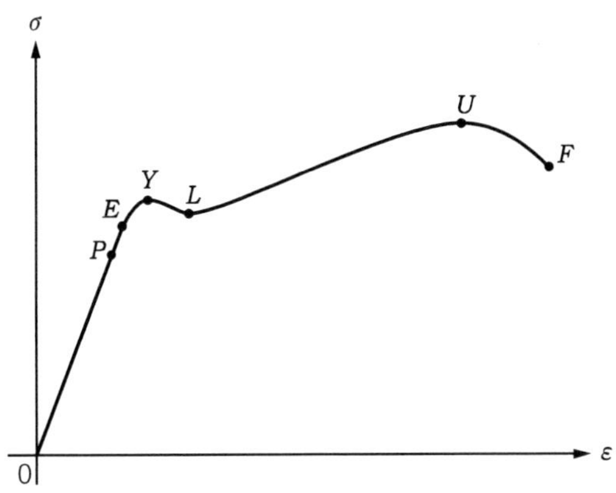

그림 7-10

7.5 허용응력과 안전계수

구조물에 발생하는 응력은 탄성한도 내에서는 하중을 제거했을 때 잔류변형이 생기지 않는다. 따라서 구조물의 설계시 사용하는 응력은 재료시험으로부터 얻어지는 최대응력, 즉 극한응력에 도달하도록 설계할 수 없다. 그 이유는 몇 개의 공시체의 시험결과가 전체재료의 강도를 정확하게 표시하기 어려우며 재료자체의 결함이나 단면치수의 오차, 설계이론의 부정확성, 시공의 불완전성 등이 있다. 따라서 최대응력보다는 작은 응력을 받도록 설계하여야 한다. 구조물 설계시 재료에 발생하도록 허용할 수 있는 최대응력을 허용응력(allowable stress)이라고 한다. 이 허용응력은 비례한도의 값을 넘지 않아야만 훅크의 법칙을 사용할 수 있다. 실제로 설계문제에서 허용응력(σ_a)을 구하는 방법은 재료의 실제강도에 대한 요구되는 필요강도의 비인 안전계수(factor of safety)를 사용하여 구한다.

$$안전계수(S) = \frac{실제강도}{필요강도}$$

안전계수의 크기는 재료의 종류, 응력의 종류, 구조물이 처한 환경에 따라 달라지며 크기는 각종 시방서 및 설계기준에 규정되어 있다. 안전계수가 결정이 되면 허용응력은 일반적으로 연성재료에서는 항복응력, 취성재료에서는 극한응력을 사용하여 구한다.

$$허용응력(\sigma_a) = \frac{항복응력(\sigma_y)}{안전계수(S)} = \frac{극한응력(\sigma_u)}{안전계수(S)} \tag{7-20}$$

예제 7.6

파괴 압축응력 50MPa인 정사각형 단면의 소나무가 압축력 50kN을 안전하게 받을 수 있는 한 변의 최소길이는? (단, 안전계수 S=10이다.)

▸ **풀이**

$$허용응력(\sigma_a) = \frac{극한응력(\sigma_u)}{안전계수(S)} = \frac{50}{10} = 5\text{MPa}$$

$$A = \frac{P}{\sigma_A} = \frac{50{,}000}{5} = 10{,}000\,\text{mm}^2$$

$a = 100\,\text{mm}$ 이다.

연습문제

문제 7.1 지름 25mm의 강봉을 1,000kN으로 당길 때, 강봉의 지름이 줄어든 값은? 단, 탄성계수 $E=200,000\,\text{MPa}$이고, 포와송비는 $\nu=0.2$이다.)

▸ **풀이**

$$\epsilon=\frac{\sigma}{E}=\frac{P}{AE}=\frac{1,000,000}{200,000\times\frac{\pi\times 25^2}{4}}=0.0102$$

$\nu=\dfrac{\beta}{\epsilon}$ 에서 $\beta=\epsilon\nu=0.0102\times0.2=0.00204$

$\beta=\dfrac{\Delta d}{d}$ 에서 $\Delta d=\beta d=0.00204\times25=0.051\text{mm}$

문제 7.2 그림과 같은 단면적 $300\,\text{mm}^2$인 강봉이 그림과 같은 힘을 받을 때 이 강봉은 얼마나 늘어나겠는가? 단, $E=200,000\,\text{MPa}$이다.

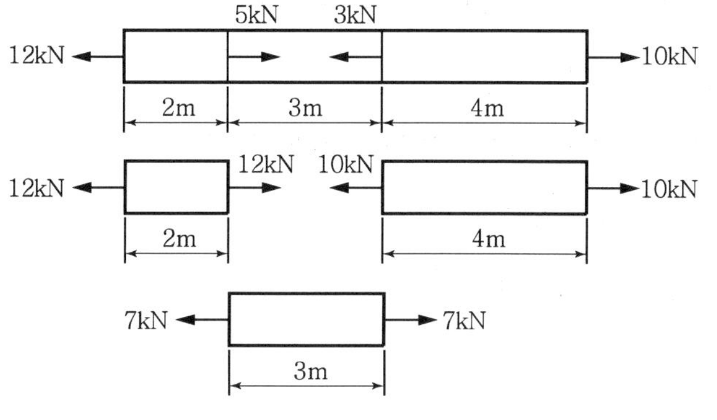

▸ **풀이**

$\Delta l=\dfrac{Pl}{AE}$ 에서

$$\Delta l_1=\frac{12,000\times2,000}{300\times200,000}=0.4\text{mm}$$

$$\triangle l_2 = \frac{7,000 \times 3,000}{300 \times 200,000} = 0.35\,\text{mm}$$

$$\triangle l_3 = \frac{10,000 \times 4,000}{300 \times 200,000} = 0.667\,\text{mm}$$

총 늘음량 : $\triangle l = \triangle l_1 + \triangle l_2 + \triangle l_3 = 0.4 + 0.35 + 0.667 = 1.417\,\text{mm}$

문제 7.3 그림과 같은 부정정 구조물인 봉의 반력을 구하여라.

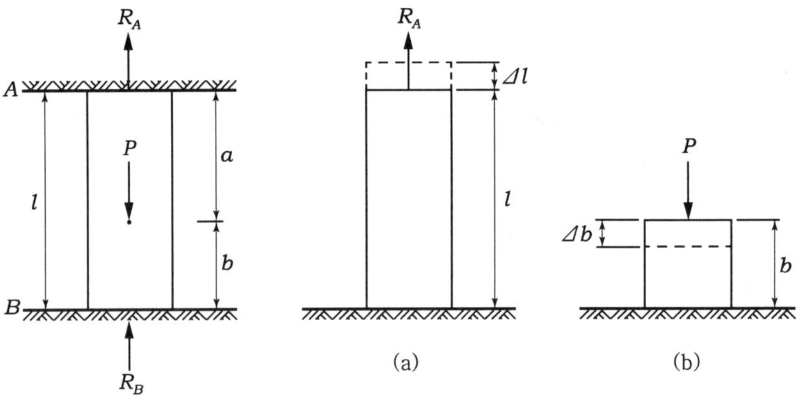

(a) (b)

▸ **풀이**

$\Sigma V = 0$ 에서 $R_A + R_B = P$

R_A 를 하중으로 간주하면 그림 (a)에서 $\triangle l = \dfrac{R_A l}{AE}$

그림 (b)에서 $\triangle b = \dfrac{Pb}{AE}$ 가 되고

A지점은 고정지점이기 때문에 실제로는 변위가 없으므로

$\triangle l - \triangle b = 0$, $\dfrac{R_A l}{AE} - \dfrac{Pb}{AE} = 0$

$R_A = \dfrac{Pb}{l}$, $R_B = P - R_A = P - \dfrac{Pb}{l} = \dfrac{Pa}{l}$

문제 7.4 비틀림 모멘트 T를 받는 반지름 r인 원형봉의 반경 ρ인 지점의 비틀림 응력을 구하여라.

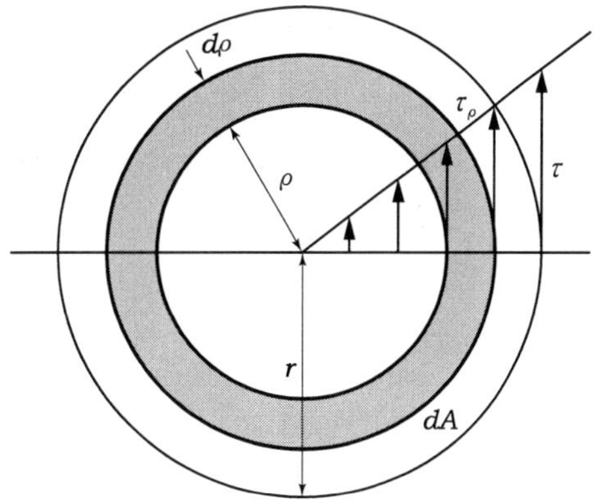

▸ **풀이**

비례식으로부터 전단응력 $\tau_\rho = \dfrac{\tau \cdot \rho}{r}$

미소 단면의 비틀림 모멘트는

$dT = \tau_\rho \cdot \rho \cdot dA$

전 단면의 비틀림 모멘트는

$$T = \int_0^r \tau_\rho \cdot \rho \cdot dA = \int_0^r \frac{\tau \cdot \rho}{r} \cdot \rho \cdot dA = \frac{\tau}{r}\int_0^r \rho^2 \cdot dA$$

여기서, $\int_0^r \rho^2 \cdot dA = I_p$ 는 단면 2차 극모멘트이다.

$\therefore T = \dfrac{\tau}{r} I_p$, $\tau = \dfrac{T \cdot r}{I_p}$ 이다.

문제 7.5 종탄성계수(E)와 전단탄성계수(G)와의 관계식 $G = \dfrac{E}{2(1+\nu)}$ 를 유도하라.

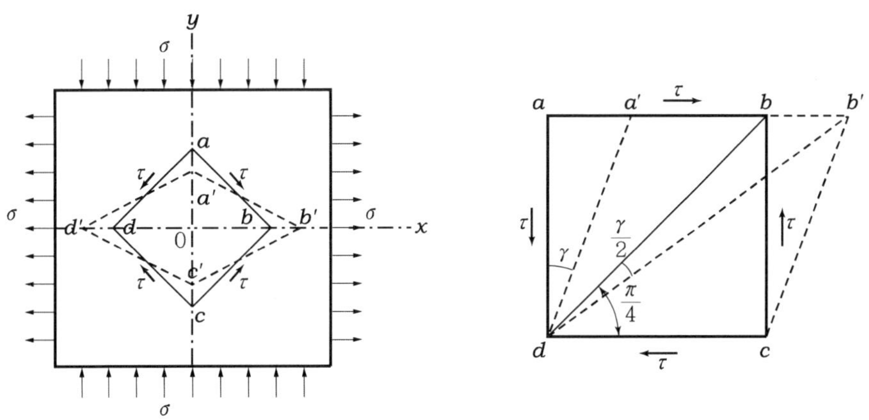

(a) (b)

▸ **풀이**

그림과 같이 평면응력 상태에서 x 방향의 인장응력(σ_x)과 y 방향의 압축응력σ_y 만이 작용할 때 $\sigma_x = -\sigma_y = \sigma$ 인 경우 축과 45°를 이루는 ab, bc, cd, da 면에는 순수전단의 상태가 되어 전단응력 τ만이 발생하고 $\tau = \sigma$ 가 된다.

$abcd$ 요소를 생각할 때 대각선 bd는 늘어나서 $b'd'$ 가 되고 ac는 줄어들어 $a'c'$ 가 된다. 따라서 d점의 각도 $\frac{\pi}{2}$는 작아져서 $\frac{\pi}{2}-\gamma$가 된다. 이 때 미소각 γ는 그림 (b)와 같이 생각하면 전단변형이 된다. 그림 (a)의 3각형 oab에 있어서 ob의 신장과 oa의 신축을 ϵ_x 와 ϵ_y 로 나타내면 다음과 같다.

$$ob' = ob(1+\epsilon_x),\ oa' = oa(1+\epsilon_y)$$

$$\tan(\angle ob'a') = \tan\left(\frac{\pi}{4}-\frac{\gamma}{2}\right) = \frac{oa'}{ob'} = \frac{1+\epsilon_y}{1+\epsilon_x} \qquad \text{(a)}$$

$$\sigma_x = -\sigma_y = \tau,\ \epsilon_x = -\epsilon_y = \frac{\sigma}{E} + \frac{\nu\sigma}{E} = \frac{\tau(1+\nu)}{E}$$

$$\tan\left(\frac{\pi}{4}-\frac{\gamma}{2}\right) = \frac{\tan\frac{\pi}{4}-\frac{\gamma}{2}}{1+\tan\frac{\pi}{4}tan\frac{\gamma}{2}} \fallingdotseq \frac{1-\frac{\gamma}{2}}{1+\frac{\gamma}{2}} \qquad \text{(b)}$$

(a) 및 (b)식에서

$$\frac{1-\frac{\gamma}{2}}{1+\frac{\gamma}{2}} = \frac{1+\epsilon_y}{1+\epsilon_x} = \frac{1-\frac{\tau(1+\nu)}{E}}{1+\frac{\tau(1+\nu)}{E}}$$

따라서

$$\frac{\gamma}{2} = \frac{\tau(1+\nu)}{E} \text{ 또는 } \tau = \frac{\gamma E}{2(1+\nu)}$$

이 식을 $G=\frac{\tau}{\gamma}$에 대입하면 다음과 같은 관계식을 얻는다.

$$\therefore G = \frac{E}{2(1+\nu)}$$

CHAPTER

08

보의 응력

8.1 휨응력

8.2 전단응력

8.3 주응력

8.4 모오르의 응력원

8.5 보의 주응력

8.6 보의 설계

■ 연습문제

CHAPTER 08

보의 응력

8.1 휨응력

그림 8-1과 같이 보의 중앙부분 abcd 요소에는 순수 휨모멘트만이 작용한다. 보가 (+)휨모멘트를 받게 되면 중립축을 기준으로 하면은 늘어나고 상면은 줄어들게 된다. 따라서 하면에서는 인장응력이 발생하고 상면에서는 압축응력이 발생한다. 휨모멘트를 받는 보의 휨응력을 구하기 위해서는 탄성한도 내에서 응력은 변형율에 비례한다는 훅크(Hooke)의 법칙이 성립하고 보의 축에 직각인 단면은 변형 후에도 축에 직각인 평면을 갖는다는 베르누이(Bernoulli)의 가정하에서 구할 수 있다.

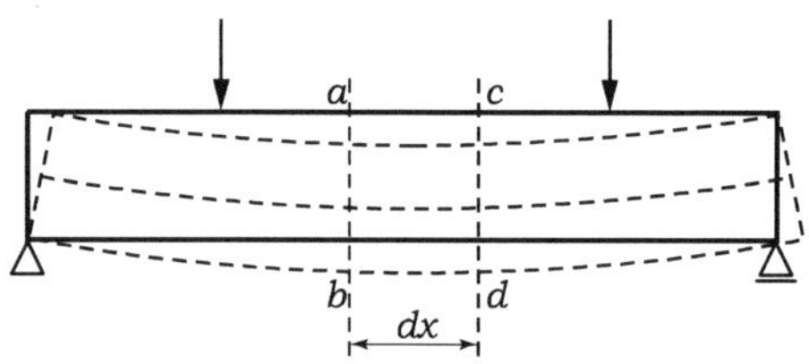

그림 8-1

그림 8-2의 (a)에서 곡률반경은 ρ 이고 중립축에서 y 위치의 변형은 $\triangle dx$ 이다.

변형율은 $\epsilon = \dfrac{\triangle dx}{dx}$ 이고

훅크의 법칙에서 $\sigma = E\epsilon = E\dfrac{\triangle dx}{dx}$ 이므로

$$\triangle dx = \frac{\sigma}{E}dx \qquad \text{(a)}$$

비례관계로부터 $\rho : dx = y : \triangle dx$ 이므로

$$\triangle dx = \frac{y}{\rho}dx \qquad \text{(b)}$$

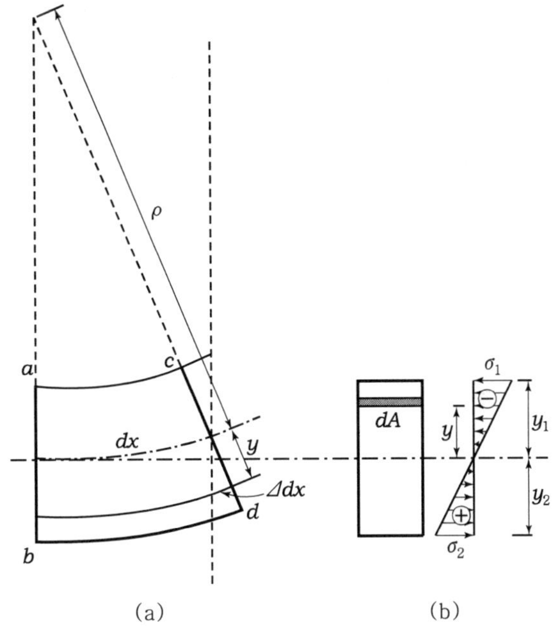

그림 8-2

식 (a)와 식 (b)를 같게 놓으면 $\dfrac{\sigma}{E}=\dfrac{y}{\rho}$ 가 된다,

$$\sigma=\frac{E}{\rho}y \qquad \text{(c)}$$

그림 8-2의 (b)로부터 모멘트는 응력에 거리를 곱해서 전단면에 대해서 적분한 값으로 다음 식으로 표시된다.

$$M=\int_A \sigma y\, dA \qquad \text{(d)}$$

식 (c)를 식 (d)에 대입하면

$$M=\int_A \frac{E}{\rho}y^2 dA=\frac{E}{\rho}\int_A y^2 dA=\frac{E}{\rho}I$$

$$\frac{1}{\rho}=\frac{M}{EI} \qquad \text{(e)}$$

로 표시되고 식 (e)를 식 (c)에 대입하면 다음과 같은 휨응력 공식이 유도된다.

$$\sigma=\frac{M}{I}y \qquad \text{(8-1)}$$

식 (8−1)을 단면계수를 사용하여 상·하단의 최대휨응력을 구하면 다음과 같다.

$$\sigma_1 = \frac{M}{I} y_1 = \frac{M}{Z_1} \quad : \text{상단}$$

$$\sigma_2 = \frac{M}{I} y_2 = \frac{M}{Z_2} \quad : \text{하단} \tag{8-2}$$

예제 8.1

그림과 같은 직사각형 단면 보에 최대휨모멘트 $100\,\mathrm{kN \cdot m}$가 작용할 때 σ_{max}을 구하고 중립축으로부터 $0.15\,\mathrm{m}$ 떨어진 단면에서의 휨응력 σ_{15}를 구하여라.

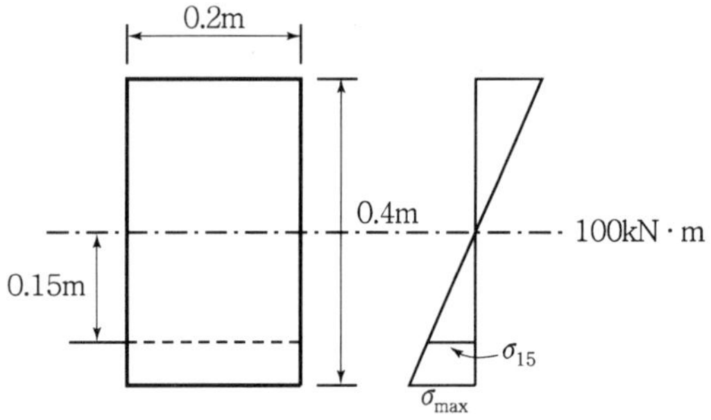

▸ **풀이**

$$I = \frac{bh^3}{12} = \frac{0.2 \times 0.4^3}{12} = 0.00106667\,\mathrm{m}^4$$

$$Z = \frac{bh^2}{6} = \frac{0.2 \times 0.4^2}{6} = 0.005333\,\mathrm{m}^3$$

$$\sigma_{max} = \frac{M}{I} y_2 = \frac{M}{Z} = \frac{100}{0.005333} = 18{,}751.17\,\mathrm{kN/m^2} = 18.75\,\mathrm{MPa}$$

$$\sigma_{15} = \frac{M}{I} y = \frac{100}{0.00106667} \times 0.15 = 14{,}062\,\mathrm{kN/m^2} = 14.06\,\mathrm{MPa}$$

8.2 전단응력

보에서 전단응력(shearing stress)은 수직으로 전단하려는 전단력에 의한 수직전단응력과 휨응력의 차이로 인한 수평전단응력이 생긴다. 균형상태에서는 이 수평 전단응력과 수직 전단응력의 크기는 같다. 그림 8-3에서 중립축으로부터 y_o 위치의 수평전단응력 τ가 일어나는 면의 넓이는 bdx이고 전단력은 τbdx가 된다.

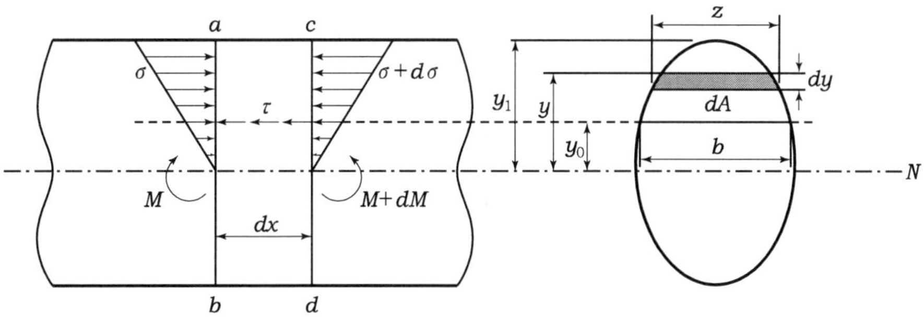

그림 8-3

따라서 전단력의 크기는 c~d 단면의 휨응력과 a~b단면의 휨응력의 차이만큼 발생하게 된다.

$$\tau bdx = \int_{y_0}^{y_1} (\sigma + d\sigma) zdy - \int_{y_0}^{y_1} \sigma zdy$$

여기서, $\sigma + d\sigma = \dfrac{M+dM}{I} y$, $\sigma = \dfrac{M}{I} y$, $dA = zdy$이므로

$$\tau bdx = \int_{y_0}^{y_1} \frac{M+dM}{I} y\,dA - \int_{y_0}^{y_1} \frac{M}{I} y\,dA = \int_{y_0}^{y_1} \frac{dM}{I} y\,dA$$

$$\tau = \frac{1}{Ib} \int_{y_0}^{y_1} \frac{dM}{dx} ydA = \frac{S}{Ib} \int_{y_0}^{y_1} ydA$$

$$\tau = \frac{SG}{Ib} \tag{8-3}$$

여기서, $G = \displaystyle\int_{y_0}^{y_1} ydA$는 중립축으로부터 단면1차모멘트이다.

8.2.1 직사각형 단면의 전단응력

그림 8-4에서 중립축으로부터 y_0 위치의 전단응력 τ는 다음과 같이 구한다.

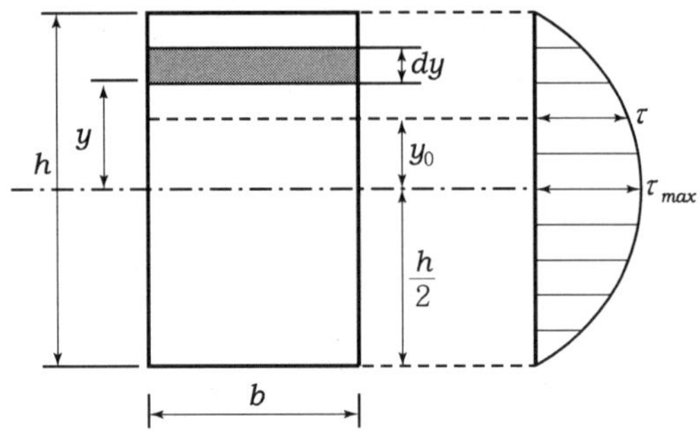

그림 8-4

기본식 $\tau = \frac{SG}{Ib}$ 에서 먼저 단면1차모멘트 G를 구하면

$$G = \int_{y_0}^{\frac{h}{2}} ydA = \int_{y_0}^{\frac{h}{2}} ybdy \; = b\left[\frac{y^2}{2}\right]_{y_0}^{\frac{h}{2}} = \frac{b}{2}\left(\frac{h^2}{4} - y_o^2\right)$$

이고 이 식을 기본식에 대입하면 다음과 같다.

$$\tau = \frac{S}{2I}\left(\frac{h^2}{4} - y_o^2\right)$$

상단과 하단의 전단응력을 구하면

$y_o = \frac{h}{2}$ 에서 $\tau = 0$이고

최대전단응력은 단면중앙에서 발생하고 $y_o = 0$을 대입하면 다음 식과 같다.

$$\tau_{\max} = \frac{Sh^2}{8I} = \frac{Sh^2}{8 \cdot \frac{bh^3}{12}} = \frac{3}{2} \cdot \frac{S}{bh} = \frac{3}{2} \cdot \frac{S}{A} \qquad (8\text{-}4)$$

8.2.2 삼각형 단면의 전단응력

그림 8-5와 같이 좌표를 상단으로부터 아래 방향으로 지정한다.

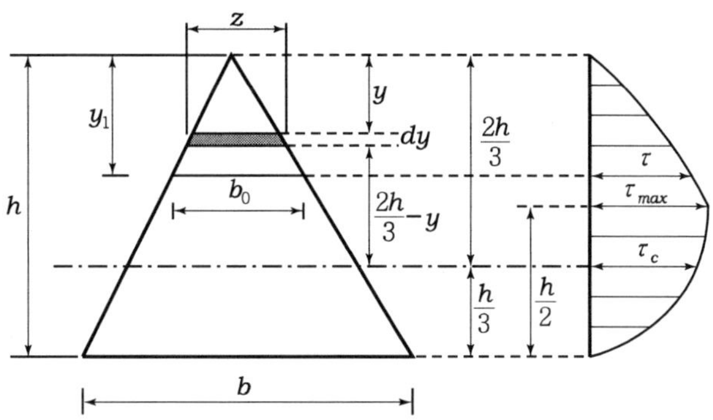

그림 8-5

기본식은 $\tau = \dfrac{SG}{Ib_o}$ 로 표시되고 $I = \dfrac{bh^3}{36}$, $z = \dfrac{b}{h}y$, $b_o = \dfrac{b}{h}y_1$, $dA = zdy$이다.

$$G = \int_o^{y_1}\left(\frac{2}{3}h - y\right)dA = \int_o^{y_1}\left(\frac{2}{3}h - y\right)zdy = \int_o^{y_1}\frac{b}{h}\left(\frac{2}{3}hy - y^2\right)dy$$

$$= \frac{b}{h}\left[\frac{h}{3}y^2 - \frac{y^3}{3}\right]_o^{y_1} = \frac{b}{h}\left(\frac{h}{3}y_1^2 - \frac{y_1^3}{3}\right)$$

$$\tau = \frac{S}{Ib_o}\cdot\frac{b}{h}\left(\frac{h}{3}y_1^2 - \frac{y_1^3}{3}\right) = \frac{S}{\dfrac{bh^3}{36}}\cdot\frac{1}{\dfrac{b}{h}y_1}\cdot\frac{b}{h}\left(\frac{h}{3}y_1^2 - \frac{y_1^3}{3}\right)$$

$$= \frac{36S}{bh^3}\left(\frac{h}{3}y_1 - \frac{y_1^2}{3}\right) = \frac{12S}{bh^3}\left(hy_1 - y_1^2\right)$$

τ값이 최대가 되는 조건식 $\dfrac{d\tau}{dy_1} = 0$로부터

$$\frac{d\tau}{dy_1} = \frac{12S}{bh^3}(h - 2y_1) = 0, \quad \therefore y_1 = \frac{h}{2}$$: 중앙점에서 최대가 발생한다.

상단에서 $y_1 = 0$, $\tau = 0$

최대전단응력은 단면중앙에서 발생하고 $y_1 = \dfrac{h}{2}$ 에서

$$\tau_{max} = \frac{12S}{bh^3}\left\{h\left(\frac{h}{2}\right) - \left(\frac{h}{2}\right)^2\right\} = \frac{12S}{4bh} = \frac{3S}{bh} = \frac{3}{2}\frac{S}{A} \tag{8-5}$$

도심에서 $y_1 = \frac{2}{3}h$, $\tau_c = \frac{12S}{bh^3}\left\{h\left(\frac{2h}{3}\right) - \left(\frac{2h}{3}\right)^2\right\} = \frac{24}{9}\frac{S}{bh} = \frac{4}{3}\frac{S}{A}$

하단에서 $y_1 = h$, $\tau = 0$이다.

8.2.3 원형 단면의 전단응력

그림 8-6와 같이 중립축으로부터 d위치의 전단응력 τ를 구한다.

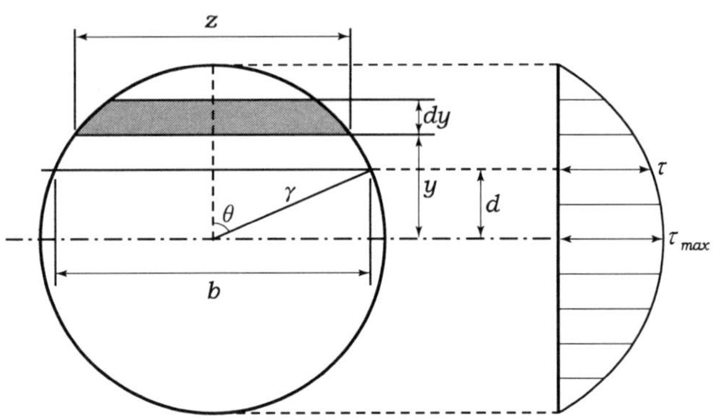

그림 8-6

기본식 $\tau = \frac{SG}{Ib}$에 예제(2.3)으로부터 $G = \frac{2}{3}(r^2 - d^2)^{\frac{3}{2}}$, $d = r\cos\theta$, $b = 2r\sin\theta$, $I = \frac{\pi r^4}{4}$ 를 대입하여 정리하면 다음과 같다,

$$G = \frac{2}{3}(r^2 - r^2\cos^2\theta)^{\frac{3}{2}} = \frac{2}{3}r^3(1 - \cos^2\theta)^{\frac{3}{2}} = \frac{2}{3}r^3\sin^3\theta$$

$$\tau = \frac{SG}{Ib} = \frac{S}{\frac{\pi r^4}{4} \cdot 2r\sin\theta} \cdot \frac{2}{3}r^3\sin^3\theta = \frac{4S}{3\pi r^2} \cdot \sin^2\theta$$

상단에서 전단응력은 $\theta = 0$, $\tau = 0$이고

최대전단응력은 단면중앙에서 발생하고 $\theta = 90$을 대입하면 다음 식과 같다.

$$\tau_{max} = \frac{4}{3} \cdot \frac{S}{\pi r^2} = \frac{4}{3} \cdot \frac{S}{A} \tag{8-6}$$

8.2.4 I형 단면의 전단응력

그림 8-7과 같은 I형 단면의 중앙부 및 웨브와 플랜지 경계면의 전단응력을 구하여 보자.

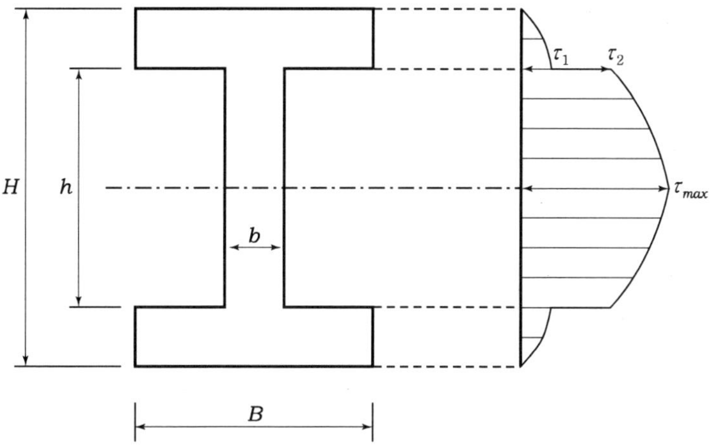

그림 8-7

1) $\tau_{\max}$ (중앙부)

$$\tau = \frac{SG}{Ib}, \ I = \frac{1}{12}[BH^3 - (B-b)h^3]$$

$$G = \frac{BH}{2} \cdot \frac{H}{4} - \frac{(B-b)h}{2} \cdot \frac{h}{4} = \frac{BH^2}{8} - \frac{Bh^2}{8} + \frac{bh^2}{8}$$

$$= \frac{1}{8}(BH^2 - Bh^2 + bh^2)$$

$$\tau_{\max} = \frac{S}{\frac{1}{12}(BH^3 - Bh^3 + bh^3)b} \cdot \frac{1}{8}(BH^2 - Bh^2 + bh^2)$$

$$= \frac{3S}{2b} \frac{(BH^2 - Bh^2 + bh^2)}{(BH^3 - Bh^3 + bh^3)} \tag{8-7}$$

2) τ_1 (플랜지)

$$G = B\left(\frac{H}{2} - \frac{h}{2}\right)\left\{\frac{h}{2} + \frac{1}{2}\left(\frac{H}{2} - \frac{h}{2}\right)\right\} = B\left(\frac{H}{2} - \frac{h}{2}\right)\left(\frac{H}{4} + \frac{h}{4}\right)$$

$$= \frac{B}{2}\left\{\left(\frac{H}{2}\right)^2 - \left(\frac{h}{2}\right)^2\right\} = \frac{B}{2}\left(\frac{H^2}{4} - \frac{h^2}{4}\right)$$

$$\tau_1 = \frac{SG}{IB} = \frac{S}{\frac{1}{12}\{BH^3 - (B-b)h^3\} \cdot B} \cdot \frac{B}{2}(\frac{H^2}{4} - \frac{h^2}{4})$$

$$= \frac{3S}{2}\frac{(H^2 - h^2)}{(BH^3 - Bh^3 + bh^3)}$$

3) τ_2 (웨브)

$$\tau_2 = \frac{SG}{Ib} = \frac{S}{\frac{1}{12}\{BH^3 - (B-b)h^3\} \cdot b} \cdot \frac{B}{2}\left(\frac{H^2}{4} - \frac{h^2}{4}\right)$$

$$= \frac{3S}{2b}\frac{B(H^2 - h^2)}{(BH^3 - Bh^3 + bh^3)}$$

예제 8.2

그림과 같은 I형 단면에 전단력 $100\,\mathrm{kN}$이 작용할 때 $\tau_{\max}$를 구하고 웨브와 플랜지 경계면의 전단응력 τ를 구하여라.

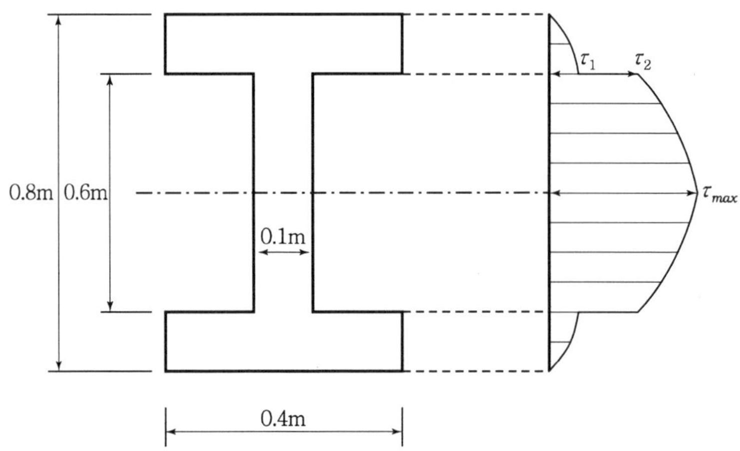

▸ **풀이**

$\tau = \frac{SG}{Ib}$, $I = \frac{1}{12}(0.4 \times 0.8^3 - 0.3 \times 0.6^3) = 0.01166667\,\mathrm{m}^4$

상부 플랜지 단면의 도심에 대한 단면1차모멘트

$G = 0.4 \times 0.1 \times 0.35 = 0.014\,\mathrm{m}^3$

상부 플랜지 하단의 전단응력은

$$\tau_1 = \frac{SG}{Ib} = \frac{100}{0.01166667 \times 0.4} \times 0.014 = 300\,\mathrm{kN/m^2} = 0.3\mathrm{MPa}$$

웨브 상단의 전단응력은

$$\tau_2 = \frac{SG}{Ib} = \frac{100}{0.01166667 \times 0.1} \times 0.014 = 1{,}200\,\mathrm{kN/m^2} = 1.2\mathrm{MPa}$$

중립축으로부터 상부 단면의 도심에 대한 단면1차모멘트

$$G = 40 \times 40 \times 20 - 30 \times 30 \times 15 = 0.0185\,\mathrm{m^3}$$

$$\tau_{\max} = \frac{SG}{Ib} = \frac{100}{0.01166667} \times 0.0185 = 1{,}586\,\mathrm{kN/m^2} = 1.586\mathrm{MPa}$$

8.3 주응력

8.3.1 2축 응력(biaxial stress)

그림 8-8 (a)에서 보는 바와 같이 x방향의 수직응력이 σ_x, y방향 수직응력이 σ_y인 직6면체의 미소단면에서 법선 n이 x축과 각 θ를 이루는 경사면 a-c에 작용하는 응력상태를 조사해 보기로 하자. 그림 (b)에서와 같이 △abc를 자유물체로 분리시킨 것으로 가정하고 a-b, b-c, a-c면의 면적을 각각 dA_x, dA_y, dA_n으로 표시하면 a-b와 b-c면에 작용하는 응력의 합은 각각 $\sigma_x dA_x$, $\sigma_y dA_y$이다.

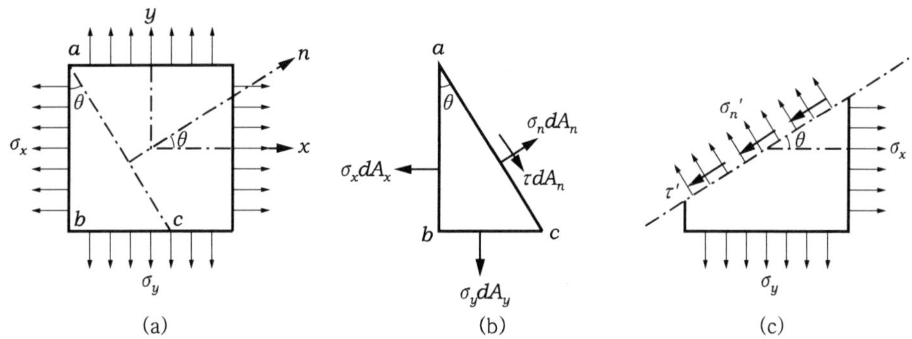

그림 8-8

경사단면 a-c상의 수직응력의 합력을 $\sigma_n dA_n$, 전단응력의 합력을 τdA_n이라면 이 힘들 사이에는 평형상태를 이루므로 n축 방향에 대한 힘의 평형조건을 적용하면

$$\sigma_n dA_n = \sigma_x dA_x \cos\theta + \sigma_y dA_y \sin\theta$$

단, $dA_x = dA_n \cos\theta$, $dA_y = dA_n \sin\theta$

$$\sigma_n dA_n = \sigma_x (dA_n \cos\theta)\cos\theta + \sigma_y (dA_n \sin\theta)\sin\theta$$

로 표시된다. 위 식의 양변을 dA_n 으로 나누면

$$\sigma_n = \sigma_x \cos^2\theta + \sigma_y \sin^2\theta \tag{8-8}$$

여기서, $\sin^2\theta = \frac{1-\cos 2\theta}{2}$, $\cos^2\theta = \frac{1+\cos 2\theta}{2}$ 이므로

식 (8–8)를 변형하면

$$\sigma_n = \frac{(\sigma_x + \sigma_y)}{2} + \frac{(\sigma_x - \sigma_y)}{2} \cdot \cos 2\theta \tag{8-9}$$

로 표시된다.

또한 그림(b)에서 a–c 방향의 힘의 평형조건을 적용하면

$$\tau dA_n = \sigma_x dA_x \sin\theta - \sigma_y dA_y \cos\theta$$

$$\tau dA_n = \sigma_x (dA_n \cos\theta)\sin\theta - \sigma_y (dA_n \sin\theta)\cos\theta$$

양변을 dA_n 으로 나누면

$$\tau = \sigma_x \cos\theta \sin\theta - \sigma_y \sin\theta \cos\theta = (\sigma_x - \sigma_y)\sin\theta\cos\theta \tag{8-10}$$

삼각함수 공식 $\sin 2\theta = 2\sin\theta\cos\theta$ 를 대입하여 식 (8–10)을 정리하면

$$\tau = \frac{(\sigma_x - \sigma_y)}{2} \cdot \sin 2\theta \tag{8-11}$$

으로 된다.

위의 식 (8–9)와 식 (8–11)은 임의각 θ 인 경사단면에 발생하는 수직응력 σ_n 과 전단응력 τ 의 크기를 결정해주는 식이다.

그림 (c)와 같이 임의각 θ 와 90°의 직교면에 발생하는 공액응력을 구하기 위하여 각 θ 대신 $90+\theta$ 를 식 (8–8), 식 (8–10)에 각각 대입하고 삼각함수 공식 $\sin(90+\theta) = \cos\theta$, $\cos(90+\theta) = -\sin\theta$ 를 대입하여 정리하면

$$\sigma_n' = \sigma_x \sin^2\theta + \sigma_y \cos^2\theta = \frac{(\sigma_x + \sigma_y)}{2} - \frac{(\sigma_x - \sigma_y)}{2} \cdot \cos 2\theta \tag{8-12}$$

$$\tau' = -(\sigma_x - \sigma_y)\cos\theta \cdot \sin\theta = -\frac{(\sigma_x - \sigma_y)}{2} \cdot \sin 2\theta \tag{8-13}$$

식 (8-12), (8-13)는 평면 a-c와 직교하는 평면에 작용하는 수직응력과 전단응력을 나타낸다. 이상의 결과에 의하면 $\sigma_x \geq \sigma_y$ 인 경우

σ_n 은 $\theta = 0$ 에서 $\sigma_{nmax} = \sigma_x$ 이고

σ_n 은 $\theta = \frac{\pi}{2}$ 에서 $\sigma_{nmin} = \sigma_y$ 로 된다.

그러므로 σ_x 와 σ_y 는 최대 및 최소의 수직응력이고 이를 주응력(principal stress)이라 한다. 이 주응력에 대하여는 다음 절 평면응력에서 상세히 설명되어 있다.

전단응력 τ는 $\theta = \frac{\pi}{4}$ 에서 최대값을 가지며 이때

$$\tau_{\max} = \frac{(\sigma_x - \sigma_y)}{2} \tag{8-14}$$

이다. 두 응력이 서로 같을 경우($\sigma_x = \sigma_y$)에는 어떤 경사면에도 전단응력은 작용하지 않으며 인장력 대신 압축력이 작용할 경우에는 σ_x, σ_y 에 (-)의 부호만 붙여주면 된다.

예제 8.3

그림과 같은 그림과 같은 수직응력 $\sigma_x = 40\,\text{MPa}$, $\sigma_y = -20\,\text{MPa}$ 일 때, $\theta = 30°$에서의 σ_n 및 τ를 구하여라.

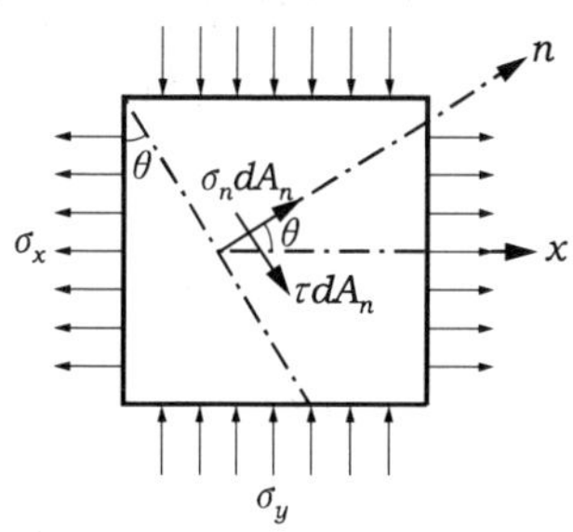

▸ 풀이

$$\sigma_n = \frac{(\sigma_x + \sigma_y)}{2} + \frac{(\sigma_x - \sigma_y)}{2} \cdot \cos 2\theta$$

$$= \frac{(40-20)}{2} + \frac{(40+20)}{2} \cdot \cos 60 = 25\,\text{MPa}$$

$$\tau = \frac{(\sigma_x - \sigma_y)}{2} \cdot \sin 2\theta = \frac{(40+20)}{2} \cdot \sin 60 = 26\,\text{MPa}$$

8.3.2 평면응력(plane stress)

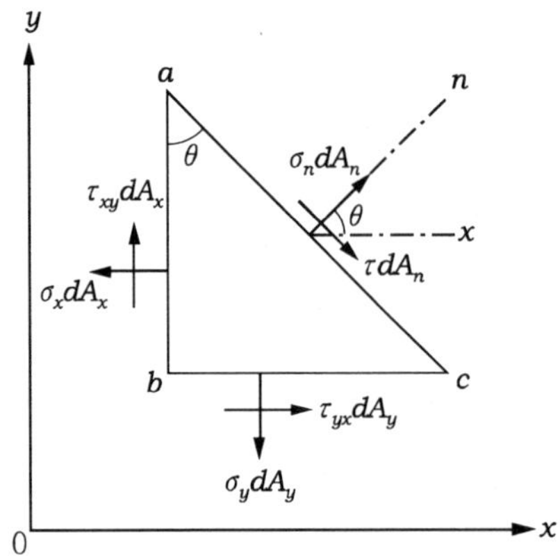

그림 8-9

일반적으로 평면응력 상태에서는 그림 8-9와 같이 수직응력(σ_x, σ_y)과 전단응력(τ_{xy}, τ_{yx})이 동시에 작용한다. 임의 각도 경사면의 수직응력 σ_n과 전단응력 τ는 그 면의 경사각 θ에 따라 변화한다. 이와 같은 평면응력 상태에서 수직응력과 전단응력의 크기가 주어졌을 때 그 요소 단면에 작용하는 최대 및 최소 응력의 크기와 방향에 대하여 생각해 보기로 한다.

y축과 각 θ를 이루는 평면상에 작용하는 수직응력을 σ_n, 전단응력을 τ라 하고 3각형 요소 abc를 생각하자. 경사면 a–c의 면적을 dA_n라 하면 $dA_x = dA_n \cdot \cos\theta$, $dA_y = dA_n \cdot \sin\theta$로 표시된다. $\triangle abc$에서 n, τ 방향에 대한 평형조건을 생각하면

$\sum n = 0$, $\tau_{xy} = \tau_{yx}$에서

$$\sigma_n dA_n - \sigma_x dA_x \cos\theta - \sigma_y dA_y \sin\theta + \tau_{xy} dA_x \sin\theta + \tau_{xy} dA_y \cos\theta = 0$$

$$\sigma_n dA_n = \sigma_x dA_n \cos^2\theta + \sigma_y dA_n \sin^2\theta - 2\tau_{xy} dA_n \cos\theta \sin\theta$$

$\sum \tau = 0$에서

$$\tau dA_n - \sigma_x dA_x \sin\theta + \sigma_y dA_y \cos\theta - \tau_{xy} dA_x \cos\theta + \tau_{xy} dA_y \sin\theta = 0$$

$$\tau dA_n = \sigma_x dA_n \cos\theta \sin\theta - \sigma_y dA_n \sin\theta \cos\theta + \tau_{xy} dA_n (\cos^2\theta - \sin^2\theta)$$

윗 식의 양변을 각각 dA_n 으로 나누고 삼각함수 공식을 이용하여 정리하면

$$\cos^2\theta = \frac{1+\cos 2\theta}{2}, \quad \sin^2\theta = \frac{1-\cos 2\theta}{2}$$

$$\sigma_n = \sigma_x \cos^2\theta + \sigma_y \sin^2\theta - 2\tau_{xy}\cos\theta\sin\theta$$

$$\sigma_n = \frac{(\sigma_x+\sigma_y)}{2} + \frac{(\sigma_x-\sigma_y)}{2}\cdot\cos 2\theta - \tau_{xy}\sin 2\theta \tag{8-15}$$

$$\tau = (\sigma_x-\sigma_y)\sin\theta\cdot\cos\theta + \tau_{xy}(\cos^2\theta - \sin^2\theta)$$

$$\tau = \frac{(\sigma_x-\sigma_y)}{2}\cdot\sin 2\theta + \tau_{xy}\cos 2\theta \tag{8-16}$$

수직응력 σ_n 이 최대 또는 최소가 단면을 구하기 위한 조건식은 $\frac{d\sigma_n}{d\theta}=0$이므로 식 (8-15)을 θ 로 미분하여 0으로 놓으면

$$\frac{d\sigma_n}{d\theta} = -\frac{(\sigma_x-\sigma_y)}{2}\cdot 2\sin 2\theta - 2\tau_{xy}\cos 2\theta = 0$$

$$(\sigma_x-\sigma_y)\sin 2\theta + 2\tau_{xy}\cos 2\theta = 0$$

$$(\sigma_x-\sigma_y)\tan 2\theta + 2\tau_{xy} = 0$$

$$\tan 2\theta = -\frac{2\tau_{xy}}{(\sigma_x-\sigma_y)} \tag{8-17}$$

이 식은 식 (8-16)에서 $\tau=0$ 로 한 것과 같은 결과가 되었다.
즉, 수직응력 σ_n 이 최대 또는 최소로 되는 단면에서 τ가 0이 되고 이 조건을 만족하는 2θ의 값은 2개가 존재하며 서로 직교한다.

$$\cos 2\theta = \mp\frac{(\sigma_x-\sigma_y)}{\sqrt{(\sigma_x-\sigma_y)^2+4\tau_{xy}^2}}, \ \sin 2\theta = \pm\frac{2\tau_{xy}}{\sqrt{(\sigma_x-\sigma_y)^2+4\tau_{xy}^2}} \tag{8-18}$$

식 (8-18)를 식 (8-15)에 대입하여 정리하면

$$\sigma_n = \frac{(\sigma_x+\sigma_y)}{2} + \frac{(\sigma_x-\sigma_y)}{2}\cos 2\theta - \tau_{xy}\cdot\sin 2\theta$$

$$\sigma_n = \frac{1}{2}(\sigma_x + \sigma_y) \mp \frac{1}{2}(\sigma_x - \sigma_y)\frac{(\sigma_x - \sigma_y)}{\sqrt{(\sigma_x - \sigma_y)^2 + 4\tau_{xy}^2}} \mp \tau_{xy}\frac{2\tau_{xy}}{\sqrt{(\sigma_x - \sigma_y)^2 + 4\tau_{xy}^2}}$$

$$= \frac{1}{2}(\sigma_x + \sigma_y) \pm \frac{1}{2}\left(\frac{(\sigma_x - \sigma_y)^2 + 4\tau_{xy}^2}{\sqrt{(\sigma_x - \sigma_y)^2 + 4\tau_{xy}^2}}\right)$$

$$= \frac{1}{2}(\sigma_x + \sigma_y) \pm \frac{1}{2}\sqrt{(\sigma_x - \sigma_y)^2 + 4\tau_{xy}^2}$$

따라서, 주응력 $\sigma_{n\max}$, $\sigma_{n\min}$은 다음과 같다.

$$\sigma_{n\max} = \frac{\sigma_x + \sigma_y}{2} + \frac{1}{2}\sqrt{(\sigma_x - \sigma_y)^2 + 4\tau_{xy}^2} \tag{8-19}$$

$$\sigma_{n\min} = \frac{\sigma_x + \sigma_y}{2} - \frac{1}{2}\sqrt{(\sigma_x - \sigma_y)^2 + 4\tau_{xy}^2} \tag{8-20}$$

다음, 전단응력 τ의 최대 및 최소가 되는 단면을 구하기 위한 조건식은 $\frac{d\tau}{d\theta} = 0$이므로 식 (8-16)을 θ로 미분하여 0으로 놓으면

$$\frac{d\tau}{d\theta} = \frac{(\sigma_x - \sigma_y)}{2}\cdot 2\cdot \cos 2\theta - 2\tau_{xy}\sin 2\theta = 0$$

$$(\sigma_x - \sigma_y) = 2\tau_{xy}\tan 2\theta$$

$$\tan 2\theta = \frac{(\sigma_x - \sigma_y)}{2\tau_{xy}} \tag{8-21}$$

앞서 구한 식 (8-17)과 식 (8-21)의 $\tan 2\theta$를 서로 곱하면 −1이 되므로 2θ는 서로 직교함을 알 수 있으며 τ가 최대 또는 최소로 되는 면은 2면이며 이들도 서로 직교함을 알 수 있다. 또한 σ_n이 최대 또는 최소로 되는 면과 τ가 최대 또는 최소로 되는 면은 45°의 각을 이룬다. 전단응력이 최대 또는 최소로 되는 면을 주전단응력면(principal shearing stress plane)이라 하고 이 때의 전단응력을 주전단응력(principal shearing stress)이라고 한다.

$$\sin 2\theta = \pm\frac{(\sigma_x - \sigma_y)}{\sqrt{(\sigma_x - \sigma_y)^2 + 4\tau_{xy}^2}}, \quad \cos 2\theta = \pm\frac{2\tau_{xy}}{\sqrt{(\sigma_x - \sigma_y)^2 + 4\tau_{xy}^2}} \tag{8-22}$$

주전단응력 $\tau_{n\max}$와 $\tau_{n\min}$을 구하기 위하여 식 (8-22)을 식 (8-16)에 대입하면 다음과 같다.

$$\tau = \frac{(\sigma_x - \sigma_y)}{2}\sin 2\theta + \tau_{xy}\cos 2\theta$$

$$\tau = \pm\frac{1}{2}(\sigma_x+\sigma_y)\frac{(\sigma_x-\sigma_y)}{\sqrt{(\sigma_x-\sigma_y)^2+4\tau_{xy}^2}}\pm\tau_{xy}\frac{2\tau_{xy}}{\sqrt{(\sigma_x-\sigma_y)^2+4\tau_{xy}^2}}$$

$$\tau = \pm\frac{1}{2}\frac{(\sigma_x-\sigma_y)^2}{\sqrt{(\sigma_x-\sigma_y)^2+4\tau_{xy}^2}}\pm\frac{2\tau_{xy}^2}{\sqrt{(\sigma_x-\sigma_y)^2+4\tau_{xy}^2}}$$

$$\therefore \tau = \pm\frac{1}{2}\sqrt{(\sigma_x-\sigma_y)^2+4\tau_{xy}^2}$$

따라서, 주전단응력 $\tau_{n\max}$ 와 $\tau_{n\min}$ 은 다음과 식과 같다.

$$\tau_{n\max} = \frac{1}{2}\sqrt{(\sigma_x-\sigma_y)^2+4\tau_{xy}^2} \quad (8\text{-}23)$$

$$\tau_{n\min} = -\frac{1}{2}\sqrt{(\sigma_x-\sigma_y)^2+4\tau_{xy}^2} \quad (8\text{-}24)$$

8.4 모오르의 응력원

주응력과 주전단응력을 하나의 원에 의하여 표현하는 것을 Mohr에 의하여 제안되었는데 이 원을 모오르의 응력원(Mohr's stress circle)이라고 한다.

이 원의 방정식을 유도하기 위해서 식 (8−15)과 식 (8−16)에서

$$\sigma_n = \frac{(\sigma_x+\sigma_y)}{2}+\frac{(\sigma_x-\sigma_y)}{2}\cdot\cos 2\theta-\tau_{xy}\sin 2\theta \quad (8\text{-}15)$$

$$\tau = \frac{(\sigma_x-\sigma_y)}{2}\cdot\sin 2\theta+\tau_{xy}\cos 2\theta \quad (8\text{-}16)$$

$\sigma_{av} = \dfrac{(\sigma_x+\sigma_y)}{2}$, $\tau_{\max} = \dfrac{(\sigma_x-\sigma_y)}{2}$ 라 하면

$$\sigma_n-\sigma_{av} = \tau_{\max}\cos 2\theta-\tau_{xy}\sin 2\theta$$

$\tau = \tau_{\max}\sin 2\theta+\tau_{xy}\cos 2\theta$ 로 표시된다.

양변을 제곱하여 더하면

$$\begin{aligned}(\sigma_n-\sigma_{av})^2+\tau^2 &= \tau_{\max}^2\cos^2 2\theta-2\tau_{\max}\cos 2\theta\cdot\tau_{xy}\sin 2\theta+\tau_{xy}^2\sin^2 2\theta\\ &\quad+\tau_{\max}^2\sin^2 2\theta+2\tau_{\max}\sin 2\theta\cdot\tau_{xy}\cos 2\theta+\tau_{xy}^2\cos^2 2\theta\end{aligned}$$

$$(\sigma_n - \sigma_{av})^2 + \tau^2 = \tau_{\max}^2 + \tau_{xy}^2$$

$$\left\{\sigma_n - \frac{(\sigma_x + \sigma_y)}{2}\right\}^2 + \tau^2 = \left\{\frac{(\sigma_x - \sigma_y)}{2}\right\}^2 + \tau_{xy}^2 \quad (8\text{-}25)$$

즉, 이 식은 원의 중심이 $\left(\frac{\sigma_x + \sigma_y}{2}, 0\right)$이고 반지름이 $\sqrt{\left(\frac{\sigma_x - \sigma_y}{2}\right)^2 + \tau_{xy}^2}$ 인 그림 8-10과 같은 원이 된다.

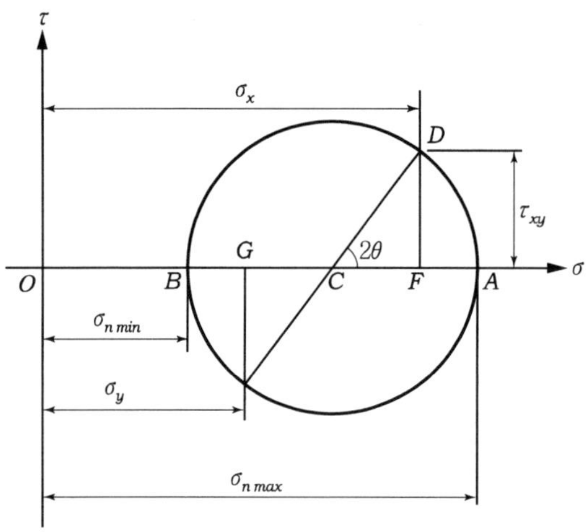

그림 8-10

이 그림으로부터 주응력 σ_{nmax} 와 σ_{nmin} 을 구하면

$$\sigma_{\mathrm{nmax}} = \overline{\mathrm{OA}} = \overline{\mathrm{OC}} + \overline{\mathrm{CD}} = \frac{\sigma_x + \sigma_y}{2} + \frac{1}{2}\sqrt{(\sigma_x - \sigma_y)^2 + 4\tau_{xy}^2}$$

$$\sigma_{\mathrm{nmin}} = \overline{\mathrm{OB}} = \overline{\mathrm{OC}} - \overline{\mathrm{CD}} = \frac{\sigma_x + \sigma_y}{2} - \frac{1}{2}\sqrt{(\sigma_x - \sigma_y)^2 + 4\tau_{xy}^2}$$

또한, 주전단응력 τ_{nmax} 는 반경이므로

$$\tau_{\mathrm{nmax}} = \overline{\mathrm{CD}} = \frac{1}{2}\sqrt{(\sigma_x - \sigma_y)^2 + 4\tau_{xy}^2}$$

로 표시된다.

예제 8.4

그림과 같이 평면응력 $\sigma_x = 50\,\mathrm{MPa}$, $\sigma_y = 30\,\mathrm{MPa}$, $\tau_{xy} = 7.5\,\mathrm{MPa}$ 일 때 주응력 σ_{nmax} 와 σ_{nmin} 를 구하고 주응력의 방향 θ 를 구하라. 또한 모어원을 작도하여라.

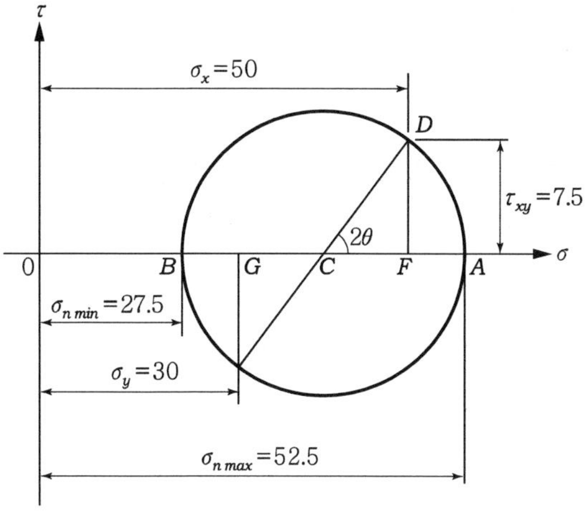

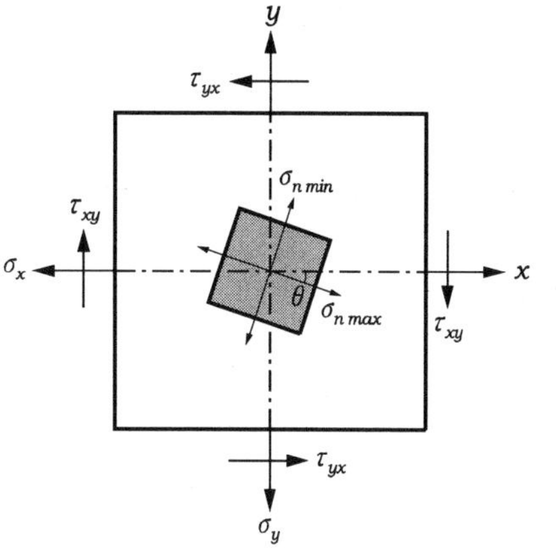

▸ **풀이**

$$\sigma_{\mathrm{nmax}} = \frac{\sigma_x + \sigma_y}{2} + \frac{1}{2}\sqrt{(\sigma_x - \sigma_y)^2 + 4\tau_{xy}^2}$$

$$= \frac{50+30}{2} + \frac{1}{2}\sqrt{(50-30)^2 + 4\times 7.5^2}$$

$$= 52.5\,\mathrm{MPa}$$

$$\sigma_{\mathrm{nmin}} = \frac{\sigma_x + \sigma_y}{2} - \frac{1}{2}\sqrt{(\sigma_x - \sigma_y)^2 + 4\tau_{xy}^2}$$

$$= \frac{50+30}{2} - \frac{1}{2}\sqrt{(50-30)^2 + 4\times 7.5^2}$$

$$= 27.5\,\mathrm{MPa}$$

$$\tan 2\theta = -\frac{2\tau_{xy}}{(\sigma_x - \sigma_y)} = -\frac{2\times 7.5}{50-30} = -0.75$$

$$\theta = -\frac{1}{2}\tan^{-1}(0.75) = -18.43°$$ (− 는 시계방향)

8.5 보의 주응력

보의 축에 직각방향으로 외력이 작용하면 축에 직각인 단면에는 휨응력 σ가 발생하고 전단응력 τ가 동시에 발생한다.

보의 경우에는 일반적으로 다음과 같은 관계가 된다.

$$\sigma_x = \sigma\,,\ \sigma_y = 0\,,\ \tau = \tau \tag{8-26}$$

즉, y축 방향의 단면에서는 전단응력 τ가 발생하지만 휨응력은 일어나지 않는다.

식 (8-17)~식 (8-20)에 식 (8-26)의 관계를 대입하면 주응력의 방향과 주응력은 다음과 같은 식으로 표시된다.

$$\tan 2\theta = -\frac{2\tau}{\sigma} \tag{8-27}$$

$$\sigma_{nmax} = \frac{\sigma}{2} + \frac{1}{2}\sqrt{\sigma^2 + 4\tau^2} \tag{8-28}$$

$$\sigma_{nmin} = \frac{\sigma}{2} - \frac{1}{2}\sqrt{\sigma^2 + 4\tau^2} \tag{8-29}$$

또한, 식 (8-21)~식 (8-24)에 식 (8-26)의 관계를 대입하여 주전단응력의 방향과 주전단응력을 구하면 다음 식과 같다.

$$\tan 2\theta = \frac{\sigma}{2\tau} \tag{8-30}$$

$$\tau_{\mathrm{nmax}} = \frac{1}{2}\sqrt{\sigma^2 + 4\tau^2} \tag{8-31}$$

$$\tau_{\mathrm{nmin}} = -\frac{1}{2}\sqrt{\sigma^2 + 4\tau^2} \tag{8-32}$$

그림 8-11은 등분포하중이 작용하는 단순보의 휨응력과 전단응력 분포이다.

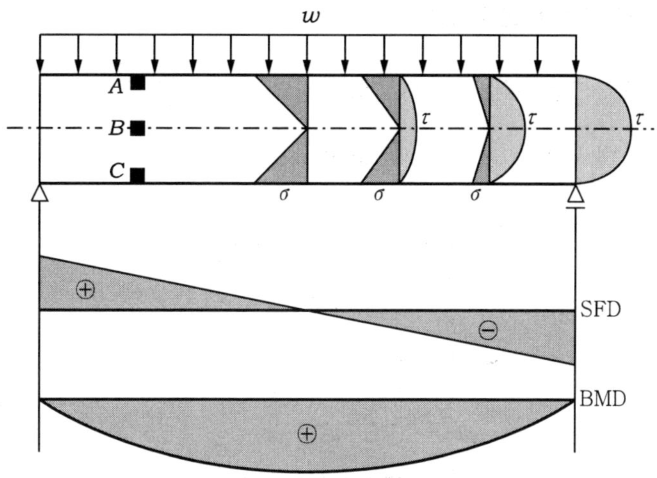

그림 8-11

8.5.1 주응력(중립축 요소 B)

수직응력 $\sigma = 0$, 전단응력 $\tau = \tau_{\max}$ 이므로 주응력의 방향은

$\tan 2\theta = -\dfrac{2\tau_{\max}}{0} = -\infty$ 에서 $2\theta = \pm 90°$ 이고 $\theta = \pm 45°$ 이다.

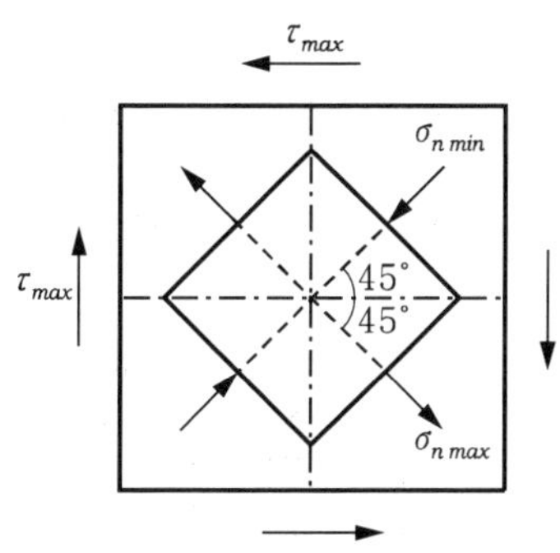

그림 8-12

$$\text{최대 주응력} : \theta_1 = -45°,\ \sigma_{n\max} = \frac{0}{2} + \frac{1}{2}\sqrt{0^2 + 4\tau_{\max}^2} = \tau_{\max}$$

$$\text{최소 주응력} : \theta_2 = 45°,\ \sigma_{n\min} = \frac{0}{2} - \frac{1}{2}\sqrt{0^2 + 4\tau_{\max}^2} = -\tau_{\max}$$

8.5.2 주응력(인장측 연단 요소 C)

휨응력 $\sigma=\sigma_{max}$ 이고 전단응력 $\tau=0$ 이므로 주응력의 방향은

$\tan 2\theta=-\dfrac{0}{\sigma_{max}}=0$ 에서 $2\theta=0°,\ 180°$ 이고 $\theta=0°,\ 90°$ 이다.

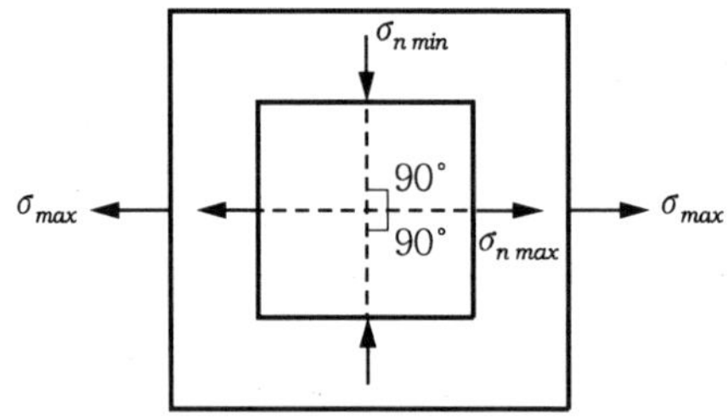

그림 8-13

$$\text{최대 주응력 : } \theta_1=0°,\ \sigma_{nmax}=\frac{\sigma_{max}}{2}+\frac{1}{2}\sqrt{\sigma_{max}^2+4\times 0^2}=\sigma_{max}$$

$$\text{최소 주응력 : } \theta_2=90°,\ \sigma_{nmin}=\frac{\sigma_{max}}{2}-\frac{1}{2}\sqrt{\sigma_{max}^2+4\times 0^2}=0$$

8.5.3 주응력(압축측 연단 요소 A)

휨응력 $\sigma=-\sigma_{max}$ 이고 전단응력 $\tau=0$ 이므로 주응력의 방향은

$\tan 2\theta=-\dfrac{0}{-\sigma_{max}}=0$ 에서 $2\theta=0°,\ 180°$ 이고 $\theta=0°,\ 90°$ 이다.

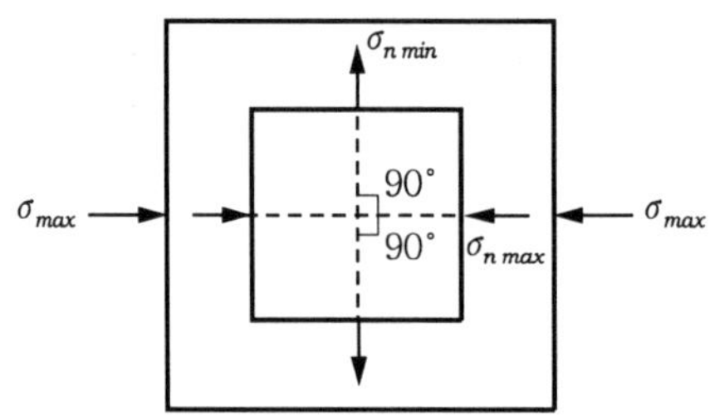

그림 8-14

최대 주응력 : $\theta_1 = 90°$, $\sigma_{nmax} = \dfrac{-\sigma_{max}}{2} + \dfrac{1}{2}\sqrt{\sigma_{max}^2 + 4 \times 0^2} = 0$

최소 주응력 : $\theta_2 = 0°$, $\sigma_{nmin} = \dfrac{-\sigma_{max}}{2} - \dfrac{1}{2}\sqrt{\sigma_{max}^2 + 4 \times 0^2} = -\sigma_{max}$

8.5.4 주전단응력(중립축 요소 B)

휨응력 $\sigma = 0$ 이고 전단응력 $\tau = \tau_{max}$ 이므로 주전단응력의 방향은

$\tan 2\theta = \dfrac{0}{2\tau_{max}} = 0$ 에서 $2\theta = 0°, 180°$ 이고 $\theta = 0°, 90°$ 이다.

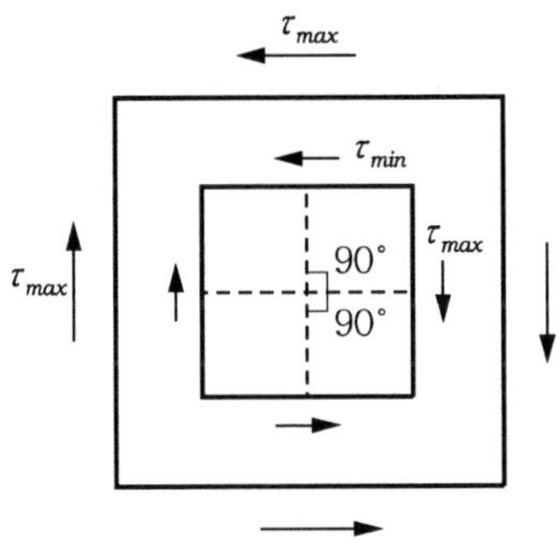

그림 8-15

최대 주전단응력 : $\theta_1 = 0°$, $\tau_{nmax} = \dfrac{1}{2}\sqrt{0^2 + 4\tau_{max}^2} = \tau_{max}$

최소 주전단응력 : $\theta_2 = 90°$, $\tau_{nmin} = -\dfrac{1}{2}\sqrt{0^2 + 4\tau_{max}^2} = -\tau_{max}$

8.5.5 주전단응력(인장측 요소 C)

휨응력 $\sigma = \sigma_{max}$ 이고 전단응력 $\tau = 0$ 이므로 주전단응력의 방향은

$\tan 2\theta = \dfrac{\sigma_{max}}{2\tau} = \infty$ 에서

$2\theta = \pm 90°$, $\theta = \pm 45°$ 이다.

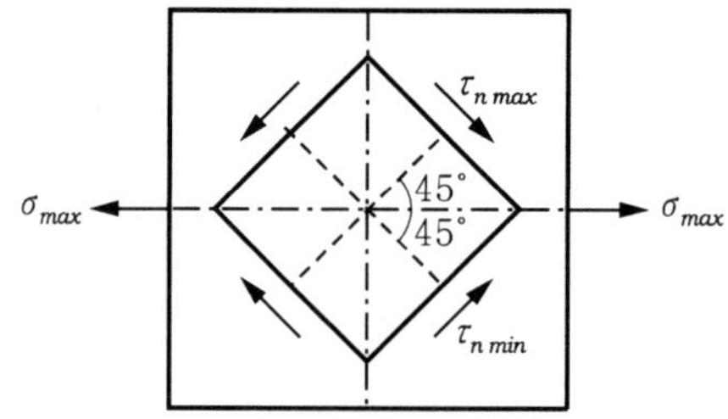

그림 8-16

$$\text{최대 주전단응력}: \theta_1 = 45°,\ \tau_{nmax} = \frac{\sigma_{max}}{2}$$

$$\text{최소 주전단응력}: \theta_2 = -45°,\ \tau_{nmax} = -\frac{\sigma_{max}}{2}$$

이때 응력상태 및 최대 및 최소 주응력을 도시하면 그림 8-16과 같다.

예제 8.5

그림과 같은 캔틸레버의 자유단에서 1m 거리의 C단면에 대하여 중립축으로부터 하향 $0.05m$ 점의 주응력의 크기와 주응력의 방향을 구하라.

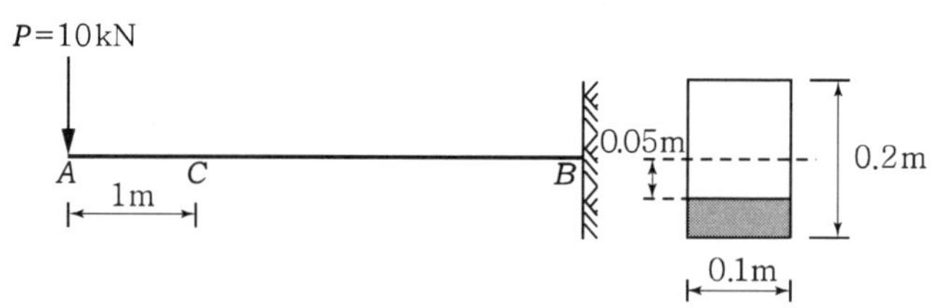

▸ **풀이**

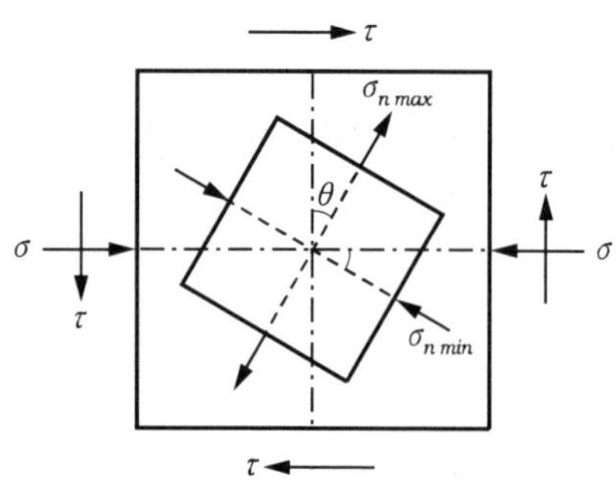

$M = -10 \times 1 = -10\text{kN}\cdot\text{m}$, $S = -10\text{kN}$

$$I = \frac{0.1 \times 0.2^3}{12} = 0.00006667\,\text{m}^4$$

$$G = 0.05 \times 0.1 \times 0.075 = 0.000375\,\text{m}^3$$

$$\sigma = \frac{M}{I}\cdot y = \frac{-10}{0.00006667} \times 0.05 = -7.5\,\text{MPa}$$

$$\tau = \frac{SG}{Ib} = \frac{-10 \times 0.000375}{0.00006667 \times 0.1} = -0.5625\,\text{MPa}$$

주응력의 크기는 식 (8-28)과 식 (8-29)로부터

$$\sigma_{nmax} = -\frac{7.5}{2} + \frac{1}{2}\sqrt{(-7.5)^2 + 4 \times (-0.5625)^2} = 0.042\,\text{MPa}$$

$$\sigma_{n\min} = -\frac{7.5}{2} - \frac{1}{2}\sqrt{(-7.5)^2 + 4\times(-0.5625)^2} = -7.542\,\text{MPa}$$

주응력의 방향은 식 (8-30)으로부터

$$\tan 2\theta = -\frac{2\tau}{\sigma} = -\frac{2\times(-0.5625)}{-7.5} = -0.15$$

$$\theta = -\frac{1}{2}\tan^{-1}(0.15) = -4.16° \text{ (반시계방향)}$$

8.6 보의 설계

보에 외력이 작용할 때 그 외력에 대하여 보가 안전하고 경제적이 되도록 단면의 치수를 결정하는 것이 설계이다. 그러므로 보에서 발생하는 최대응력을 보를 구성하고 있는 재료의 허용응력을 초과하지 않도록 설계해야 한다.

$$\sigma_{\max} \leqq \sigma_a \text{ (허용휨응력)} \tag{8-33}$$

$$\tau_{\max} \leqq \tau_a \text{ (허용전단응력)} \tag{8-34}$$

보를 설계할 때의 주안점은 다음과 같다.

(1) 단면이 크고 지간이 짧은 보에서는 전단력의 영향이 크므로 주응력에 대하여 고려한다.
(2) 캔틸레버보의 지점에는 최대 전단력과 최대 휨모멘트가 함께 작용하므로 주응력에 대하여 검토한다.
(3) I형 단면에서는 플랜지와 웨브의 경계면에서 주응력에 대하여 검토한다.
(4) 콘크리트보에서는 사인장 응력에 대하여 충분한 검토가 이루어져야 한다.
(5) 목재는 섬유와 나란한 방향의 전단세기가 적으므로 전단력에 대하여 충분히 검토한다.

보의 설계순서는 다음과 같다.

(1) 예상되는 모든 하중에 의한 최대 휨모멘트를 구한다.
(2) 사용재료를 정하고 허용응력을 시방서에서 구한다.
(3) 절대 최대 휨모멘트에 의한 안전한 단면을 정한다.

휨응력에 대한 설계방법은 식 (8-2)로부터

$$\frac{M_{max}}{I} y_1 = \frac{M_{max}}{Z_1} \leqq \sigma_{ca} \tag{8-35}$$

$$\frac{M_{max}}{I} y_2 = \frac{M_{max}}{Z_1} \leqq \sigma_{ta} \tag{8-36}$$

여기서, M_{max} : 최대 휨모멘트

Z_1, Z_2 : 단면계수

σ_{ca} : 허용 휨압축응력

σ_{ta} : 허용 휨인장응력

I : 단면 2차 모멘트

단면에 결손(구멍 등)이 있을 때는 결손부분을 제외한 유효단면으로 한다. 단면을 결정하고 허용 휨모멘트를 계산하려면 다음 식으로 구할 수 있다.

$$M = \sigma_a \cdot Z \tag{8-37}$$

설계모멘트와 허용응력을 알 때 단면계수는

$$Z = \frac{M}{\sigma_a} \tag{8-38}$$

로 구할 수 있다.

예제 8.6

직사각형 단면으로 지간 8m의 단순보에 자중을 포함해서 8kN/m의 등분포하중이 작용할 때 이 보의 높이 h는? (여기서, $b = 0.2\text{m}$, $\sigma_a = 12\text{MPa}$, $\tau_a = 0.8\text{MPa}$)

▸ 풀이

허용응력 σ_a와 τ_a를 각각 검토하여 단면이 큰 값으로 결정한다.

$$M_{max} = \frac{wl^2}{8} = \frac{8 \times 8^2}{8} = 64\,\text{kN}\cdot\text{m} = 0.064\,\text{MN}\cdot\text{m}$$

$$\sigma_a = \frac{M}{Z} = \frac{6M}{bh^2}, \quad h = \sqrt{\frac{6M}{\sigma_a b}} = \sqrt{\frac{6 \times 0.064}{12 \times 0.2}} = 0.4\,\text{m}$$

$$S_{max} = \frac{wl}{2} = \frac{8 \times 8}{2} = 32\,\text{kN} = 0.032\text{MN}$$

$$\tau_a = \frac{3}{2}\frac{S}{A} = \frac{3}{2}\frac{S}{bh}, \quad h = \frac{3}{2}\frac{S}{\tau_a b} = \frac{3}{2}\frac{0.032}{0.8 \times 0.2} = 0.3\,\text{m}$$

따라서 두 값 중 큰 값 0.4m로 한다.

연 습 문 제

문제 8.1 그림과 같은 단순보의 직사각형 단면을 결정하여라(단, 허용응력은 $\sigma_a = 40\text{MPa}$, $h/b = 1.2$ 이다).

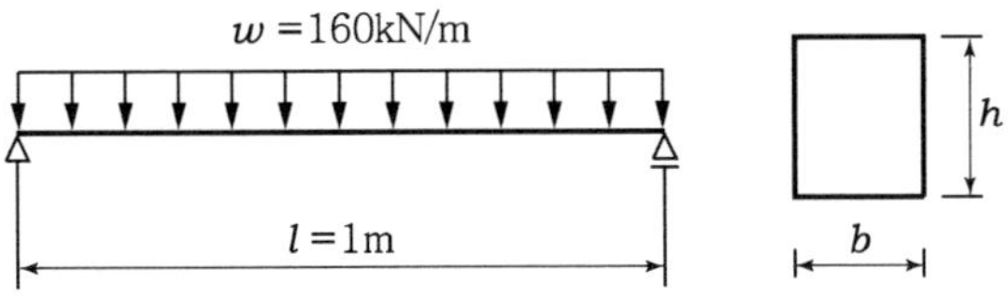

▸ 풀이

$$M_{\max} = \frac{wl^2}{8} = \frac{160 \times 1^2}{8} = 20\,\text{kN}\cdot\text{m} = 0.02\,\text{MN}\cdot\text{m}$$

소요단면계수 $Z = \dfrac{M_{\max}}{\sigma_a} = \dfrac{0.02}{40} = 0.0005\text{m}^3$

$\dfrac{bh^2}{6} = 0.0005$, $\dfrac{h}{1.2}h^2 = 0.0005 \times 6$

$h^3 = 0.0005 \times 6 \times 1.2$, $\therefore h = 0.1532\,\text{m}$

$\therefore b = \dfrac{h}{1.2} = \dfrac{0.1532}{1.2} = 0.1277\,\text{m}$

따라서, $b \times h = 0.13\,\text{m} \times 0.16\,\text{m}$ 로 설계하면 된다.

문제 8.2 그림과 같은 강관보의 최대 휨응력을 구하여라.

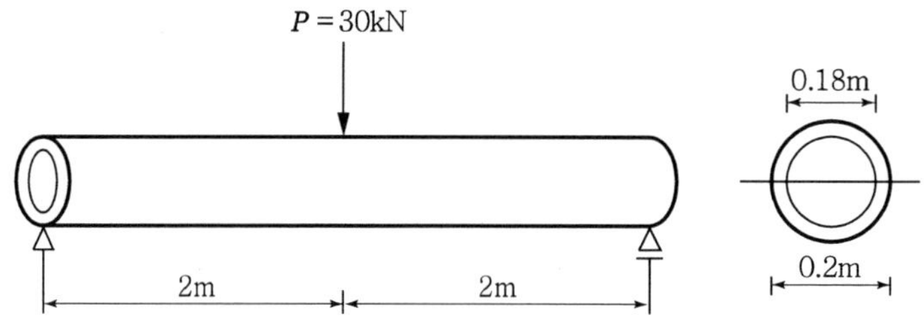

▸ **풀이**

최대휨모멘트 $M_{\max} = \dfrac{Pl}{4} = \dfrac{30 \times 4}{4} = 30\,\text{kN}\cdot\text{m} = 0.03\,\text{MN}\cdot\text{m}$

단면2차모멘트 $I = \dfrac{\pi}{64}(D^4 - d^4) = \dfrac{\pi}{64}(0.2^4 - 0.18^4) = 0.000026996\,\text{m}^4$

$\sigma_{\max} = \dfrac{M}{I}y = \dfrac{0.03}{0.000026996} \times 0.1 = 111.12\,\text{MPa}$

문제 8.3 그림과 같은 I형강이 받을 수 있는 최대휨모멘트는 얼마인가?
(단, 강재의 허용응력은 $\sigma_a = 140\,\text{MPa}$ 이다)

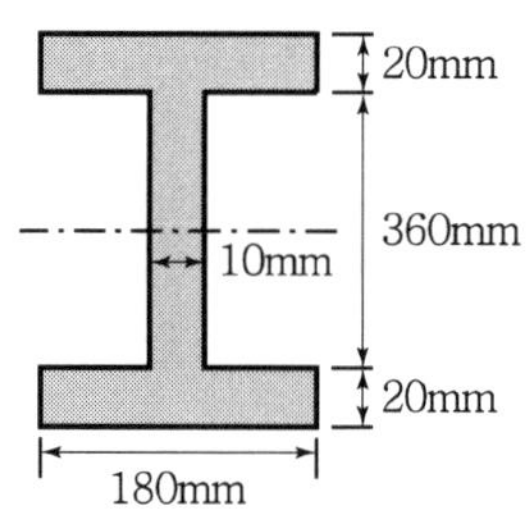

▸ **풀이**

중립축에 대한 단면 2차 모멘트는

$I = \dfrac{0.01 \times 0.36^3}{12} + \left(\dfrac{0.18 \times 0.02^3}{12} + 0.18 \times 0.02 \times 0.19^2\right) \times 2$

$= 0.00003888 + 0.00026016 = 0.00029904\,\text{m}^4$

$\sigma = \dfrac{M}{I}y$ 에서

$M = \dfrac{\sigma I}{y} = \dfrac{140 \times 0.000\,29904}{0.2} = 0.2093\,\text{MN}\cdot\text{m} = 209.3\text{kN}\cdot\text{m}$

문제 8.4 그림과 같은 지간 $l = 2\,\mathrm{m}$ 인 T형 단면의 단순보에 $w = 20\,\mathrm{kN/m}$ 의 등분포하중이 작용하고 있다. 이 보의 단면에 발생하는 최대 전단응력은 얼마인가?

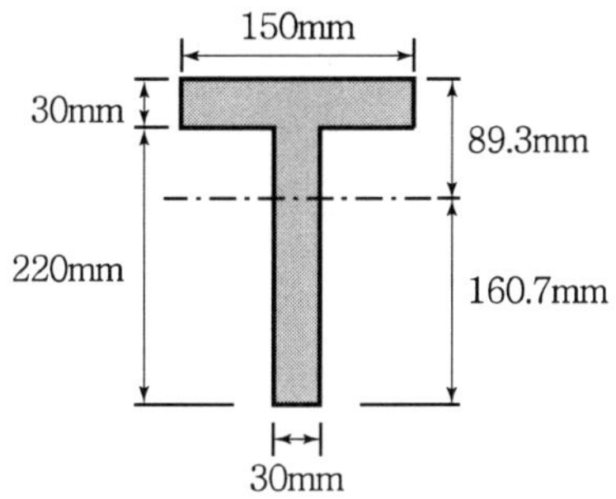

▸ 풀이

최대전단력 $S_{\max} = \dfrac{wl}{2} = \dfrac{20 \times 2}{2} = 20\,\mathrm{kN}$

상단으로부터 도심의 위치 :

$$y_o = \frac{0.0045 \times 0.015 + 0.0066 \times (0.03 + 0.11)}{(0.03 \times 0.15) + (0.03 \times 0.22)} = 0.0893\,\mathrm{m}$$

도심축에 관한 단면 2차 모멘트

$$I_X = \frac{0.15 \times 0.0893^3}{3} - \frac{(0.15 - 0.03) \times (0.0893 - 0.03)^3}{3} + \frac{0.03 \times 0.1607^3}{3}$$

$$= 0.000068765\,\mathrm{m}^4$$

최대 전단응력은 도심축에서 발생하므로 도심축 하부의 단면 1차 모멘트는

$$G = (0.03 \times 0.1607) \times \frac{0.1607}{2} = 0.0003874\,\mathrm{m}^3$$

따라서 최대 전단응력은

$$\tau_{\max} = \frac{SG}{Ib} = \frac{0.02 \times 0.0003874}{0.000068765 \times 0.03} = 3.756\,\mathrm{MPa}$$

CHAPTER

09

기 둥

9.1 단 주

9.2 장 주

■ 연습문제

CHAPTER 09

기 둥

9.1 단 주

부재가 축방향력을 받을 때 이것을 기둥(column)이라고 한다. 축방향력을 받는 트러스의 압축부재나 축방향력과 휨모멘트를 받는 라멘의 기둥, 교량의 하부구조인 교대나 교각 등은 주로 압축력과 편심에 의한 휨모멘트를 받는 구조물로 기둥으로 취급하게 된다. 기둥에는 단주(short column)와 장주(long column)로 구분된다. 단주는 압축력이 증가되면 단면 내부에 응력이 증가되어 파괴응력에 도달하게 되고 마침내 파괴된다.

9.1.1 중심축 하중을 받는 경우

그림 9-1과 같이 기둥에 작용하는 축하중이 기둥 단면의 중심축과 일치하여 작용하는 기둥을 중심축 하중을 받는 기둥이라 부르고, 이러한 경우의 기둥 단면에 생기는 응력은 다음 식으로 표시된다.

$$\sigma_c = \frac{P}{A} \tag{9-1}$$

여기서, 기둥에서 부호는 편의상 압축응력을 (+)로 표시한다. σ_{ca}를 허용 압축응력이라 하면 다음과 같은 식이 만족하도록 기둥의 최소 단면적 A를 결정하여야 한다.

$$\sigma_c = \frac{P}{A} \leqq \sigma_{ca} \tag{9-2}$$

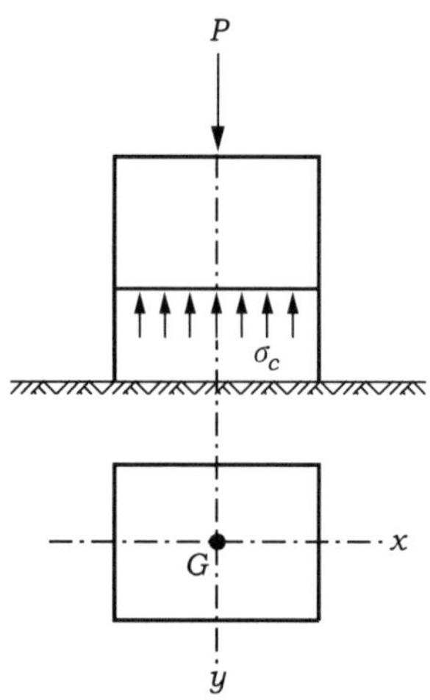

그림 9-1

9.1.2 편심축 하중을 받는 경우

축하중 P가 부재의 중심축에 작용하지 않고 그림 9-2에서 보는 바와 같이 x 방향 e_x 만큼 편심해서 작용하는 경우를 말한다. 이러한 경우의 단면에는 중심축 하중과 편심으로 인한 모멘트 하중을 동시에 받는 것으로 생각할 수 있다.

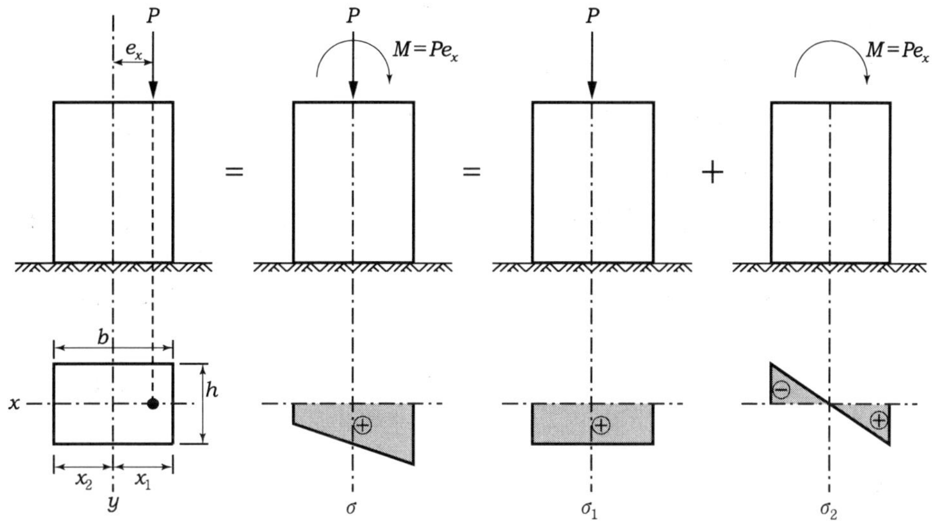

그림 9-2

먼저 중심축 하중에 의한 압축응력은 다음 식으로 표시되고

$$\sigma_1 = \frac{P}{A} \tag{9-3}$$

편심모멘트로 인한 응력은 편심모멘트 $M = Pe_x$ 를 휨응력 공식 $\sigma = \pm \frac{M}{I_y}x$ 에 대입하면 다음 식으로 표시된다.

$$\sigma_2 = \pm \frac{M}{I_y}x = \pm \frac{Pe_x}{I_y}x \tag{9-4}$$

따라서 기둥 단면에 생기는 응력은 식 (9-3)과 식 (9-4)를 더하는 것으로서 다음 식으로 표시된다.

$$\sigma = \frac{P}{A} \pm \frac{M}{I_y}x = \frac{P}{A} \pm \frac{Pe_x}{I_y}x \tag{9-5}$$

직사각형 단면 기둥의 최대응력 σ_{max} 과 최소응력 σ_{min} 는 연단에서 생기며 다음 식으로부터 구할 수 있다.

$$\sigma_{max} = \frac{P}{A} + \frac{Pe_x}{I_y}x_1 = \frac{P}{A} + \frac{Pe_x}{Z_1} = \frac{P}{bh}(1 + \frac{6e_x}{b}) \quad (9\text{-}6)$$

$$\sigma_{min} = \frac{P}{A} - \frac{Pe_x}{I_y}x_2 = \frac{P}{A} - \frac{Pe_x}{Z_2} = \frac{P}{bh}(1 - \frac{6e_x}{b}) \quad (9\text{-}7)$$

그림 9-3과 같이 축하중 P 의 작용선이 단면의 양 주축 x, y 를 벗어나서 E 점에 작용할 경우 E 점의 좌표를 (e_x, e_y)라 하면 주축에 작용하는 모멘트는 Pe_x, Pe_y 이므로 임의 점의 응력 σ 는 다음과 같다.

$$\sigma = \frac{P}{A} \pm \frac{Pe_x}{I_y}x \pm \frac{Pe_y}{I_x}y \quad (9\text{-}8)$$

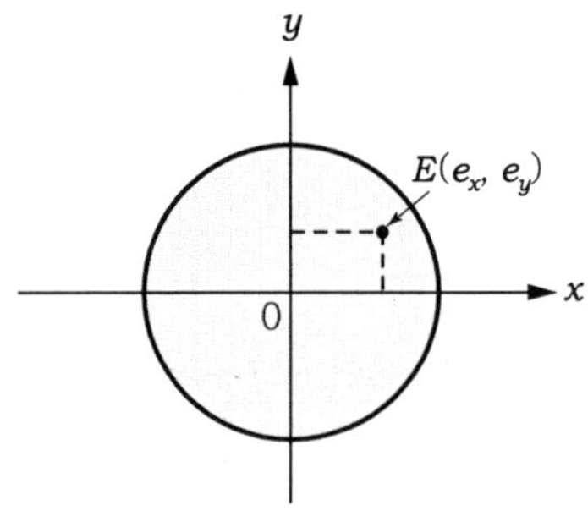

그림 9-3

예제 9.1

그림과 같은 직사각형 단주의 기둥에서 $e = 0.12\,\text{m}$ 의 편심거리에 $1{,}000\,\text{kN}$ 의 압축력이 작용할 때 기둥단면에 발생하는 최대 압축응력은?

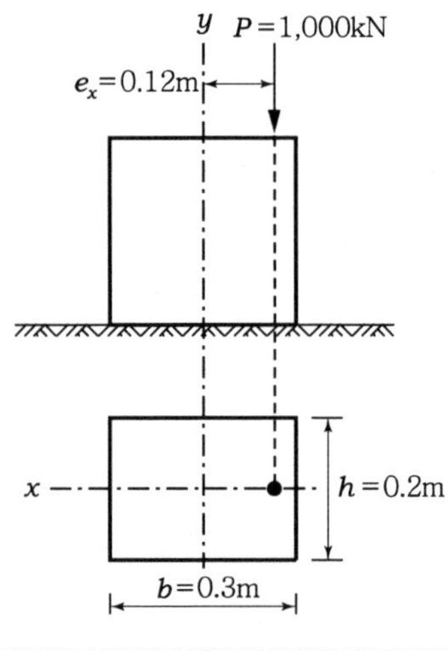

▸ **풀이**

$$\sigma_{max} = \frac{P}{bh}\left(1 + \frac{6e_x}{b}\right)$$
$$= \frac{1{,}000}{0.3 \times 0.2}\left(1 + \frac{6 \times 0.12}{0.3}\right)$$
$$= 56{,}700\,\text{kN/m}^2 = 56.7\,\text{MPa (압축)}$$

예제 9.2

그림과 같은 지름이 0.4m 인 원형단주가 있다. 중심축에서 0.1m 떨어진 위치에 40kN 의 압축력이 작용하고 있다. 기둥의 최대 압축응력은?

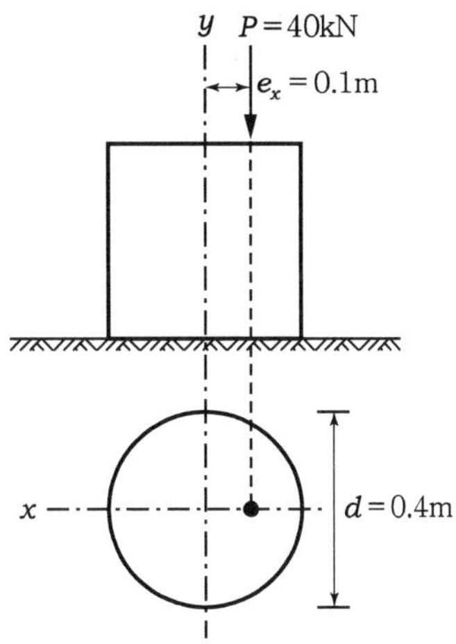

▸ **풀이**

$$\sigma_{\max} = \frac{P}{A} + \frac{Pe_x}{Z_y} = \frac{P}{\frac{\pi d^2}{4}} + \frac{Pe_x}{\frac{\pi d^3}{32}}$$

$$= \frac{4\times 40}{\pi \times 0.4^2} + \frac{32\times 40\times 0.1}{\pi\times 0.4^3}$$

$$= 955\,\text{kN/m}^2 = 0.955\,\text{MPa}\ (\text{압축})$$

9.1.3 단면의 핵

식 (9-7)에서 알 수 있듯이 최소응력을 나타내는 $\sigma_{\min}$ 는 편심거리 e_x 의 크기에 따라 압축 또는 인장응력을 일으키게 한다. 기둥은 압축응력을 받는 부재이므로 기둥 단면의 어느 부분에도 인장응력이 생기는 것을 피하는 것이 좋다. 특히 무근콘크리트로 된 기둥은 인장강도가 약하므로 기둥단면에 인장응력이 생기면 대단히 위험하게 된다.

그러므로 단면에 인장응력을 생기지 않게 하는 편심거리(핵거리) k_x 를 구하고 그 안쪽에 하중을 작용시키면 인장응력이 생기지 않게 된다.

이것을 구하기 위하여 식 (9-7)에서 $\sigma_{\min} = 0$, $e_x = k_x$ 로 놓으면

$$\sigma_{\min} = \frac{P}{A} - \frac{Pk_x}{I_y}x_2 = 0$$

$$k_x = \frac{I_y}{Ax_2} \tag{9-9}$$

단면의 회전반경 $r_y = \sqrt{\frac{I_y}{A}}$ 이므로

$$k_x = \frac{r_y^2}{x_2} \tag{9-10}$$

하중의 편심거리 e_x 의 값이 핵거리 k_x 보다 작으면 단면에는 인장응력이 생기지 않는다.

그림 9-4와 같은 직사각형 단면의 임의 점 $E(e_x, e_y)$에 편심하중 P가 작용할 때 단면의 핵거리를 구하기 위하여 식 (9-8)로부터 단면의 최소응력

$\sigma_{\min} = \frac{P}{A} - \frac{Pe_x}{I_y}x_2 - \frac{Pe_y}{I_x}y_2 = \frac{P}{A} - \frac{Pe_x}{Z_y} - \frac{Pe_y}{Z_x}$ 로 표시되며,

핵거리를 구하기 위하여 $\sigma_{\min} = 0$, $e_x = k_x$, $e_y = k_y$, $Z_x = \frac{bh^2}{6}$, $Z_y = \frac{hb^2}{6}$ 를 대입하면

$\sigma_{\min} = \frac{P}{bh} - \frac{6Pk_x}{hb^2} - \frac{6Pk_y}{bh^2} = 0$ 또는

$\frac{P}{bh}\left(1 - \frac{6k_x}{b} - \frac{6k_y}{h}\right) = 0$ 과 같다.

위의 식이 0이 되기 위해서는 괄호 속의 값이 0이어야 하므로

$$1 - \frac{6k_x}{b} - \frac{6k_y}{h} = 0$$

$$\frac{6k_x}{b} + \frac{6k_y}{h} = 1 \tag{9-11}$$

식 (9-11)에서 x축과 y축에 대한 핵거리는 다음과 같이 된다.

$k_x = 0$ 일때 $k_y = \frac{h}{6}$

$k_y = 0$ 일때 $k_x = \frac{b}{6}$

여기서 k_x, k_y 를 핵거리라고 하며 그림 9-5에서 빗금친 부분을 핵(core)라고 말한다.

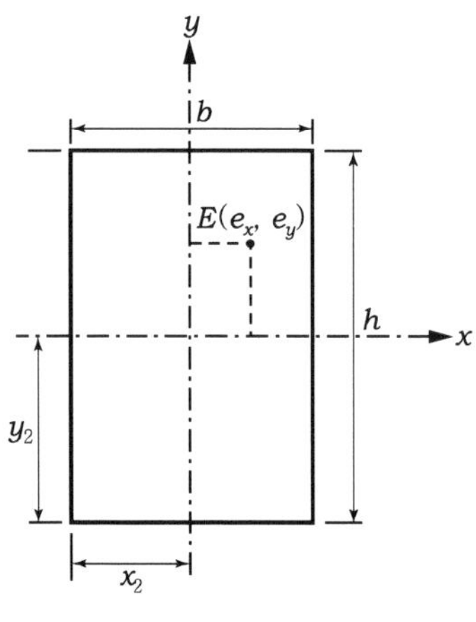

그림 9-4

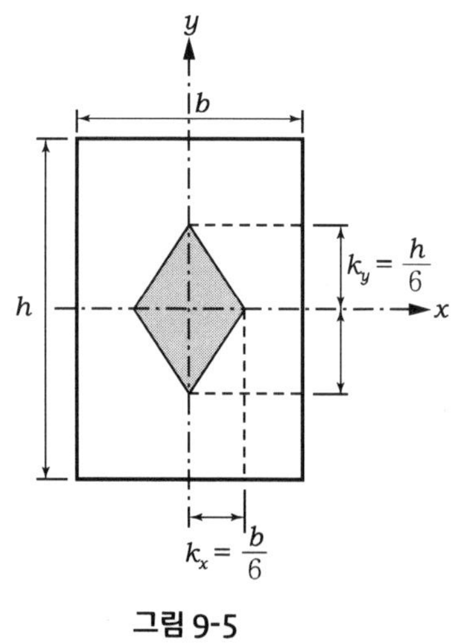

그림 9-5

예제 9.3

그림과 같은 밑변이 b, 높이 h인 3각형 단면의 핵을 구하여라.

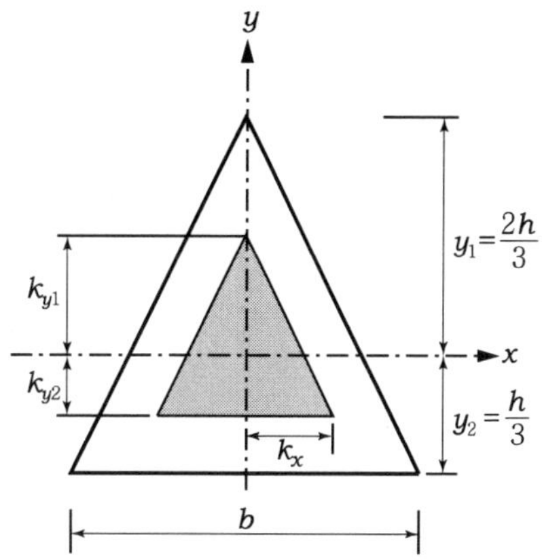

▸ **풀이**

$$I_x=\frac{bh^3}{36}, \quad A=\frac{1}{2}bh \text{ 이므로}$$

$$r_x^2=\frac{I_x}{A}=\frac{bh^3}{36}\div\frac{bh}{2}=\frac{h^2}{18}$$

$$k_{y1}=\frac{r_x^2}{y_2}=\frac{h^2}{18}\div\frac{h}{3}=\frac{h}{6}$$

$$k_{y2}=\frac{r_x^2}{y_1}=\frac{h^2}{18}\div\frac{2h}{3}=\frac{h}{12}$$

$$I_y=\frac{hb^3}{48}, \quad A=\frac{1}{2}bh \text{ 이므로}$$

$$r_y^2=\frac{I_y}{A}=\frac{hb^3}{48}\div\frac{bh}{2}=\frac{b^2}{24}$$

$$k_x=\frac{r_y^2}{x_1}=\frac{b^2}{24}\div\frac{b}{3}=\frac{b}{8}$$

9.2 장 주

9.2.1 일반

축방향 압축력을 받는 가늘고 긴 구조용 부재는 압축응력에 의한 파괴 대신에 측면으로 일어나는 굽힘과 처짐에 의하여 파괴가 일어날 것이다. 이때 기둥은 좌굴(buckling)되었다고 말하고 이때의 하중을 좌굴하중(buckling load)이라고 부른다. 축하중이 증가함에 따라 측면 처짐도 증가하여 결국 이 기둥은 완전히 붕괴된다. 이러한 현상을 일으키는 기둥을 장주(long column)라고 하며, 기둥의 길고 짧음을 구별하는 데는 세장비(slenderness ratio)를 사용한다.

9.2.2 오일러의 공식

1) 양단 힌지인 기둥

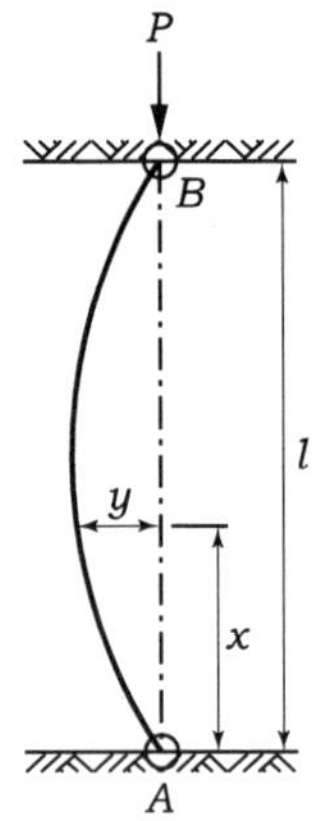

그림 9-6

그림 9-6과 같이 길이 l인 장주가 A, B의 양단이 힌지로 되어 있고 도심축에 압축하중 P를 받아서 좌굴한다고 가정한다. 이 기둥단에 x, y축을 설정하고 A점으로부터의 임의거리 x점에서의 처짐을 y라 하면 다음과 같은 처짐곡선의 미분방정식이 성립한다.

$$\frac{d^2y}{dx^2} = -\frac{M}{EI}$$

x점의 휨모멘트는 $M = P \cdot y$

$\frac{d^2y}{dx^2} = -\frac{Py}{EI}$, $a^2 = \frac{P}{EI}$라 놓으면

$$\frac{d^2y}{dx^2} + a^2 y = 0 \tag{9-12}$$

이 미분방정식의 일반해는

$$y = C_1 \sin ax + C_2 \cos ax \tag{9-13}$$

적분상수 C_1, C_2를 구하기 위하여 경계조건을 고려하면

$x = 0$일 때 $y = 0$, $C_2 = 0$

$x = l$일 때 $y = 0$, $C_1 \sin al = 0$

위의 조건이 동시에 성립하기 위하여

$C_1 = 0$, $C_2 = 0$ 또는 $\sin al = 0$, $C_2 = 0$

$\sin al = 0$을 만족시키기 위한 조건은

$al = n\pi$, 단, $n = 1, 2, 3 \cdots$ 이 된다.

$al = n\pi$에 $a^2 = \frac{P}{EI}$를 대입하여 P에 관하여 정리하고 $P = P_b$로 놓으면

$$P_b = \frac{n^2 \pi^2 EI}{l^2} \tag{9-14}$$

처짐 곡선식은 식 (9-13)으로부터

$$y = C_1 \sin\frac{n\pi}{l}\cdot x$$

가 된다. 좌굴하중을 P_b 라 하고 무수하게 많은 P_b 값 중 $n = 1$ 일 때 최소이므로

$$P_b = \frac{\pi^2 EI}{l^2} \qquad (9\text{-}15)$$

이 식을 오일러(Euler)의 장주공식이라 한다.

보편적으로 좌굴현상은 $P \leqq P_b$ 일 때는 휘지 않고 $P > P_b$ 이면 휘게 되며 $P = P_b$ 에서 경계값을 갖는다고 생각된다.

좌굴하중을 단면적으로 나누어 응력으로 나타내면

$$\sigma_b = \frac{P_b}{A} = \frac{\pi^2 EI}{l^2 A} = \frac{\pi^2 E}{(l/r)^2} = \frac{\pi^2 E}{\lambda^2} \qquad (9\text{-}16)$$

여기서 $\lambda = \dfrac{l}{r}$ 을 세장비라 부르고 σ_b 를 좌굴응력(buckling stress)이라 한다.

2) 1단 자유, 타단 고정인 기둥

그림 9-7과 같이 일단 자유, 타단 고정인 장주는 양단 힌지인 경우의 좌굴형태는 기둥의 중간지점을 고정단으로 대치한 경우와 같다고 볼 수 있으므로 식 (9-15)의 l 대신 $2l$ 을 대입하면 다음 식과 같다.

$$P_b = \frac{\pi^2 EI}{(2l)^2} = \frac{\pi^2 EI}{4l^2} \qquad (9\text{-}17)$$

이것은 양단 힌지인 기둥세기의 $\dfrac{1}{4}$ 임을 알 수 있다. 또한 좌굴응력은 다음 식과 같다.

$$\sigma_b = \frac{\pi^2 E}{4\lambda^2} \qquad (9\text{-}18)$$

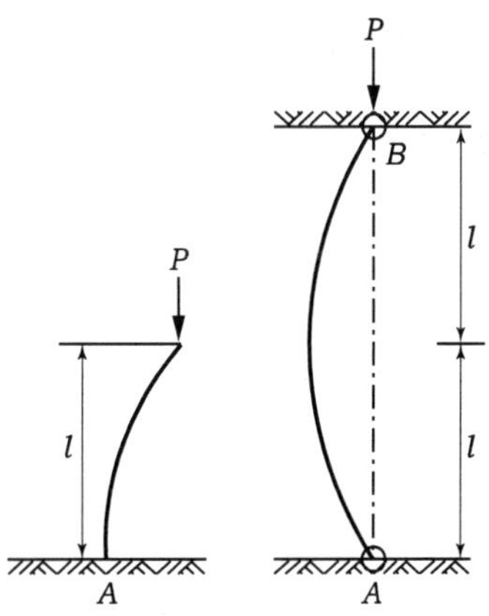

그림 9-7

3) 양단 고정인 기둥

그림 9-8과 같이 양단이 고정되어 있는 기둥은 양단에 재단모멘트 M_A , M_B가 발생하고 $M_x = M_A - Py$이고 처짐곡선의 미분방정식은

$\frac{d^2y}{dx^2} = -\frac{M_x}{EI}$, $M_x = M_A - Py$를 대입하여

$\frac{d^2y}{dx^2} = -\left(\frac{M_A - Py}{EI}\right)$, $a^2 = \frac{P}{EI}$라 놓으면

$$\frac{d^2y}{dx^2} = a^2\left(y - \frac{M_A}{P}\right) \tag{9-19}$$

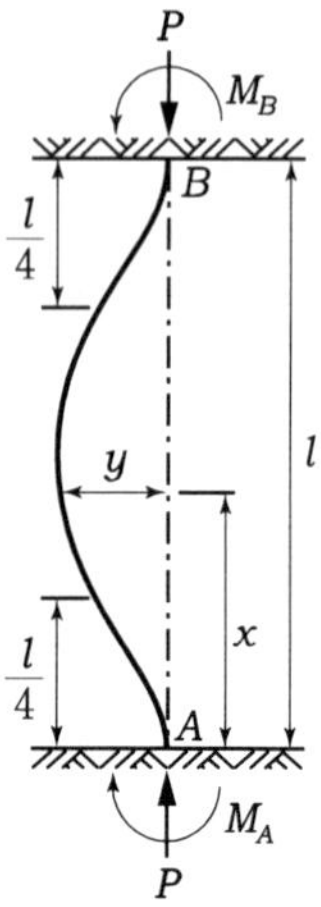

그림 9-8

이 미분방정식의 일반해는

$$y = C_1 \sin ax + C_2 \cos ax + \frac{M_A}{P} \tag{9-20}$$

적분상수C_1, C_2를 결정하기 위하여 경계조건을 고려하면

$x = 0$ 일 때 $y = 0$, $\frac{dy}{dx} = 0$, $C_1 = 0$, $C_2 = -\frac{M_A}{P}$

$x = l$ 일 때 $y = 0$, $\frac{dy}{dx} = 0$, $\cos al = 1$, $\sin al = 0$로 되어서 이것을 만족시키는 값은 $al = 2n\pi$, $n = 1,2,3\cdots$, 그러므로 좌굴하중을 P_b라 하고 $al = 2n\pi$를 $a^2 = \frac{P}{EI}$에 대입하면

$$P_b = \frac{4n^2\pi^2EI}{l^2}$$

이 식을 만족하는 최소값은 $n = 1$ 일 경우이므로

$$P_b = \frac{4\pi^2EI}{l^2} = \frac{\pi^2EI}{(0.5l)^2} \tag{9-21}$$

$$\sigma_b = \frac{4\pi^2E}{(l/r)^2} = \frac{4\pi^2E}{\lambda^2} \tag{9-22}$$

4) 일단활절 타단고정 기둥

그림 9-9와 같이 고정단에만 모멘트가 작용하므로 양단의 크기가 같고 방향이 서로 반대인 수평력 H를 각각 작용시킨다.

$$H = \frac{M_A}{l}\ ,\ M_x = Py - H(l-x)$$

$$\frac{d^2y}{dx^2} = -\frac{M_x}{EI}$$

$$\frac{d^2y}{dx^2} = -\frac{1}{EI}\{Py - H(l-x)\} \tag{9-23}$$

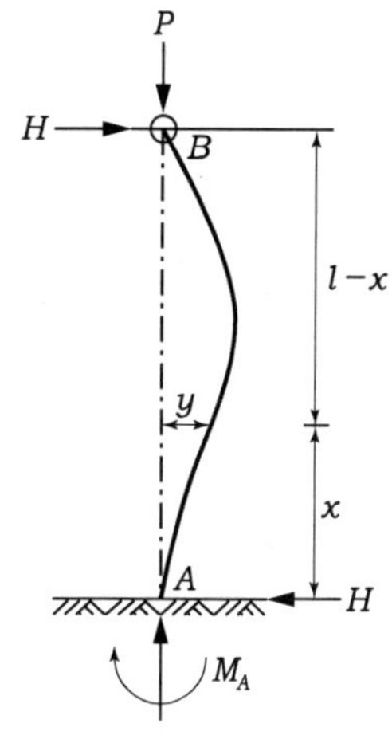

그림 9-9

식 (9−23)에서 일반해는 $a^2 = \frac{P}{EI}$라 놓으면

$$y = C_1 \sin ax + C_2 \cos ax + \frac{H(l-x)}{P} \tag{9-24}$$

$$\frac{dy}{dx} = C_1 a \cos ax - C_2 \sin ax - \frac{H}{P}$$

경계조건을 고려하여 적분상수를 구하면

$x = 0$ 일 때 $y = 0$, $\frac{dy}{dx} = 0$, $C_2 = -\frac{Hl}{P}$, $C_1 = \frac{H}{Pa}$

$x = l$ 일 때 $y = 0$ 이므로 식 (9−24)에 대입하여

$$C_1 \sin al + C_2 \cos al = 0$$

$$\frac{H}{Pa} sin\, al - \frac{Hl}{P} cos\, al = 0$$

위의 식으로부터

$$\tan al \fallingdotseq al$$

al 을 만족하는 값은 무수히 많으나 최소치를 취하면 4.493이므로

$$P_b = \frac{20.2EI}{l^2} \fallingdotseq \frac{2\pi^2 EI}{l^2} \fallingdotseq \frac{\pi^2 EI}{(0.7l)^2} \tag{9-25}$$

$$\sigma_b = \frac{2\pi^2 E}{\lambda^2} \tag{9-26}$$

오일러의 식을 종합하여 일반식으로 표시하면

$$P_b = N\frac{\pi^2 EI}{l^2},\ \sigma_b = N\frac{\pi^2 E}{\lambda^2} \tag{9-27}$$

N : 장주의 지지상태에 따른 상수

이상의 경우를 표로 나타내면 표 9.1과 같다.

표 9-1 오일러 공식 종합

단부조건	일단고정 다단자유	양단힌지	일단고정 타단힌지	양단고정
좌굴형				
N	1/4	1	2	4
좌굴장	$2l$	l	$0.7l$	$0.5l$

9.2.3 오일러 공식의 실용범위

오일러 공식에서 P_b는 좌굴하중을 나타내므로 이 하중을 초과하게 되면 장주에서는 좌굴현상을 나타내게 된다. 그러므로 실제 작용시킬 수 있는 안전하중을 P_S 라고 하면 안전율 S는

$$S = \frac{P_b}{P_S} \tag{9-28}$$

로 표시된다. 오일러의 공식이 적용될 조건은 비례한도 응력이내이고 다음과 같은 조건식을 만족하여야 된다.

$$\sigma_b \leqq \sigma_p \tag{9-29}$$

여기서, σ_p는 비례한도의 응력이다.

$\sigma_b = N\dfrac{\pi^2 E}{\lambda^2}$ 를 식 (9-29)에 대입하고 λ에 관하여 정리하면

$$\sigma_p \geqq N\frac{\pi^2 E}{\lambda^2}$$

$$\lambda \geqq \sqrt{\frac{N \cdot E}{\sigma_p}} \cdot \pi \tag{9-30}$$

의 관계가 성립한다.

양단이 활절로 되어 있는 강기둥에 식 (9-30)을 적용하여 보면 (단, $N=1$, $E=210{,}000\,\text{MPa}$, $\sigma_p=210\,\text{MPa}$)

$$\lambda \geqq \sqrt{\frac{210{,}000}{210}} \times 3.14 \fallingdotseq 100$$

그러므로 식 (9-27)를 적용할 수 있는 범위는 $\lambda \geqq 100$, 즉 $\frac{l}{r} \geqq 100$ 인 경우에 한하고 $\lambda < 100$ 인 경우에는 σ_b 가 좌굴이 생기기 전에 비례한도 σ_p 에 도달하므로 이용하지 못한다. 위와 동일한 조건이고 기둥이 원형단면이라면

$$\lambda = \frac{l}{r} = \frac{l}{d/4} = 100, \quad \therefore \frac{l}{d} = 25$$

이므로 오일러 공식의 적용범위는 기둥길이가 적어도 기둥지름의 25배가 되어야 한다는 것을 알 수 있다.

예제 9.4

정사각형 단면 $0.2\text{m} \times 0.2\text{m}$ 의 목재 장주의 좌굴하중을 구하여라. 단 기둥의 길이 $l=5\text{m}$, 탄성계수 $E=10{,}000\,\text{MPa}$ 이다.

▸ **풀이**

Euler의 좌굴하중 공식은 $P_b = N\dfrac{\pi^2 EI}{l^2}$ 에서

$E = 10{,}000\,\text{MPa} = 10{,}000\,\text{MN/m}^2$

$I = \dfrac{0.2 \times 0.2^3}{12} = 0.0001333\,\text{m}^4$, $l = 5\,\text{m}$

$P_b = N \cdot \dfrac{\pi^2 \times 10{,}000 \times 0.0001333}{5^2} = N \cdot (0.5264)MN = N \cdot (526.4)\text{kN}$

① 일단 고정 타단 자유단인 기둥($N=\frac{1}{4}$), $P_b = \frac{1}{4} \cdot (526.4) = 131.6\,\text{kN}$

② 양단 힌지인 기둥($N=1$), $P_b = 1 \cdot (526.4) = 526.4\,\text{kN}$

③ 일단 고정 타단 힌지인 기둥($N=2$), $P_b = 2 \cdot (526.4) = 1{,}053\,\text{kN}$

④ 양단 고정인 기둥($N=4$), $P_b = 4 \cdot (526.4) = 2{,}105\,\text{kN}$

예제 9.5

그림과 같은 강재로 된 단면기둥이 있다. 안전하중을 구하라. 단, 안전율 $S=3$, 기둥길이 7m, 탄성계수 $E=210{,}000\,\text{MPa}$ 이고, 상·하단은 힌지이며 두께는 일정하다.

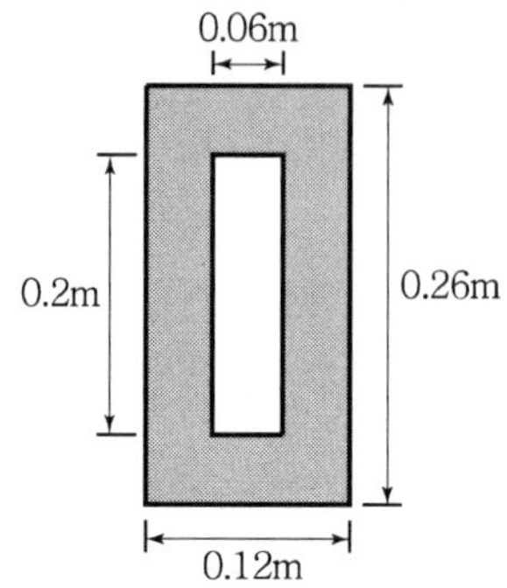

▸ **풀이**

$$I_{\min}=\frac{0.26\times0.12^3}{12}-\frac{0.2\times0.06^3}{12}=0.00003384\,\text{m}^4$$

$$A=0.12\times0.26-0.06\times0.2=0.0192\,\text{m}^2$$

회전반경 $r=\sqrt{\dfrac{I_{\min}}{A}}=\sqrt{\dfrac{0.00003384}{0.0192}}=0.042\,\text{m}$

세장비 $\lambda=\dfrac{l}{r}=\dfrac{7}{0.042}=166.7>100$

따라서 Euler의 공식을 사용하면

$$P_b=1\cdot\frac{3.14^2\times210{,}000\times0.00003384}{7^2}=1.4299237\,\text{MN}=1{,}429.9\,\text{kN}$$

$$P_s=\frac{P_b}{S}=\frac{1{,}429.9}{3}=477\,\text{kN}$$

연 습 문 제

문제 9.1 그림과 같은 직사각형 단면의 E점에 $100\,\text{kN}$이 작용할 경우 각 모서리 A, B, C, D점의 응력을 각각 구하여라.

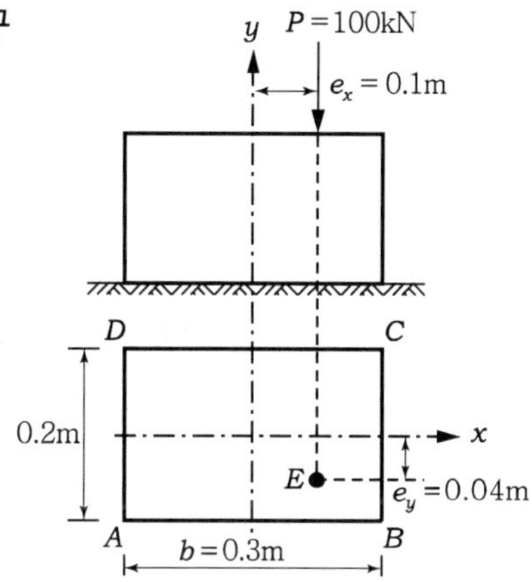

▸ 풀이

$P \cdot e_x = 100 \times 0.1 = 10\,\text{kN} \cdot \text{m}$

$P \cdot e_y = 100 \times 0.04 = 4\,\text{kN} \cdot \text{m}$

$$I_x = \frac{0.3 \times 0.2^3}{12} = 0.0002\,\text{m}^4$$

$$I_y = \frac{0.2 \times 0.3^3}{12} = 0.00045\,\text{m}^4$$

$$\sigma = \frac{P}{A} \pm \frac{Pe_x}{I_y} x \pm \frac{Pe_y}{I_x} y$$

A점의 응력 : $\sigma_A = \dfrac{100}{0.2 \times 0.3} - \dfrac{10}{0.00045}(0.15) + \dfrac{4}{0.0002}(0.1)$

$= 1{,}667 - 3{,}333 + 2{,}000 = 334\,\text{kN/m}^2 = 0.334\,\text{MPa}$

B점의 응력 : $\sigma_B = \dfrac{100}{0.2 \times 0.3} + \dfrac{10}{0.00045}(0.15) + \dfrac{4}{0.0002}(0.1)$

$= 1{,}667 + 3{,}333 + 2{,}000 = 7{,}000\,\text{kN/m}^2 = 7\,\text{MPa}$

C점의 응력 : $\sigma_C = \dfrac{100}{0.2 \times 0.3} + \dfrac{10}{0.00045}(0.15) - \dfrac{4}{0.0002}(0.1)$

$= 1{,}667 + 3{,}333 - 2{,}000 = 3{,}000\,\text{kN/m}^2 = 3\,\text{MPa}$

D점의 응력 : $\sigma_D = \dfrac{100}{0.2 \times 0.3} - \dfrac{10}{0.00045}(0.15) - \dfrac{4}{0.0002}(0.1)$

$= 1{,}667 - 3{,}333 - 2{,}000 = -3{,}666\,\text{kN/m}^2 = -3.666\,\text{MPa}$

문제 9.2 그림과 같은 T형 단면의 핵거리 k_{y1}을 구하라.

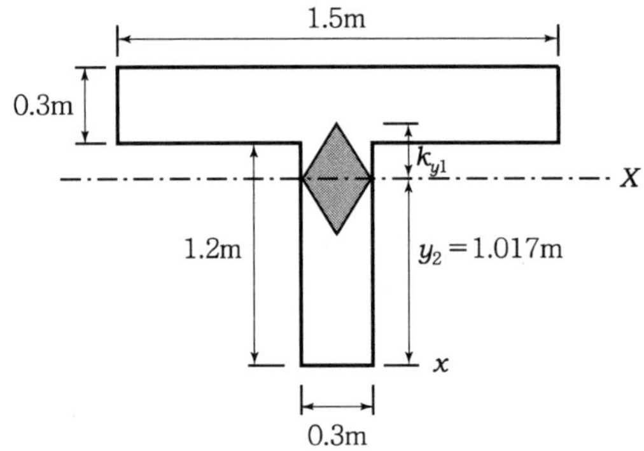

▸ 풀이

먼저 하단으로부터 도심까지의 거리 y_2를 구한다.

$$y_2 = \frac{G_x}{A} = \frac{1.5 \times 0.3 \times 1.35 + 1.2 \times 0.3 \times 0.6}{1.5 \times 0.3 + 1.2 \times 0.3} = 1.017\,\mathrm{m}$$

다음 도심에 대한 단면 2차 모멘트를 구한다.

$$\begin{aligned} I_X &= I_x - Ay_2^2 \\ &= \left(\frac{1.5 \times 1.5^3}{3} - \frac{1.2 \times 1.2^3}{3}\right) - (1.5 \times 0.3 + 1.2 \times 0.3) \times 1.017^2 \\ &= 0.15907509\,\mathrm{m}^4 \end{aligned}$$

따라서 핵거리는 다음과 같이 구해진다.

$$k_{y1} = \frac{I_X}{Ay_2} = \frac{0.15907509}{0.81 \times 1.017} \fallingdotseq 0.193\,\mathrm{m}$$

문제 9.3 그림과 같은 양단고정, 길이 $l=2.5\mathrm{m}$ 인 L 형 단면을 가진 강재기둥의 안전하중을 계산하여라. 단, 안전율 $S=5$, 탄성계수 $E=210{,}000\,\mathrm{MPa}$ 이다.

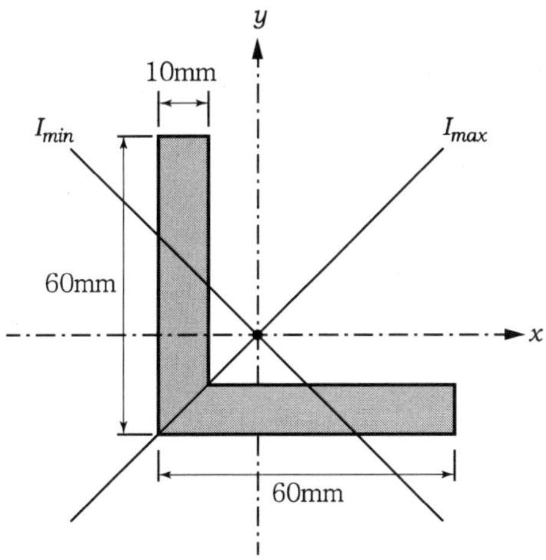

▸ **풀이**

① 도심의 위치

$$y_0=\frac{G_x}{A}=\frac{60\times10\times5+50\times10\times35}{60\times10+50\times10}=18.64\,\mathrm{mm}$$

대칭이므로 $x_o=18.64\,\mathrm{mm}$

② 단면 2차 모멘트

$$I_x=I_X+y_2^2A$$

$$=\left(\frac{60\times60^3}{12}+3{,}600\times(30-18.64)^2\right)-\left(\frac{50\times50^3}{12}+2{,}500\times(35-18.64)^2\right)$$

$$=354{,}600\,\mathrm{mm}^4$$

대칭이므로 $I_y=354{,}600\,\mathrm{mm}^4$

③ 단면 상승 모멘트

$$I_{xy}=x_oy_oA$$

$$=(30-18.64)^2\times3{,}600-(35-18.64)^2\times2{,}500=-204{,}600\,\mathrm{mm}^4$$

④ 최소 단면 2차 모멘트

$$I_{\min}=\frac{1}{2}(I_x+I_y)-\frac{1}{2}\sqrt{(I_x-I_y)^2+4I_{xy}^2}$$

$$=\frac{1}{2}(354{,}600+354{,}600)-\frac{1}{2}\sqrt{(354{,}600-354{,}600)^2+4\times(-204{,}600)^2}$$

$$=150{,}000\,\mathrm{mm}^4$$

⑤ 최소 회전반경

$$r_{\min} = \sqrt{\frac{I_{\min}}{A}} = \sqrt{\frac{150,000}{1100}} = 11.68\,\text{mm}$$

⑥ 안전하중

$$\lambda = \frac{l}{r_{\min}} = \frac{2,500}{11.68} = 214.04$$ 이므로 오일러공식 적용

$$P_b = N\frac{\pi^2 EI}{l^2} = 4 \times \frac{\pi^2 \times 210,000 \times 150,000}{2,500^2} = 198,970\,\text{N} = 198.97\,\text{kN}$$

$$\therefore P_S = \frac{P_b}{S} = \frac{198.97}{5} = 39.794\,\text{kN}$$

CHAPTER

10

보의 처짐

10.1 처짐곡선의 미분방정식

10.2 미분방정식법

10.3 탄성하중법(공액보법)

▪ 연습문제

CHAPTER 10

보의 처짐

10.1 처짐곡선의 미분방정식

직선보에 하중이 작용하면 길이 방향의 보의 축이 곡선모양이 된다. 이 곡선을 보의 처짐곡선(deflection curvre)이라 한다. 이 처짐곡선은 보의 단면에 작용하는 전단력, 휨모멘트, 축방향력의 작용에 의하여 생기는 것이다. 그런데 전단력이 처짐곡선에 미치는 영향이 휨모멘트에 비해서 작고, 또한 정정보에 수직하중이 작용하면 축방향력이 발생하지 않으므로 휨모멘트에 의한 처짐곡선만 기술하고자 한다.

그림 10-1과 같이 일반적인 보의 처짐곡선식을 구하기 위하여 캔틸레버보를 생각해 보기로 하자. 처짐곡선상의 임의점 m_1 에서의 처짐은 y이고 접선과 x 축이 이루는 각을 처짐각 θ라 한다.

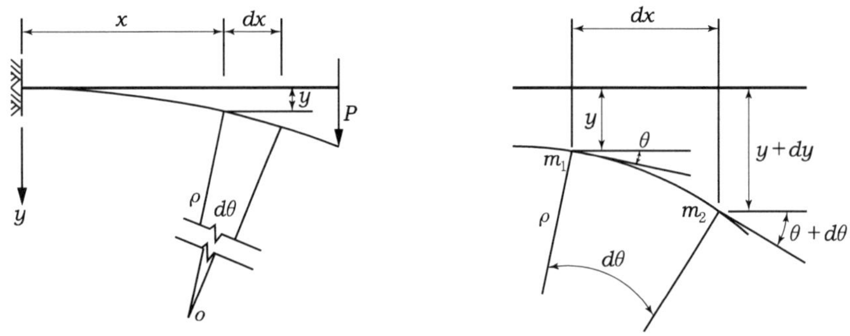

그림 10-1

이 처짐의 부호는 하향을 양(+)으로 하고 처짐각의 부호는 시계방향으로 회전할 경우를 양(+)으로 한다. m_1 점과 m_2 점에서 처짐곡선에 대한 접선을 그리고 이에 대한 수직선을 그리면 두 수직선이 만나는 교차점이 곡률중심 O이 되며, 이 O점에서 곡선까지의 거리를 곡률반경(radius of curvature) ρ라 한다. 또한 ρ의 역수를 곡률(curvature) k라 하고 다음과 같은 식으로 표시할 수 있다.

$$k = \frac{1}{\rho} = \frac{d\theta}{ds} \qquad (10\text{-}1)$$

처짐곡선의 기울기는 1차 도함수로 $\frac{dy}{dx}$로 되고 dx는 아주 미소한 거리이기 때문에 기울기가 회전각 θ의 탄젠트(tangent) 값과 같아진다.

$$\frac{dy}{dx} = \tan\theta \qquad (10\text{-}2)$$

일반적으로 보는 하중을 받으면 아주 작은 회전을 일으키기 때문에 처짐곡선의 곡률은 거의 직선과 같다. 여기서 θ가 아주 작을 때 $\cos\theta \approx 1$이므로 $dx = ds\cos\theta \approx ds$와 같고, 따라서 식 (10−1)은

$$k = \frac{1}{\rho} = \frac{d\theta}{dx} \qquad (10\text{-}3)$$

θ가 아주 작을 때 $\tan\theta \fallingdotseq \theta$ 이므로 식 (10−2)는

$$\theta = \tan\theta = \frac{dy}{dx}$$

θ를 x에 관해 미분하면

$$\frac{d\theta}{dx} = \frac{d^2y}{dx^2}$$

식 (10−3)에 대입하면

$$k = \frac{1}{\rho} = \frac{d\theta}{dx} = \frac{d^2y}{dx^2} \qquad (10\text{-}4)$$

이 식은 처짐과 곡률과의 관계를 나타내며 곡률과 휨모멘트와의 관계식은 제8장 보의 응력에서 $\frac{1}{\rho} = \frac{M}{EI}$로 유도되었다.

처짐의 부호를 하향이 양(+)으로 한다면 곡률과 휨모멘트와는 부호가 반대가 되어 다음과 같은 관계식을 사용한다.

여기서 M은 휨모멘트, EI는 보의 강성을 나타낸다.

$$k = \frac{1}{\rho} = -\frac{M}{EI} \qquad (10\text{-}5)$$

따라서 식 (10−4)와 식 (10−5)로부터

$$\frac{d\theta}{dx} = \frac{d^2y}{dx^2} = -\frac{M}{EI} \tag{10-6}$$

이 식이 처짐곡선을 구하는 기본 미분방정식이 된다.
식 (10−6)을 1회 적분하면 처짐각 θ 가 구해진다.

$$\theta = \frac{dy}{dx} = -\int \frac{M}{EI} dx + C_1 \tag{10-7}$$

식 (10−6)을 2회 적분하면 처짐 y 가 구해진다.

$$y = -\int\int \frac{M}{EI} dx \cdot dx + C_1 x + C_2 \tag{10-8}$$

식 (10−7)과 식 (10−8)에서 적분상수 C_1, C_2는 보의 지지조건 즉 경계조건(boundary condition)에 의하여 결정된다.

예제 10.1

길이 10m 인 단순보 중앙에 집중하중 $P = 20\,\text{kN}$ 이 작용할 때 중앙단면에서 곡률반지름 ρ 값은? (단, $I = 0.0000035\,\text{m}^4$, $E = 210{,}000\,\text{MPa}$ 이다.)

▸ **풀이**

중앙단면에서 휨모멘트는

$$M = \frac{Pl}{4} = \frac{20 \times 10}{4} = 50\,\text{kN}\cdot\text{m} = 0.05\,\text{MN}\cdot\text{m}$$

따라서, 곡률반지름 ρ 는

$$\rho = \frac{EI}{M} = \frac{210{,}000 \times 0.0000035}{0.05} = 14.7\text{m}$$

10.2 미분방정식법

10.2.1 집중하중을 받는 캔틸레버보

그림 10-2와 같은 캔틸레버보에 집중하중 P가 자유단 A에 작용할 때 처짐각과 처짐을 구해보자.

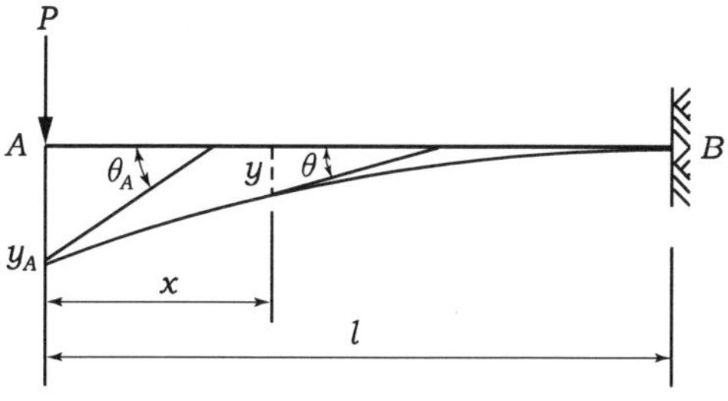

그림 10-2

임의 x 점에서 휨모멘트 M을 구하여 식 (10-6)에 대입한다.

$$M = -Px$$

$$\frac{d^2y}{dx^2} = -\frac{M}{EI} = \frac{Px}{EI}$$

$$\theta = \frac{dy}{dx} = \frac{P}{EI}\int x dx = \frac{Px^2}{2EI} + C_1 \tag{a}$$

$$y = \int \theta dx = \int \left(\frac{Px^2}{2EI} + C_1\right) dx = \frac{Px^3}{6EI} + C_1 x + C_2 \tag{b}$$

경계조건은 $x = l$ 일 때 $\theta = 0$, $y = 0$이므로 이를 (a)식과 (b)식에 대입하면

$$0 = \frac{Pl^2}{2EI} + C_1, \quad \therefore C_1 = -\frac{Pl^2}{2EI}$$

$$0 = \frac{Pl^3}{6EI} + C_1 l + C_2, \quad \therefore C_2 = \frac{Pl^3}{3EI}$$

이 적분상수 C_1, C_2 값을 (a)식과 (b)식에 대입하면

$$\theta = -\frac{P}{2EI}(l^2 - x^2) \tag{10-9}$$

$$y = \frac{P}{6EI}(2l^3 - 3l^2 x + x^3) \tag{10-10}$$

최대처짐각 및 최대처짐은 A 점에서 발생하고 $x=0$를 대입하면

$$\theta_A = -\frac{Pl^2}{2EI},\ y_A = \frac{Pl^3}{3EI} \tag{10-11}$$

10.2.2 등분포하중을 받는 캔틸레버보

그림 10-3과 같은 캔틸레버보에 등분포하중 w가 작용할 때 처짐각 및 처짐을 구해보자.

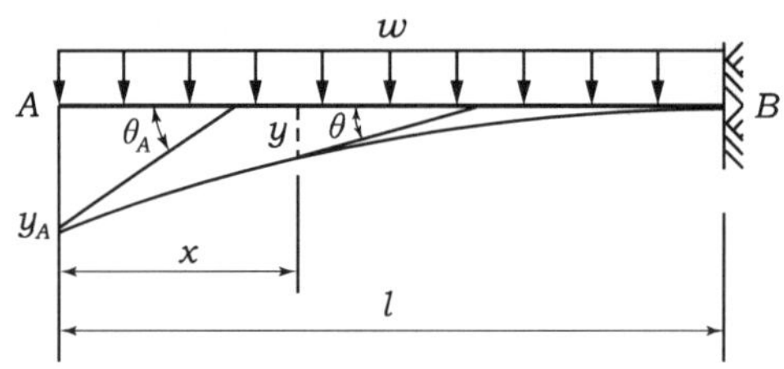

그림 10-3

임의 x 점에서 휨모멘트 M을 구하여 식 (10-6)에 대입한다.

$$M = -\frac{wx^2}{2}$$

$$\frac{d^2y}{dx^2} = -\frac{M}{EI} = \frac{wx^2}{2EI}$$

$$\theta = \frac{dy}{dx} = \frac{w}{2EI}\int x^2 dx = \frac{wx^3}{6EI} + C_1 \tag{a}$$

$$y = \int\left(\frac{wx^3}{6EI} + C_1\right)dx = \frac{wx^4}{24EI} + C_1 x + C_2 \tag{b}$$

경계조건은 $x=l$일 때 $\theta=0$, $y=0$이므로 이를 (a)식과 (b)식에 대입하면

$$0 = \frac{wl^3}{6EI} + C_1,\ \therefore C_1 = -\frac{wl^3}{6EI}$$

$$0 = \frac{wl^4}{24EI} - \frac{wl^4}{6EI} + C_2,\ \therefore C_2 = \frac{wl^4}{8EI}$$

이 적분상수 C_1, C_2값을 (a)식과 (b)식에 대입하면

$$\theta = -\frac{w}{6EI}(l^3 - x^3) \tag{10-12}$$

$$y = \frac{w}{24EI}(3l^4 - 4l^3x + x^4) \tag{10-13}$$

최대처짐각 및 최대처짐은 A 점에서 발생하고 $x=0$를 대입하면

$$\theta_A = -\frac{wl^3}{6EI}, \; y_A = \frac{wl^4}{8EI} \tag{10-14}$$

10.2.3 집중하중을 받는 단순보

그림 10-4와 같이 단순보에 집중하중 P가 C점에 작용할 때 처짐각 및 처짐을 구해보자.

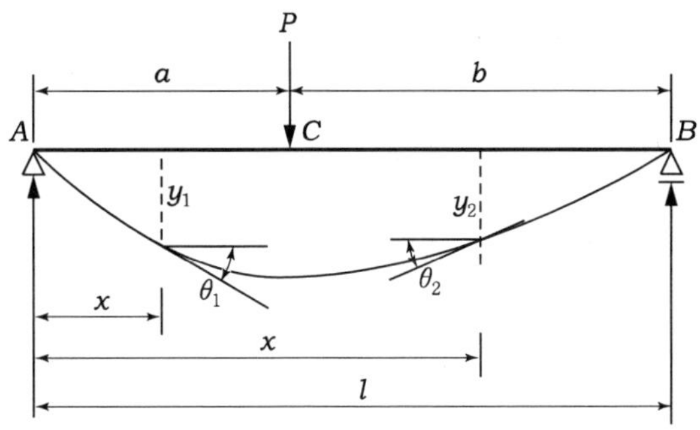

그림 10-4

구간 $0 \leqq x \leqq a$에서 임의 x점의 휨모멘트 M을 구하여 식 (10-6)에 대입한다.

$$M = R_A x = \frac{Pb}{l}x$$

$$\frac{d^2y}{dx^2} = -\frac{M}{EI} = -\frac{Pb}{EIl}x$$

$$\theta_1 = \frac{dy}{dx} = -\frac{Pb}{EIl}\int x\,dx = -\frac{Pbx^2}{2EIl} + C_1 \tag{a}$$

$$y_1 = -\frac{Pb}{6EIl}x^3 + C_1x + C_2 \tag{b}$$

구간 $a \leqq x \leqq l$에서 임의 점의 휨모멘트 M을 구하여 식 (10-6)에 대입한다.

$$M = \frac{Pb}{l}x - P(x-a)$$

$$\frac{d^2y}{dx^2} = -\frac{M}{EI} = -\frac{Pb}{EIl}x + \frac{P(x-a)}{EI}$$

$$\theta_2 = \frac{dy}{dx} = \int\left(-\frac{Pb}{EIl}x + \frac{P(x-a)}{EI}\right)dx$$

$$\theta_2 = -\frac{Pb}{2EIl}\cdot x^2 + \frac{P(x-a)^2}{2EI} + C_3 \quad \text{(c)}$$

$$y_2 = -\frac{Pb}{6EIl}\cdot x^3 + \frac{P(x-a)^3}{6EI} + C_3x + C_4 \quad \text{(d)}$$

적분상수를 구하기 위하여 식 (b)에서 경계조건은 $x=0$ 일 때, $y_1=0$ 이므로

$$\therefore C_2 = 0$$

식 (d)에서 경계조건은 $x=l$ 일 때, $y_2=0$ 이므로

$$0 = -\frac{Pb}{6EIl}\cdot l^3 + \frac{P(l-a)^3}{6EI} + C_3l + C_4 \quad \text{(e)}$$

식 (a)와 식 (c)에서 $x=a$ 에서 θ_c 는 같아야 되므로

$$-\frac{Pba^2}{2EIl} + C_1 = -\frac{Pba^2}{2EIl} + C_3$$

$$\therefore C_1 = C_3$$

식 (b)와 식 (d)에서 $x=a$ 에서 y_c 는 같아야 되므로

$$-\frac{Pba^3}{6EIl} + C_1a + C_2 = -\frac{Pba^3}{6EIl} + C_3a + C_4$$

$$\therefore C_2 = C_4 = 0$$

식 (e)를 정리하면

$$C_3l = \frac{Pb}{6EIl}\cdot l^3 - \frac{P(l-a)^3}{6EI}$$

$$C_3 = C_1 = \frac{Pb}{6EIl}\cdot l^2 - \frac{Pb^3}{6EIl} = \frac{Pb}{6EIl}(l^2-b^2)$$

위에서 구한 적분상수를 식 (a), (b), (c), (d)에 대입하면 임의 점에서의 처짐각 및 처짐을 구할 수 있다.

구간 $0 \leqq x \leqq a$ 에서

$$\theta_1 = \frac{Pb}{6EIl}(l^2 - b^2 - 3x^2) \tag{10-15}$$

$$y_1 = \frac{Pb}{6EIl}x(l^2 - b^2 - x^2) \tag{10-16}$$

구간 $0 \leqq x \leqq b$ 에서

$$\theta_2 = \frac{Pb}{6EIl}\left\{\frac{3l}{b}(x-a)^2 + (l^2 - b^2) - 3x^2)\right\} \tag{10-17}$$

$$y_2 = \frac{Pb}{6EIl}\left\{\frac{l}{b}(x-a)^2 + (l^2 - b^2)x - x^3)\right\} \tag{10-18}$$

C 점의 처짐각 및 처짐은 $x = a$, $l = a + b$ 에서

$$\theta_c = \frac{Pab}{3EIl}(b - a) \tag{10-19}$$

$$y_c = \frac{Pa^2b^2}{3EIl} \tag{10-20}$$

A 점과 B 점의 처짐각은 $x = 0$, $x = l$ 에서

$$\theta_A = \frac{Pab}{6EIl}(l + b) \tag{10-21}$$

$$\theta_B = -\frac{Pab}{6EIl}(l + a) \tag{10-22}$$

집중하중이 중앙점에 작용하는 경우에는 $a = b = \frac{l}{2}$

$$\theta_A = \frac{Pl^3}{16EI} \tag{10-23}$$

$$\theta_B = -\frac{Pl^3}{16EI} \tag{10-24}$$

$$y_c = \frac{Pl^3}{48EI} \tag{10-25}$$

10.2.4 등분포하중을 받는 단순보

그림 10-5와 같이 단순보에 등분포하중 w가 작용할 때 처짐각 및 처짐을 구하면 다음과 같다.

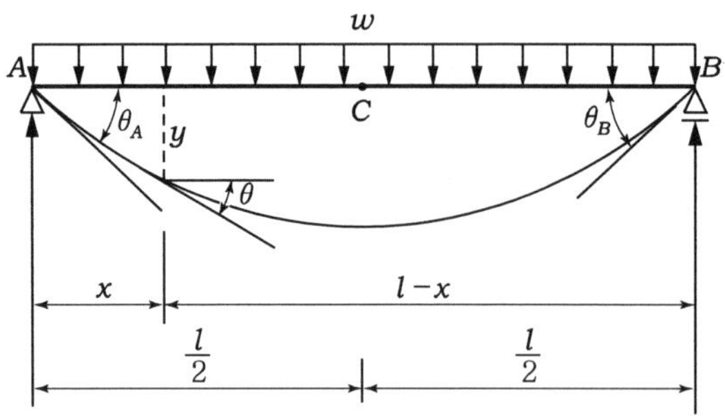

그림 10-5

지점반력 $R_A = R_B = \dfrac{wl}{2}$ 이므로 임의의 x점에서 휨모멘트 M은

$$M = \frac{wl}{2}x - \frac{wx^2}{2} = \frac{w}{2}(lx - x^2)$$

$$\begin{aligned}\theta &= -\int \frac{M}{EI}dx \\ &= -\frac{1}{EI}\int \frac{w}{2}(lx - x^2)dx = -\frac{w}{2EI}\left(\frac{l}{2}x^2 - \frac{1}{3}x^3\right) + C_1 \qquad \text{(a)}\end{aligned}$$

$$\begin{aligned}y &= \int \theta\, dx = \int \left\{-\frac{w}{2EI}\left(\frac{l}{2}x^2 - \frac{1}{3}x^3\right) + C_1\right\}dx \\ &= -\frac{w}{2EI}\left(\frac{l}{6}x^3 - \frac{1}{12}x^4\right) + C_1x + C_2 \qquad \text{(b)}\end{aligned}$$

경계조건은 $x = 0$일 때 $y = 0$이므로

$$\therefore C_2 = 0$$

$x = l$일 때 $y = 0$ 이므로

$$0 = -\frac{w}{2EI}\left(\frac{1}{6}l^4 - \frac{1}{12}l^4\right) + C_1 l$$

$$\therefore C_1 = \frac{wl^3}{24EI}$$

이 적분상수 C_1, C_2값을 식 (a)와 (b)에 대입하면

$$\theta = \frac{w}{24EI}(l^3 - 6lx^2 + 4x^2) \tag{10-26}$$

$$y = \frac{wx}{24EI}(l^3 - 2lx^2 + x^3) \tag{10-27}$$

최대 처짐각은 양쪽 지점에서 발생하고 $x = 0$과 $x = l$를 대입하면

$$\theta_A = \frac{wl^3}{24EI}, \ \theta_B = -\frac{wl^3}{24EI} \tag{10-28}$$

최대 처짐은 중앙점에서 발생하고 $x = \frac{l}{2}$ 에서

$$y_{\max} = \frac{w}{24EI} \times \frac{l}{2}\left\{l^3 - 2l\left(\frac{l}{2}\right)^2 + \left(\frac{l}{2}\right)^3\right\} = \frac{5wl^4}{384EI} \tag{10-29}$$

10.3 탄성하중법(공액보법)

제4장에서 보의 휨모멘트, 전단력 및 하중과의 관계식은

$$\frac{d^2M}{dx^2} = -w, \ \frac{dM}{dx} = S, \ \frac{dS}{dx} = -w \tag{a}$$

이고 탄성곡선식은 식 (10−6)으로부터

$$\frac{d^2y}{dx^2} = -\frac{M}{EI}, \ \frac{dy}{dx} = \theta, \ \frac{d\theta}{dx} = -\frac{M}{EI} \tag{b}$$

로 되는 것이 증명되었다.

또한 상기의 식 (a)와 (b)를 적분하면 다음 식으로 표시된다.

$$M = -\int\int w \cdot dx \cdot dx + C_1x + C_2, \ S = -\int w \cdot dx + C_1 \tag{c}$$

$$y = -\int\int \frac{M}{EI} \cdot dx \cdot dx + D_1x + D_2, \ \theta = -\int \frac{M}{EI} \cdot dx + D_1 \tag{d}$$

식 (c)에서 $w = \frac{M}{EI}$으로 놓을 때 다음과 같이 대응관계가 있음을 알 수 있다.

$$M = y, \ S = \theta \tag{e}$$

이들 대응관계는 그림 10-6에서 쉽게 이해할 수 있다.

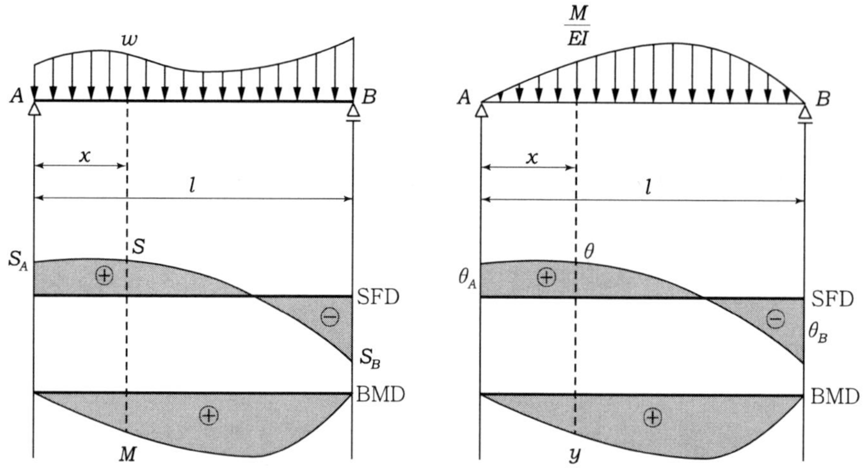

그림 10-6

보의 하중으로 $\frac{M}{EI}$를 작용시켜 전단력 및 휨모멘트를 구하면 하중 w에 대한 처짐각 및 처짐을 구할 수 있음을 뜻한다. 이것을 모르의 정리(Mohr's threom)라 하고 $\frac{M}{EI}$을 탄성하중(elastic load)라 하며, 이 방법으로 보의 처짐각과 처짐을 구하는 방법을 탄성하중법(elastic load method)이라 말한다.

또한 탄성하중을 받는 보를 실제 보에 대하여 공액보(conjugate beam)라 부르기 때문에 공액보법(conjugate beam method)이라고도 한다.
이 방법은 단순보 이외에 캔틸레버보, 내민보, 게르버보 등 모든 정정보에 적용할 수 있다.
문제는 단순보가 아닌 캔틸레버보, 내민보에 적용하면 $\frac{M}{EI}$하중으로 인한 최대 휨모멘트가 처짐이 없는 지점에서 발생하는 모순이 생긴다. 이러한 모순을 제거하기 위하여 지점을 변화시킨 대등한 보, 즉 그림 10-7과 같은 공액보를 이용하여야 한다. 실제보의 고정단은 공액보에서 자유단으로, 자유단은 고정단으로, 힌지단은 롤러단으로, 롤러단은 힌지단이 된다.

또한 공액보에 실리는 탄성하중 $\frac{M}{EI}$도의 방향은 (+)휨모멘트의 경우에는 하향으로 작용시키고 (−)휨모멘트인 경우에는 상향으로 작용시킨다.

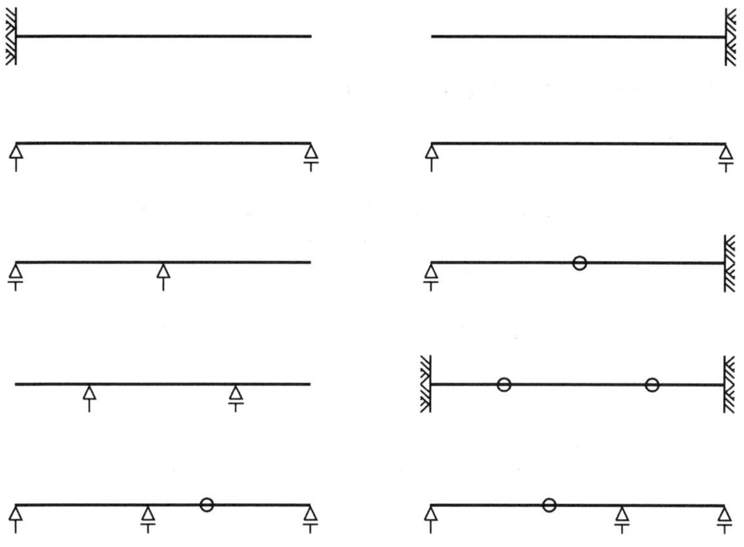

그림 10-7

10.3.1 집중하중을 받는 캔틸레버보

그림 10-8과 같은 캔틸레버보에 집중하중이 자유단에 작용하는 경우 처짐각과 처짐을 구하기 위하여 먼저 그림과 같이 휨모멘트도(BMD)를 그린다.

다음 이 휨모멘트도를 탄성하중 $\dfrac{M}{EI}$ 으로 변환시키고 공액보에 작용시킨다. 이 때 탄성하중의 방향은 (−)휨모멘트이므로 상향이다.

B 점의 처짐각은 공액보에서 B' 점의 전단력을 구하면 되고

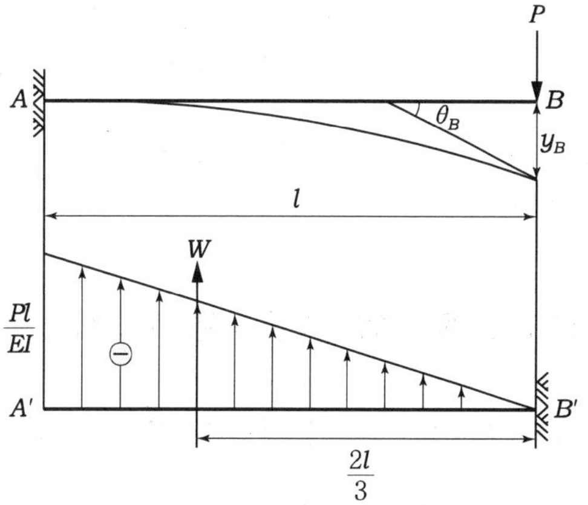

그림 10-8

$$\theta_B = S_{B'} = \frac{1}{2} \cdot \frac{Pl}{EI} \cdot l = \frac{Pl^2}{2EI} \tag{10-30}$$

B 점의 처짐는 공액보에서 B' 점의 휨모멘트를 구하면 된다.

$$y_B = M_{B'} = \frac{Pl^2}{2EI} \cdot \frac{2}{3} \cdot l = \frac{Pl^3}{3EI} \tag{10-31}$$

예제 10.2

그림과 같은 캔틸레버보에서 B점의 처짐각 θ_B와 처짐 y_B는?

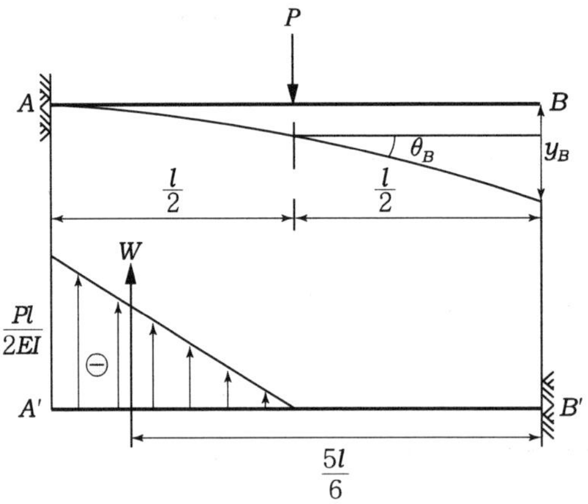

▸ **풀이**

B점의 처짐각(θ_B)은 공액보에서 B' 점의 전단력을 구하면 되고

$$\theta_B = S_{B'} = \frac{1}{2}\cdot\frac{Pl}{2EI}\cdot\frac{l}{2} = \frac{Pl^2}{8EI} \text{ (시계방향)}$$

B점의 처짐(y_B)는 공액보에서 B' 점의 휨모멘트를 구하면 된다.

$$y_B = M_{B'} = \frac{Pl^2}{8EI}\cdot\frac{5}{6}\cdot l = \frac{5Pl^3}{48EI} \text{ (하향)}$$

10.3.2 등분포하중을 받는 캔틸레버보

그림 10-9와 같이 공액보에 $\frac{M}{EI}$ 도를 그리고 하중의 방향은 (-)모멘트이므로 상향으로 작용시킨다. 실제보에서 B점의 처짐각은 공액보에서 B' 점의 전단력을 구하면 된다.

$$\theta_B = S_{B'} = \frac{1}{3}\cdot\frac{wl^2}{2EI}\cdot l = \frac{wl^3}{6EI} \tag{10-32}$$

B점의 처짐은 공액보에서 B' 점의 휨모멘트와 같다.

$$y_B = M_{B'} = \frac{wl^3}{6EI}\cdot\frac{3}{4}l = \frac{wl^4}{8EI} \tag{10-33}$$

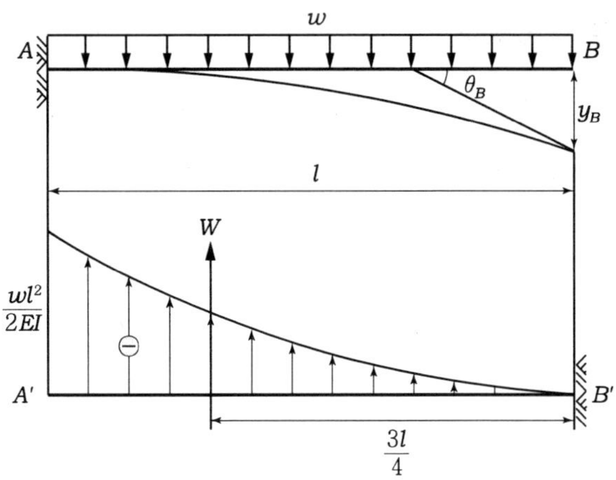

그림 10-9

예제 10.3

그림과 같은 캔틸레버보의 B 점의 처짐각 θ_B와 처짐 y_B를 구하여라. 단, EI는 일정하다.

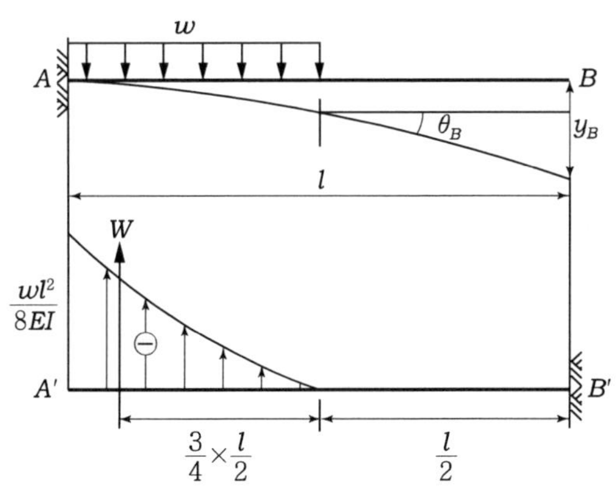

▸ 풀이

실제보의 θ_B는 공액보에서 $S_{B'}$를 구하면 된다.

$$\theta_B = S_{B'} = \frac{1}{3}\left(\frac{l}{2}\right)\left(\frac{wl^2}{8EI}\right) = \frac{wl^3}{48EI}$$

실제보의 y_B는 공액보에서 $M_{B'}$를 구하면 된다.

$$y_B = M_{B'} = \frac{wl^3}{48EI}\left(\frac{l}{2} + \frac{3}{4}\times\frac{l}{2}\right) = \frac{7wl^4}{384EI}$$

10.3.3 집중하중을 받는 단순보

그림 10-10과 같은 단순보에 집중하중 P가 C점에 작용할 때 처짐각 및 처짐을 구하기 위하여 먼저 공액보에 $\frac{M}{EI}$ 도를 작용시켜 지점반력을 구한다.

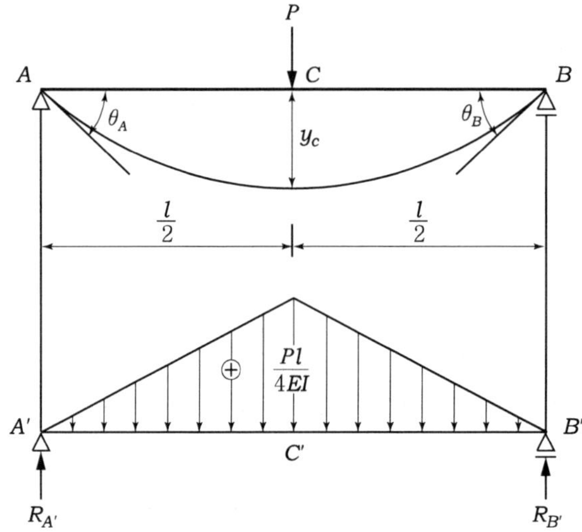

그림 10-10

$\Sigma M_{B'}=0$ 에서

$$R_{A'}\times l-\frac{1}{2}\times\frac{Pl}{4EI}\times l\times\frac{l}{2}=0$$

$$\therefore R_{A'}=\frac{Pl^2}{16EI}$$

마찬가지로 $\Sigma V=0$ 에서 $R_{B'}$ 를 구하면

$$\frac{Pl^2}{16EI}-\frac{1}{2}\times\frac{Pl}{4EI}\times l+R_{B'}=0$$

$$\therefore R_{B'}=\frac{Pl^2}{16EI}$$

따라서, 실제보 A 및 B 점의 처짐각은 공액보에서 A' 및 B' 지점의 전단력과 같으므로 다음 식을 얻는다.

$$\theta_A=S_{A'}=\frac{Pl^2}{16EI},\ \theta_B=S_{B'}=-\frac{Pl^2}{16EI} \tag{10-34}$$

또한, C점의 처짐은 공액보에서 C' 점의 휨모멘트와 같으므로 다음 식과 같다.

$$y_C = M_{C'} = \frac{Pl^2}{16EI}\cdot\frac{l}{2} - \frac{1}{2}\cdot\frac{Pl}{4EI}\cdot\frac{l}{2}\left(\frac{1}{3}\cdot\frac{l}{2}\right) = \frac{Pl^3}{32EI} - \frac{Pl^3}{96EI}$$

$$= \frac{Pl^3}{48EI} \qquad (10\text{-}35)$$

예제 10.4

그림과 같은 단순보의 처짐각을 구하라. (단, EI는 일정하다)

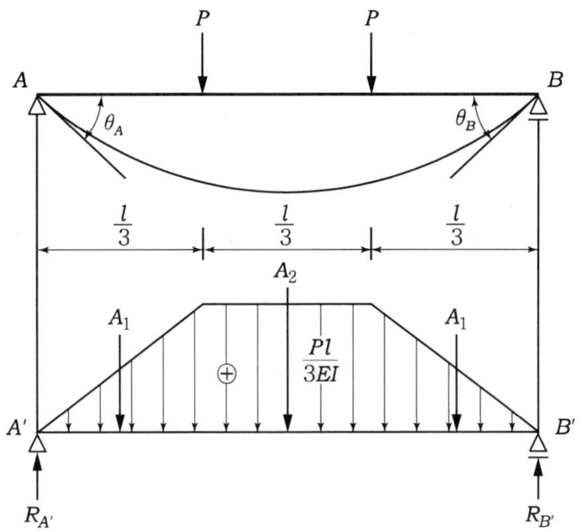

▸ **풀이**

실제보의 θ_A는 공액보에서 $S_{A'}$를 구하면 된다.

$$A_1 = \frac{1}{2}\left(\frac{l}{3}\right)\left(\frac{Pl}{3EI}\right) = \frac{Pl^2}{18EI},\ A_2 = \left(\frac{l}{3}\right)\left(\frac{Pl}{3EI}\right) = \frac{Pl^2}{9EI}$$

$$R_{A'} = A_1 + \frac{1}{2}A_2 = \frac{Pl^2}{18EI} + \frac{1}{2}\cdot\frac{Pl^2}{9EI} = \frac{Pl^2}{9EI}$$

$$\theta_A = S_{A'} = R_{A'} = \frac{Pl^2}{9EI} \text{ (시계방향)}$$

대칭이므로 $\theta_B = S_{B'} = -R_{B'} = -\dfrac{Pl^2}{9EI}$ (반시계방향)

10.3.4 등분포하중을 받는 단순보

그림 10-11과 같은 단순보에 등분포하중 w가 작용할 때 처짐각 및 처짐을 구하기 위하여 먼저 공액보에 $\frac{M}{EI}$도를 작용시켜 지점반력을 구한다.

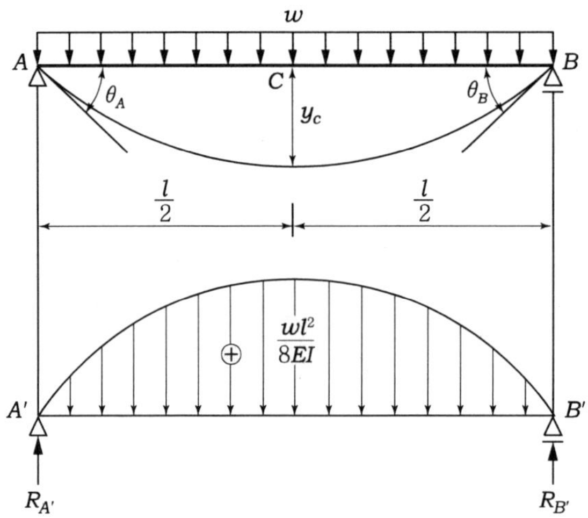

그림 10-11

$\Sigma M_{B'}=0$ 에서

$$R_{A'}\times l-\frac{2}{3}\times\frac{wl^2}{8EI}\times l\times\frac{l}{2}=0\ ,\ \ \therefore R_{A'}=\frac{wl^3}{24EI}$$

$\Sigma V=0$ 에서 $R_{B'}=\frac{wl^3}{24EI}$이 된다.

따라서, 실제보 A 및 B점의 처짐각은 공액보에서 A' 및 B'점의 전단력과 같으므로 다음 식이 얻어진다.

$$\theta_A=S_{A'}=\frac{wl^3}{24EI}\ ,\ \theta_B=S_{B'}=-\frac{wl^3}{24EI} \tag{10-36}$$

또한, 중앙점의 처짐은 휨모멘트와 같으므로 다음 식과 같다.

$$y_C=M_{C'}=\frac{wl^3}{24EI}\times\frac{l}{2}-\frac{wl^3}{24EI}\times\frac{3l}{16}=\frac{5wl^4}{384EI} \tag{10-37}$$

예제 10.5

그림과 같은 단순보에 등분포하중 w 가 작용하여 최대 처짐이 0.03m 이었다. 이 때 작용한 w 의 값은? (단, $I=0.0015\text{m}^4$, $E=100{,}000\text{MPa}$ 이다)

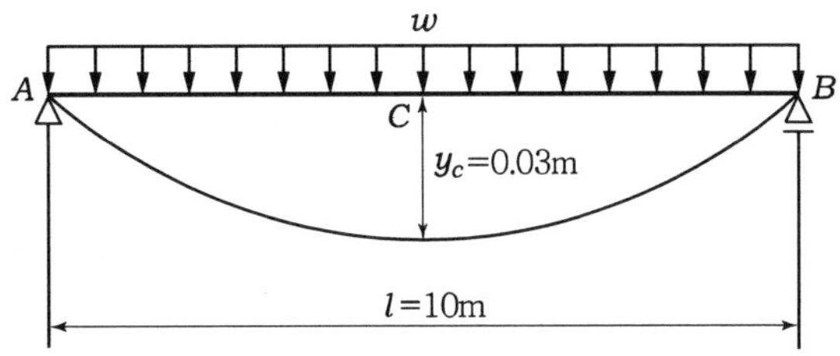

▸ **풀이**

최대처짐 $y_{\max}=\dfrac{5wl^4}{384EI}$ 에서

$$w=\frac{384EI}{5l^4}y_{\max}$$

$$w=\frac{384(10^5)(0.0015)}{5(10)^4}\times 0.03=0.03456\text{MN/m}$$

$$w=34.56\text{kN/m}$$

10.3.5 모멘트 하중을 받는 단순보

그림 10-12와 같은 단순보에 모멘트 하중이 양쪽 지점에 작용할 때 처짐각을 구하기 위하여 먼저 공액보에 $\dfrac{M}{EI}$ 도를 작용시켜 지점반력을 구한다.

$\Sigma M_{B'}=0$ 에서

$$R_{A'}\times l-\frac{1}{2}\times\frac{M_A}{EI}\times l\times\frac{2l}{3}-\frac{1}{2}\times\frac{M_B}{EI}\times l\times\frac{l}{3}=0$$

$$\therefore\ R_{A'}=\frac{l}{6EI}(2M_A+M_B)$$

$\Sigma M_{A'}=0$ 에서

$$R_{B'}=\frac{l}{6EI}(M_A+2M_B)$$

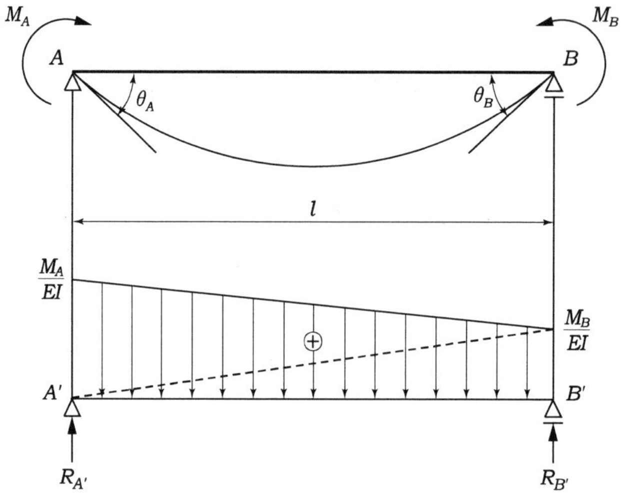

그림 10-12

따라서, 실제보 A 점 및 B 점의 처짐각은 공액보에서 A' 점 및 B' 점의 전단력과 같으므로 다음 식이 얻어진다.

$$\theta_A = S_{A'} = \frac{l}{6EI}(2M_A + M_B) \tag{10-38}$$

$$\theta_B = S_{B'} = -\frac{l}{6EI}(M_A + 2M_B) \tag{10-39}$$

만약 $M_A = 0$ 인 경우에는

$$\theta_A = \frac{M_B l}{6EI}, \ \theta_B = -\frac{M_B l}{3EI} \tag{10-40}$$

또한 $M_A = M_B = M$ 인 경우 처짐각과 최대처짐을 구하면 다음 식과 같다.

$$\theta_A = -\theta_B = \frac{Ml}{2EI} \tag{10-41}$$

$$y_{\max} = \frac{Ml}{2EI} \times \frac{l}{2} - \frac{Ml}{2EI} \times \frac{l}{4} = \frac{Ml^2}{8EI} \tag{10-42}$$

예제 10.6

그림과 같은 단순보에 모멘트하중이 작용할 때 A점의 처짐각 θ_A와 B점의 처짐각 θ_B를 구하라. (단, EI는 일정)

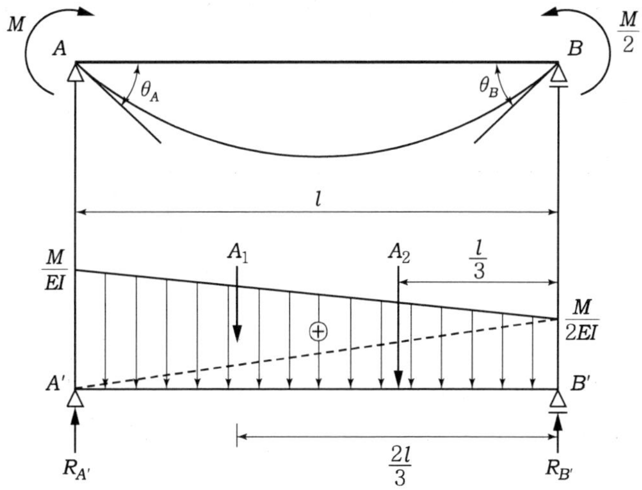

▸ **풀이**

실제보의 θ_A는 공액보에서 $S_{A'}$를 구하는 것이다.

먼저 $\dfrac{M}{EI}$ 도를 2개의 삼각형으로 나누고 합력을 구한다,

$$A_1 = \frac{1}{2} \times \frac{M}{EI} \times l = \frac{Ml}{2EI},\ A_2 = \frac{1}{2} \times \frac{M}{2EI} \times l = \frac{Ml}{4EI}$$

$\sum M_{B'} = 0$ 에서

$$R_{A'} \times l - \frac{Ml}{2EI} \times \frac{2l}{3} - \frac{Ml}{4EI} \times \frac{l}{3} = 0$$

$$R_{A'} = \frac{5Ml}{12EI},\ \text{따라서}\ \theta_A = S_{A'} = R_{A'} = \frac{5Ml}{12EI}$$

실제보의 θ_B는 공액보에서 $S_{B'}$를 구하면 된다.

$\sum V = 0$ 에서

$$\frac{5Ml}{12EI} - \frac{Ml}{2EI} - \frac{Ml}{4EI} + R_{B'} = 0$$

$$R_{B'} = \frac{Ml}{3EI},\ \text{따라서}\ \theta_B = S_{B'} = -R_{B'} = -\frac{Ml}{3EI}$$

10.3.6 내민보

그림 10-13과 같이 내민보의 단부에 모멘트하중이 작용할 때 C점의 처짐각과 처짐을 구하기 위하여 먼저 공액보에 $\frac{M}{EI}$도를 작용시켜 지점반력을 구한다. 여기서 내민보의 공액보는 게르버보가 된다.

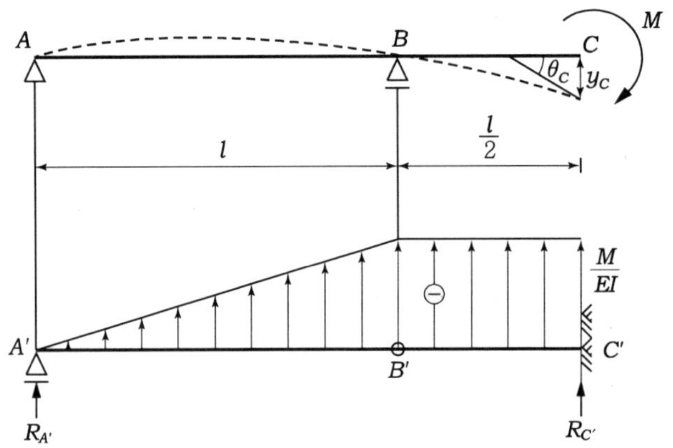

그림 10-13

$\sum M_{B'} = 0$ 에서

$$R_{A'} \times l + \frac{1}{2} \times \frac{M}{EI} \times l \times \frac{l}{3} = 0, \quad \therefore R_{A'} = -\frac{Ml}{6EI}$$

$\sum M_{A'} = 0$ 에서 $R_{B'} = -\frac{Ml}{3EI}$ 이 된다.

따라서, C점의 처짐각은 공액보에서 C'점의 전단력이므로

$$\theta_c = S_{c'} = \frac{Ml}{3EI} + \frac{Ml}{2EI} = \frac{5Ml}{6EI}$$

또한, C점의 처짐은 공액보에서 C'의 휨모멘트와 같으므로 다음 식과 같다.

$$y_c = M_{C'} = \frac{Ml}{3EI} \times \frac{l}{2} + \frac{Ml}{2EI} \times \frac{l}{4} = \frac{7Ml^2}{24EI}$$

예제 10.7

그림과 같은 내민보에서 등분포 하중이 작용할 때 C점의 처짐 y_c는? (단, $EI = 3.2 \times 10^5 \text{kN} \cdot \text{m}^2$)

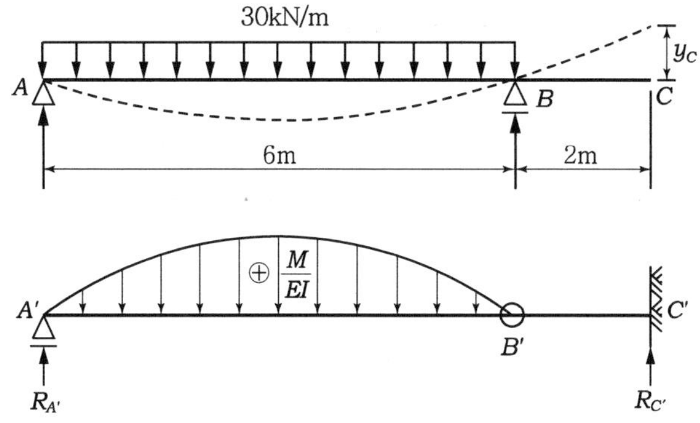

▸ **풀이**

중앙점의 휨모멘트는

$$M = \frac{wl^2}{8} = \frac{30 \times 6^2}{8} = 135 \text{kN} \cdot \text{m}$$

공액보에서 지점반력 $R_{B'}$는

$$A = \frac{2}{3} \times \frac{135}{EI} \times 6 = \frac{540}{EI}$$

$$R_{A'} = \frac{270}{EI}, \ R_{B'} = \frac{270}{EI}$$

실제보에서 y_c는 공액보에서 $M_{c'}$를 구하는 것으로

$$y_c = M_{C'} = -\frac{270}{EI} \times 2 = -\frac{540}{EI} = -\frac{540}{320{,}000}$$

$$= -0.00169 \text{m} = -1.69 \text{mm} \text{ (상향)}$$

10.3.7 게르버보

그림 10-14와 같은 게르버보의 $B \sim C$ 구간에 등분포하중이 작용할 때 처짐각과 처짐을 구하기 위하여 다음과 같이 공액보에 $\frac{M}{EI}$도를 작용시켜 지점반력을 구한다.

$\Sigma M_{c'} = 0$ 에서

$$R_{B'} \times l + \frac{1}{2} \times \frac{wl^2}{2EI} \times l \times \left(l + \frac{2l}{3}\right) - \frac{2}{3} \times \frac{wl^2}{8EI} \times l \times \frac{l}{2} = 0$$

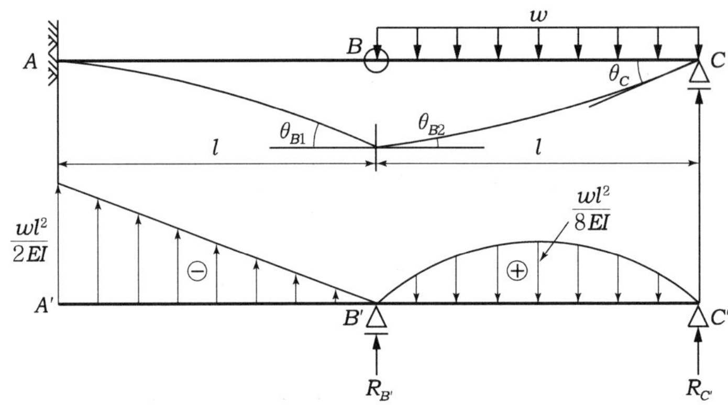

그림 10-14

$$R_{B'} = -\frac{3wl^3}{8EI}\ (\downarrow)$$

$\Sigma M_{B'} = 0$ 에서

$$-R_{c'} \times l + \frac{2}{3} \times \frac{wl^2}{8EI} \times l \times \frac{l}{2} + \frac{1}{2} \times \frac{wl^2}{2EI} \times l \times \frac{2l}{3} = 0$$

$$R_{c'} = \frac{5wl^3}{24EI}\ (\uparrow)$$

따라서, 실제보에서 처짐각은 공액보에서 전단력을 구하는 것으로

$$\theta_{B1} = S_{B'} = \frac{1}{2} \times \frac{wl^2}{2EI} \times l = \frac{wl^3}{4EI} \tag{10-43}$$

$$\theta_{B2} = S_{B'} = \frac{wl^3}{4EI} - \frac{3wl^3}{8EI} = -\frac{wl^3}{8EI} \tag{10-44}$$

$$\theta_c = S_{c'} = -R_{c'} = -\frac{5wl^3}{24EI} \tag{10-45}$$

또한, B 점의 처짐은 공액보에서 B' 점의 휨모멘트와 같으므로 다음 식과 같다.

$$y_B = M_{B'} = \frac{1}{2} \times \frac{wl^2}{2EI} \times l \times \frac{2l}{3} = \frac{wl^4}{6EI} \tag{10-43}$$

예제 10.8

그림과 같은 게르버보에 등분포 하중이 작용할 때 A 및 B지점의 처짐각 θ_A, θ_B와 C점의 처짐 y_c를 구하라. 단, EI는 일정하다.

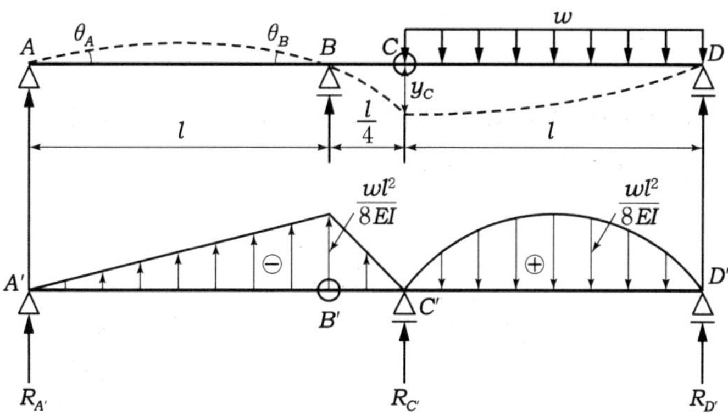

▸ **풀이**

지점반력 $R_C = R_D = \dfrac{wl}{2}$

$\Sigma M_B = 0$ 에서

$R_A \times l + \dfrac{wl}{2} \times \dfrac{l}{4} = 0$, $R_A = -\dfrac{wl}{8}$ (↓)

$\Sigma V = 0$ 에서

$-\dfrac{wl}{8} + R_B - \dfrac{wl}{2} = 0$, $R_B = \dfrac{5wl}{8}$ (↑)

CD구간의 중앙점의 휨모멘트는 $M = \dfrac{wl^2}{8}$

B점의 휨모멘트는 $M_B = -\dfrac{wl^2}{8}$

공액보에서 $\Sigma M_{B'} = 0$ 에서

$R_{A'} \times l + \dfrac{1}{2} \times l \times \dfrac{wl^2}{8EI} \times \dfrac{l}{3} = 0$

$R_{A'} = -\dfrac{wl^3}{48EI}$, $\theta_A = S_{A'} = R_{A'} = -\dfrac{wl^3}{48EI}$ (반시계방향)

$\Sigma V = 0$ 에서

$-\dfrac{wl^3}{48EI} + \dfrac{wl^3}{16EI} + R_{B'} = 0$, $R_{B'} = -\dfrac{wl^3}{24EI}$ (↓)

$\theta_B = S_{B'} = -R_{B'} = \dfrac{wl^3}{24EI}$ (시계방향)

$y_C = M_{C'} = \dfrac{wl^3}{24EI} \times \dfrac{l}{4} + \dfrac{1}{2} \times \dfrac{wl^2}{8EI} \times \dfrac{l}{4} \times \dfrac{2}{3} \times \dfrac{l}{4} = \dfrac{5wl^4}{384EI}$ (↓)

연 습 문 제

문제 10.1 지름 $0.3\,\mathrm{m}$ 의 원형단면의 강봉을 허용휨응력 $\sigma_a = 79\,\mathrm{MPa}$ 을 넘지 않게 원형으로 휘는데 가능한 최소반지름은 ? (단, $E = 210{,}000\,\mathrm{MPa}$)

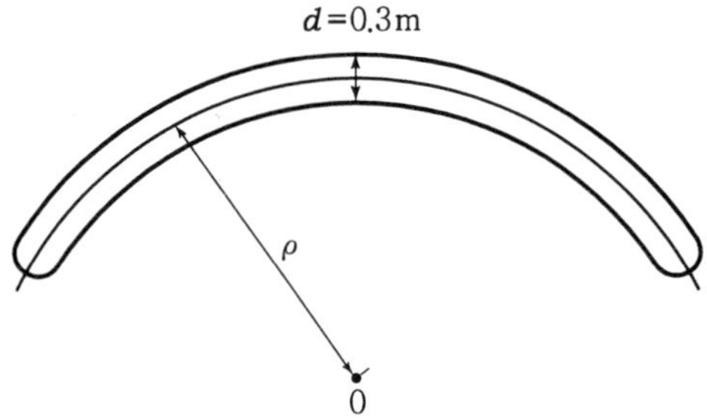

▸ **풀이**

휨응력 공식 $\sigma_a = \dfrac{M}{Z}$ 에서

$$M = \sigma_a \cdot Z = 79 \times \frac{\pi \times 0.3^3}{32} = 0.2094068\,\mathrm{MN \cdot m}$$

곡률반경 $\dfrac{1}{\rho} = \dfrac{M}{EI}$ 에서

$$\rho = \frac{EI}{M} = \frac{210{,}000}{0.2094068} \times \frac{\pi \times 0.3^4}{64} = 398.73\,\mathrm{m} \fallingdotseq 399\mathrm{m}$$

문제 10.2 그림과 같은 변단면 캔틸레버보에서 A 점의 처짐 y_A 는?

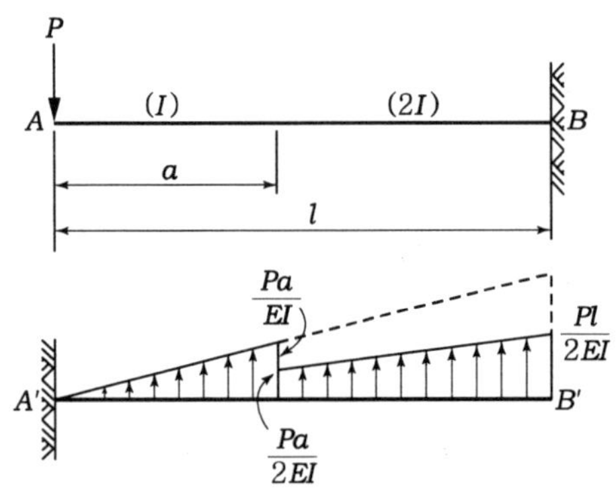

▸ **풀이**

실제보의 y_A는 공액보에서 $M_{A'}$를 구하는 것으로

$$y_A = \frac{1}{2}a\left(\frac{Pa}{EI}\right)\left(\frac{2a}{3}\right) + \frac{1}{2}(l-a)\left(\frac{Pa}{2EI}\right)\left[a+\frac{1}{3}(l-a)\right] + \frac{1}{2}(l-a)\left(\frac{Pl}{2EI}\right)\left[a+\frac{2}{3}(l-a)\right]$$

$$= \frac{Pa^3}{3EI} + \frac{P(l-a)}{6EI}(a^2+al+l^2)$$

$$= \frac{P}{6EI}(a^3+l^3)$$

문제 10.3 중앙점에서 서로 직교하는 두 단순보가 있다. 교차점인 중앙점에 집중하중 P가 작용할 때 이 두 보의 분담하중을 구하라. (단, EI는 일정)

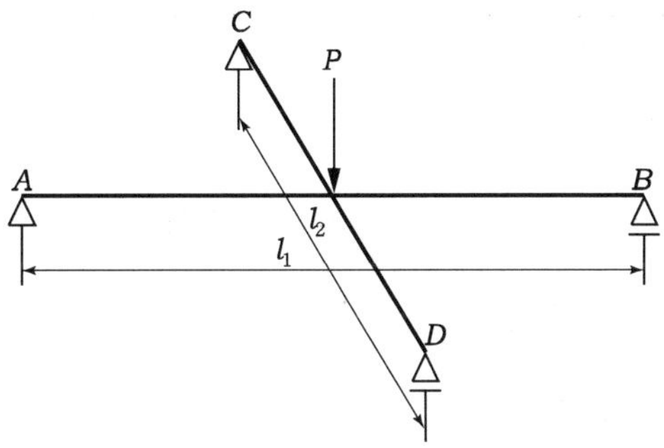

▸ **풀이**

AB 보가 분담하는 하중을 P_1, CD 보가 분담하는 하중을 P_2라고 하면

$$P = P_1 + P_2 \qquad \text{(a)}$$

AB 보가 분담하는 하중으로 인한 중앙점의 처짐은 $y_1 = \dfrac{P_1 l_1^3}{48EI}$

CD 보가 분담하는 하중으로 인한 중앙점의 처짐은 $y_2 = \dfrac{P_2 l_2^3}{48EI}$

중앙점에서 처짐은 같아야 하므로 $y_1 = y_2$

$$\frac{P_1 l_1^3}{48EI} = \frac{P_2 l_2^3}{48EI}, \quad P_1 l_1^3 = P_2 l_2^3 \qquad \text{(b)}$$

(a)식을 (b)식에 대입하면

$$P_1 l_1^3 = (P-P_1) l_2^3, \quad P_1 l_1^3 + P_1 l_2^3 = P l_2^3$$

$$P_1 = \frac{l_2^3}{l_1^3 + l_2^3} P$$

$$P_2 = P - P_1 = P - \frac{l_2^3}{l_1^3+l_2^3}P = \frac{l_1^3}{l_1^3+l_2^3}P$$

문제 10.4 그림과 같은 캔틸레버보의 자유단에 집중하중 P와 C점에 모멘트 M이 작용할 때 A단에 발생하는 처짐각과 처짐을 구하라. (단, EI는 일정)

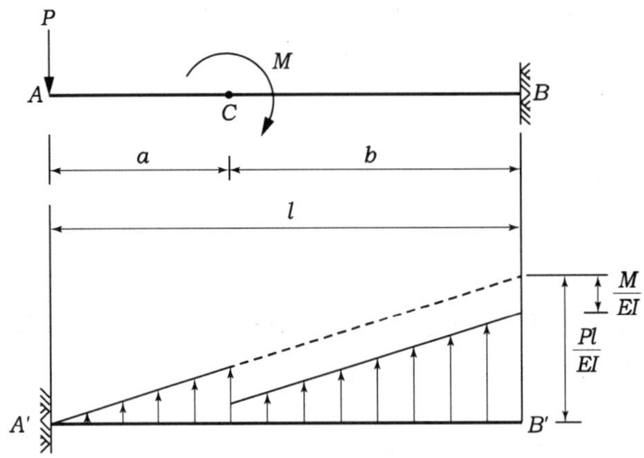

▸ **풀이**

실제보에서 처짐각 θ_A는 공액보에서 전단력 $S_{A'}$이므로

$$\theta_A = S_{A'} = -\frac{1}{2}\times\frac{Pl}{EI}\times l + \frac{M}{EI}\times b$$

$$\theta_A = -\frac{Pl^2}{2EI} + \frac{Mb}{EI} \quad \text{(반시계방향)}$$

실제보에서 처짐 y_A는 공액보에서 휨모멘트 $M_{A'}$이므로

$$y_A = M_{A'} = \frac{Pl^2}{2EI}\times\frac{2l}{3} - \frac{Mb}{EI}\times\left(a+\frac{b}{2}\right)$$

$$\therefore y_A = \frac{Pl^3}{3EI} - \frac{Mb}{EI}\left(a+\frac{b}{2}\right) \quad \text{(하향처짐)}$$

CHAPTER 11

부정정 구조

11.1 변형일치의 방법
11.2 3연 모멘트법
11.3 처짐각법
11.4 모멘트 분배법
■ 연습문제

CHAPTER 11

부정정 구조

11.1 변형일치의 방법

변형일치법의 기본원리는 평형조건식 외에 회전지점(상하 구속, 회전 가능)은 처짐이 0이라는 경계조건과 고정지점(상하 구속, 회전 불가능)은 처짐 및 처짐각이 모두 0이라는 경계조건을 이용하여 추가적으로 필요한 방정식을 구함으로써 간단한 부정정 구조를 해석하는 방법이다. 이 방법으로 구한 1경간 보의 고정단 모멘트 값은 다음 절의 처짐각법 및 모멘트 분배법의 공식에 적용되어 복잡한 부정정 구조물을 해석하는데 유용하게 사용된다.

11.1.1 처짐조건을 이용하는 방법

그림 11-1의 (a)와 같이 일단고정, 타단 이동지점을 가진 1차 부정정보의 중앙에 집중하중 P가 작용하는 경우의 지점반력을 구하면 다음과 같다.

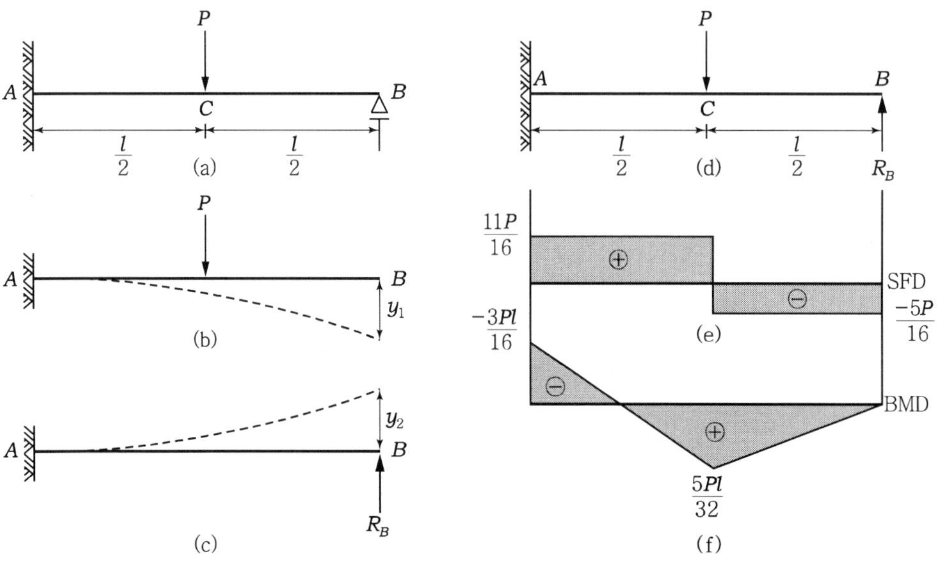

그림 11-1

B 지점은 이동지점이고 지점반력 R_B를 부정정력으로 생각할 경우 그림 (d)와 같이 기본정정 구조물인 캔틸레버보에 집중하중 P와 지점반력 R_B가 동시에 작용하는 형태가 된다. 다음에 중첩의 원리를 이용하여 B 점의 처짐을 구하기 위해서는 그림 (b)와 (c)와 같이 하중을 분리하여 각각의 처짐을 구한다. 이 때 B 지점에서 처짐은 없기 때문에 각각의 처짐을 합하면 0이 되어야 한다.

$$y_B = y_1 + y_2 = 0 \tag{11-1}$$

그림 (b)에서 B점의 하향처짐은

$$y_1 = \frac{5Pl^3}{48EI} \tag{11-2}$$

이고, 그림 (c)에서 B점의 상향처짐은

$$y_2 = -\frac{R_B l^3}{3EI} \tag{11-3}$$

이다. 식 (11−2)와 식 (11−3)을 식 (11−1)에 대입하면

$$y_B = \frac{5Pl^3}{48EI} - \frac{R_B l^3}{3EI} = 0, \quad \frac{5Pl^3}{48EI} = \frac{R_B l^3}{3EI}$$

$$\therefore R_B = \frac{5P}{16} \tag{11-4}$$

나머지 지점반력은 힘의 평형조건식 $\sum V = 0$ 에서

$$R_A - P + R_B = 0$$

$$\therefore R_A = \frac{11P}{16} \tag{11-5}$$

또한 $\sum M_A = 0$ 에서

$$M_A + P \times \frac{l}{2} - \frac{5P}{16} \times l = 0$$

$$\therefore M_A = -\frac{3}{16}Pl \tag{11-6}$$

등을 구할 수 있다.

전단력도는 그림 (e), 휨모멘트도는 그림 (f)와 같다.

예제 11.1

그림 (a)와 같이 일단고정, 타단 이동지점을 가진 1차 부정정보의 전 구간에 등분포하중 w 가 작용하는 경우 지점반력과 단면력을 구하라.

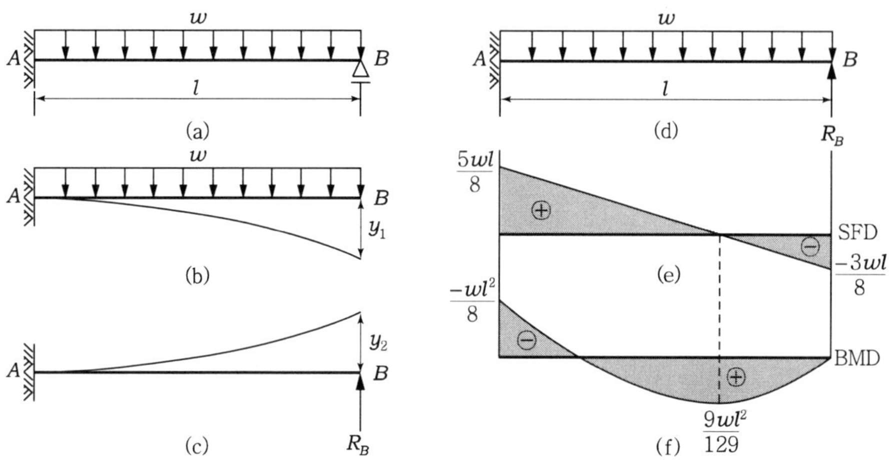

▸ 풀이

① 지점반력

그림 (b)에서 $y_1 = \dfrac{wl^4}{8EI}$

그림 (c)에서 $y_2 = -\dfrac{R_B l^3}{3EI}$

B 점의 처짐조건식 $y_B = y_1 + y_2 = 0$에 대입하면

$$y_B = \frac{wl^4}{8EI} - \frac{R_B l^3}{3EI} = 0, \quad \therefore R_B = \frac{3}{8}wl$$

$\Sigma V = 0$ 에서

$$R_A - wl + \frac{3}{8}wl = 0, \quad \therefore R_A = \frac{5}{8}wl$$

$\Sigma M_A = 0$ 에서

$$M_A - \frac{3}{8}wl \times l + wl \times \frac{l}{2} = 0, \quad \therefore M_A = -\frac{wl^2}{8}$$

② 전단력

$$S_x = \frac{5}{8}wl - wx$$

$x = 0$ 에서 $S_A = \dfrac{5}{8}wl$, $x = l$ 에서 $S_B = -\dfrac{3}{8}wl$

③ 휨모멘트

$$M_x = \frac{5}{8}wlx - \frac{wx^2}{2} - \frac{wl^2}{8}$$

$x=0$ 에서 $M_A = -\frac{wl^2}{8}$, $x=l$ 에서 $M_B = 0$

④ 최대휨모멘트

위치 : $S_x = \frac{5}{8}wl - wx = 0$, $\therefore x = \frac{5}{8}l$

$$M_{\max} = \frac{5}{8}wl \cdot \frac{5}{8}l - \frac{w}{2}\left(\frac{5}{8}l\right)^2 - \frac{wl^2}{8} = \frac{9}{128}wl^2$$

11.1.2 처짐각을 이용하는 방법

양단고정 지점을 갖는 3차 부정정보를 예를 들어 설명을 하기로 한다.

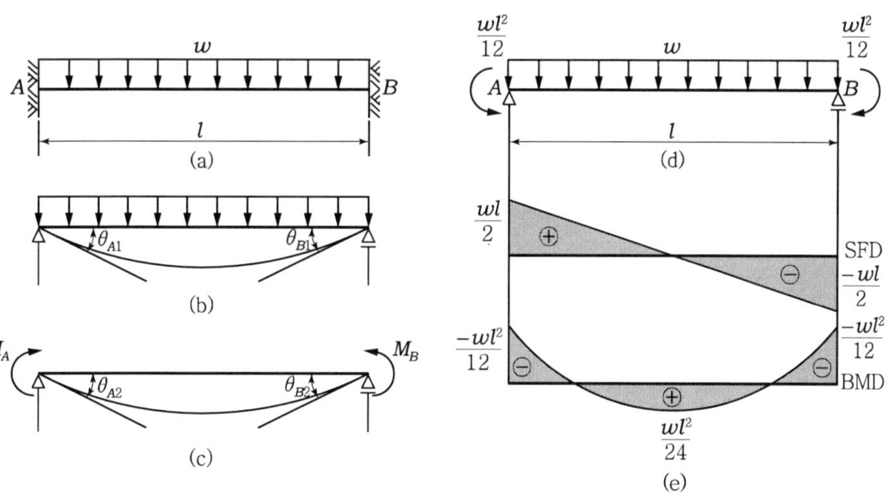

그림 11-2

이 보는 그림 11-2의 (a)와 같이 A, B지점 모두 다 처짐각이 없다. 만약, 반력모멘트 M_A, M_B를 하중으로 간주하면 그림 (b), (c)와 같이 기본 정정구조물 단순보에 등분포하중 ω와 반력모멘트 M_A, M_B가 동시에 작용하는 형태가 된다. 단, 조건은 A, B지점이 고정지점 이므로 처짐각이 영이 되는 조건이 성립해야 된다.

$$\theta_A = \theta_{A1} + \theta_{A2} = 0 \tag{11-7}$$

$$\theta_B = \theta_{B1} + \theta_{B2} = 0 \tag{11-8}$$

그림 (b)와 (c)에서

$$\theta_{A1} = -\theta_{B1} = \frac{wl^3}{24EI} \tag{11-9}$$

$$\theta_{A2} = \frac{l}{6EI}(2M_A + M_B)$$

$$\theta_{B2} = -\frac{l}{6EI}(2M_B + M_A)$$

여기서, 구조와 하중이 대칭이므로

$$M_A = M_B$$

$$\theta_{A2} = -\theta_{B2} = \frac{M_A l}{2EI} \tag{11-10}$$

식 (11-9)와 식 (11-10)을 식 (11-7)에 대입하면

$$\frac{wl^3}{24EI} + \frac{M_A l}{2EI} = 0$$

$$\therefore M_A = -\frac{wl^2}{12} \tag{11-11}$$

$$\therefore M_B = -\frac{wl^2}{12} \tag{11-12}$$

나머지 지점반력은 힘의 평형조건식을 이용하면 $\Sigma M_B = 0$에서

$$-\frac{wl^2}{12} + R_A l - wl \cdot \frac{l}{2} + \frac{wl^2}{12} = 0$$

$$\therefore R_A = \frac{wl}{2} \tag{11-13}$$

$\Sigma V = 0$에서

$$\frac{wl}{2} - wl + R_B = 0$$

$$\therefore R_B = \frac{wl}{2} \tag{11-14}$$

등을 구할 수 있다. 전단력도와 휨모멘트도는 그림 11-2의 (e)와 같다.

예제 11.2

그림 (a)와 같이 양단 고정지점을 가진 3차 부정정보의 중앙점에 집중하중 P가 작용할 경우 처짐각법을 이용하여 지점반력과 단면력을 구하라.

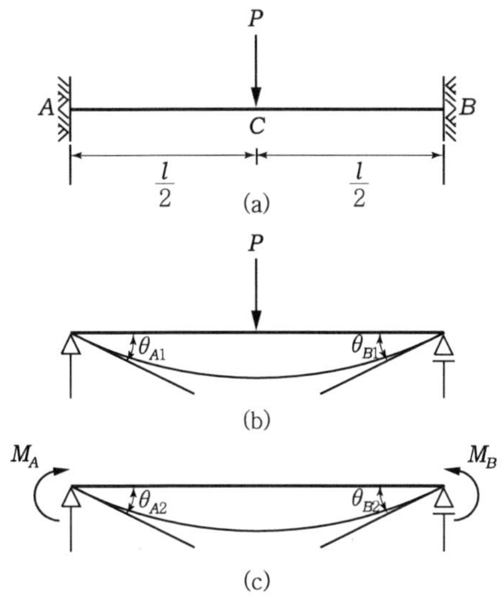

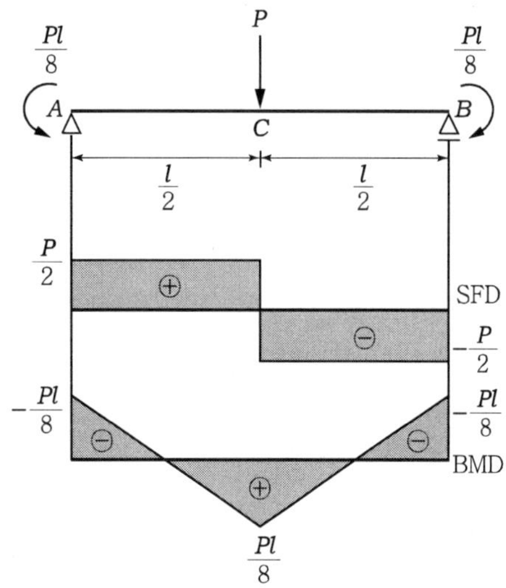

▸ **풀이**

① 지점반력

그림 (b)에서 $\theta_{A1} = -\theta_{B1} = \dfrac{Pl^2}{16EI}$

그림 (c)에서 $\theta_{A2} = -\theta_{B2} = \dfrac{M_A l}{2EI}$

$\theta_{A1} + \theta_{A2} = 0$에 대입하면

$\dfrac{Pl^2}{16EI} + \dfrac{M_A l}{2EI} = 0, \quad \therefore M_A = -\dfrac{Pl}{8}$

구조와 하중이 대칭이므로 $\therefore M_B = -\dfrac{Pl}{8}$

나머지 지점반력은 힘의 평형조건식을 이용하면 $\sum M_B = 0$에서

$-\dfrac{Pl}{8} + R_A l - P\dfrac{l}{2} + \dfrac{Pl}{8} = 0, \quad \therefore R_A = \dfrac{P}{2}$

$\sum V = 0$에서

$\dfrac{P}{2} - P + R_B = 0, \quad \therefore R_B = \dfrac{P}{2}$

② 전단력

AC 구간 : $S_x = \dfrac{P}{2}$

BC 구간 : $S_x = -\frac{P}{2}$

③ 휨모멘트

AC 구간 : $M_x = -\frac{Pl}{8} + \frac{P}{2}x$

$x=0$ 에서 $M_A = -\frac{Pl}{8}$, $x=\frac{l}{2}$ 에서 $M_C = \frac{Pl}{8}$

BC 구간 : $M_x = -\frac{Pl}{8} + \frac{P}{2}x$

$x=0$ 에서 $M_B = -\frac{Pl}{8}$, $x=\frac{l}{2}$ 에서 $M_C = \frac{Pl}{8}$

11.2 3연 모멘트법

연속보에 하중이 작용하면 지점에 휨모멘트가 생기고 이 모멘트를 지점모멘트라 한다. 이 지점모멘트를 구하면 모든 단면력은 정역학적으로 해석할 수 있다. 3연 모멘트 정리는 임의의 연속된 3개의 지점에서 방정식을 유도하여 지점모멘트를 구하는 방법으로 크라페이롱(Clapeyron, 프랑스)이 고안한 식이다.

11.2.1 지점침하가 없는 경우

그림 11-3의 (a)와 같이 연속보에서 임의 2지간을 선택해서 왼쪽으로부터 지점번호를 1, 2, 3으로 표시한다. 이 연속보의 처짐곡선이 그림 (b)와 같다고 하면 연속되어 있으므로 지점 2에서 처짐각은 좌, 우가 식 (11-15)와 같이 서로 같게 된다.

$$\theta_{21}'' = \theta_{23}'' \tag{11-15}$$

그림 (c)와 같이 연속보에서 지점모멘트가 주어지면 2개의 단순보로 나누어 취급할 수 있기 때문에 지점 2에서 좌측 처짐각은 다음과 같이 구할 수 있다.

θ_{21}'' = 지점모멘트에 의한 처짐각(θ_{21}') + 하중에 의한 처짐각(θ_{21})

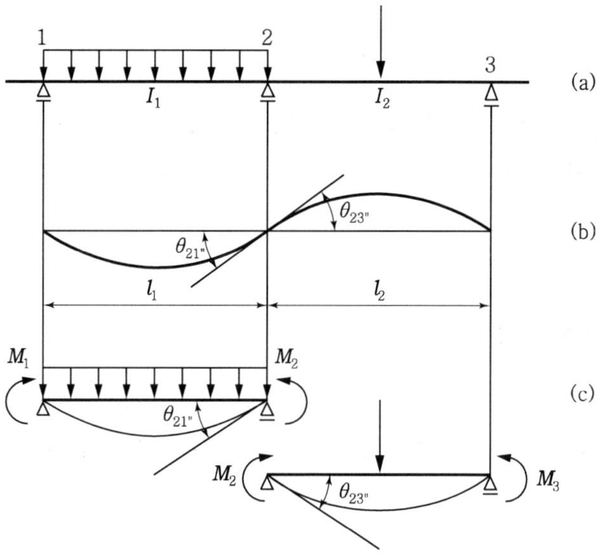

그림 11-3

여기서, 지점모멘트에 의한 처짐각을 식 (10−39)를 이용하여 구하면

$$\theta_{21}{}' = -\frac{l_1}{6EI_1}(M_1 + 2M_2)$$

$$\therefore \theta_{21}{}'' = -\frac{(M_1 + 2M_2)l_1}{6EI_1} + \theta_{21} \tag{11-16}$$

다음 지점 2에서 우측 처짐각을 구하면

$\theta_{23}{}''$ = 지점모멘트에 의한 처짐각($\theta_{23}{}'$) + 하중에 의한 처짐각(θ_{23})

여기서, 지점모멘트에 의한 처짐각은 식 (10−38)로부터

$$\theta_{23}{}' = \frac{l_2}{6EI_2}(2M_2 + M_3)$$

$$\therefore \theta_{23}{}'' = \frac{(2M_2 + M_3)l_2}{6EI_2} + \theta_{23} \tag{11-17}$$

로 된다. 식 (11−16)과 (11−17)을 식 (11−15)에 대입하면

$$-\frac{(M_1 + 2M_2)l_1}{6EI_1} + \theta_{21} = \frac{(2M_2 + M_3)l_2}{6EI_2} + \theta_{23}$$

$$\therefore M_1\frac{l_1}{I_1}+2M_2\left(\frac{l_1}{I_1}+\frac{l_2}{I_2}\right)+M_3\frac{l_2}{I_2}=6E(\theta_{21}-\theta_{23}) \tag{11-18}$$

이 얻어진다. 이 식을 크라페이론의 3연 모멘트식 (Clapeyron's three moment equation)이라 한다. 또는 크라페이론의 정리라고 하고 이 정리에 의하여 연속보를 해석하는 방법을 3연 모멘트법이라 한다.

11.2.2 지점침하가 있는 경우

그림 11-4와 같이 지점이 변위를 일으키는 경우에 대하여 생각해 보면 1, 2, 3지점에서 수직변위가 Δ_1, Δ_2, Δ_3 가 발생하여 변형 후의 위치를 1′, 2′, 3′라 하자.

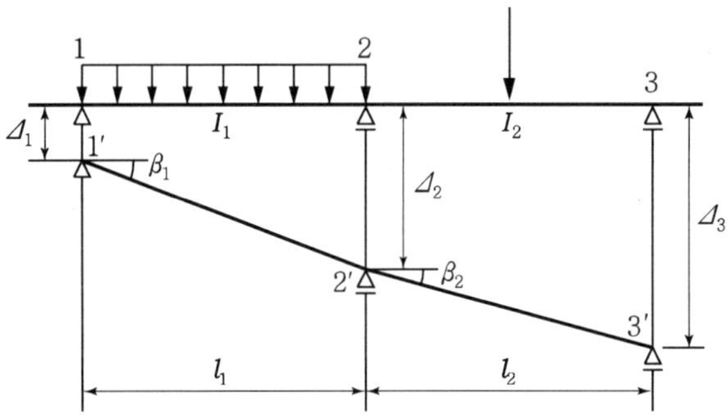

그림 11-4

지간 l_1, l_2 의 회전각을 각각 β_1, β_2 라 하면

$$\beta_1=\frac{\Delta_2-\Delta_1}{l_1}\ ,\ \beta_2=\frac{\Delta_3-\Delta_2}{l_2} \tag{11-19}$$

로 되고, 이 지점침하에 의한 영향을 고려하면 식 (11-18)은 다음 식과 같다.

$$-\frac{(M_1+2M_2)l_1}{6EI_1}+\theta_{21}+\beta_1=\frac{(2M_2+M_3)l_2}{6EI_2}+\theta_{23}+\beta_2$$

$$\therefore M_1\frac{l_1}{I_1}+2M_2\left(\frac{l_1}{I_1}+\frac{l_2}{I_2}\right)+M_3\frac{l_2}{I_2}=6E(\theta_{21}-\theta_{23})+6E(\beta_1-\beta_2) \tag{11-20}$$

예제 11.3

그림과 같은 연속보를 3연 모멘트법으로 해석하라.(EI=일정)

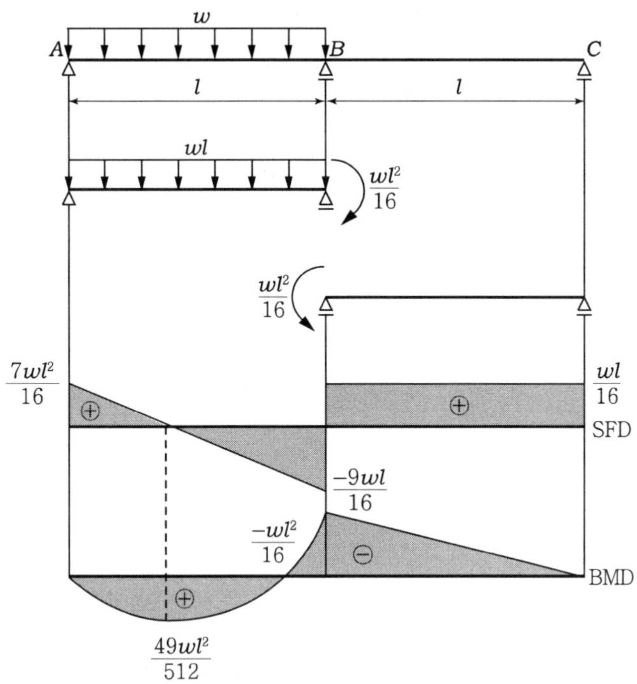

▸ **풀이**

기본식에 적용하면

$$M_A\frac{l_1}{I_1}+2M_B\left(\frac{l_1}{I_1}+\frac{l_2}{I_2}\right)+M_C\frac{l_2}{I_2}=6E(\theta_{BA}-\theta_{BC})$$

$$M_A\frac{l}{I}+2M_B\left(\frac{l}{I}+\frac{l}{I}\right)+M_C\frac{l}{I}=6E\left(-\frac{wl^3}{24EI}-0\right)$$

또한 $M_A=M_C=0$ 이므로

$$4M_B\frac{l}{I}=-\frac{wl^3}{4I}, \quad \therefore M_B=-\frac{wl^2}{16}$$

① AB 부재

지점반력 $\Sigma M_B=0$ 에서

$$R_A l-wl\cdot\frac{l}{2}+\frac{wl^2}{16}=0, \quad \therefore R_A=\frac{7wl}{16}$$

전단력 : $S_x=\dfrac{7wl}{16}-wx$

$x=0$ 에서 $S_A=\dfrac{7wl}{16}$, $x=l$ 에서 $S_B=-\dfrac{9wl}{16}$

휨모멘트 : $M_x = \dfrac{7wl}{16}x - \dfrac{wx^2}{2}$

$x=0$ 에서 $M_A = 0$, $x = l$ 에서 $M_B = -\dfrac{wl^2}{16}$

최대휨모멘트 위치 $S_x = \dfrac{7wl}{16} - wx = 0$, $\therefore x = \dfrac{7l}{16}$

최대휨모멘트 $M_{\max} = \dfrac{7wl}{16}\left(\dfrac{7l}{16}\right) - \dfrac{w}{2}\left(\dfrac{7l}{16}\right)^2 = \dfrac{49wl^2}{512}$

② BC 부재

지점반력 $\Sigma M_B = 0$ 에서

$R_C l + \dfrac{wl^2}{16} = 0$, $\therefore R_C = -\dfrac{wl}{16}$

전단력 : $S_x = \dfrac{wl}{16}$

휨모멘트 : $M_x = -\dfrac{wl}{16}x$

$x=0$ 에서 $M_C = 0$, $x = l$ 에서 $M_B = -\dfrac{wl^2}{16}$

예제 11.4

그림과 같은 연속보에서 지점 B가 아래로 0.01 m 침하되었을 때 단면력을 구하여라. (단, $EI = 2 \times 10^6 \text{kN} \cdot \text{m}^2$)

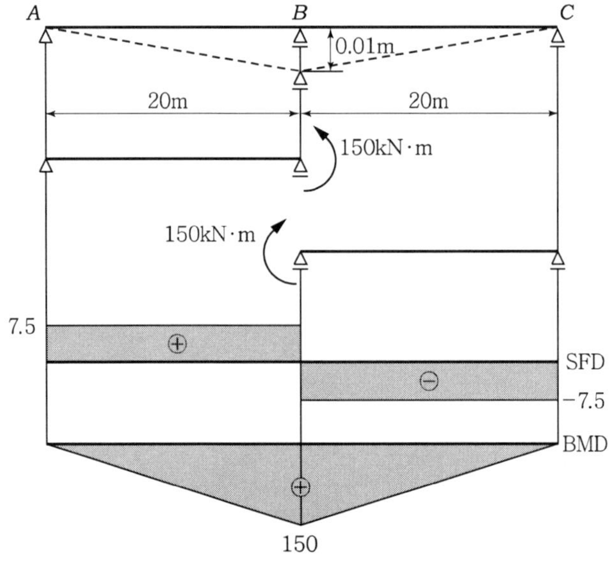

▸ **풀이**

기본식에 적용하면

$$M_A\frac{l_1}{I_1}+2M_B\left(\frac{l_1}{I_1}+\frac{l_2}{I_2}\right)+M_C\frac{l_2}{I_2}=6E(\beta_1-\beta_2)$$

또한 $M_A=M_C=0$ 이고, $\beta_1=\dfrac{0.01}{20}$, $\beta_2=-\dfrac{0.01}{20}$ 이므로

$$4M_B\frac{l}{I}=6E\left(\frac{0.01}{20}+\frac{0.01}{20}\right)$$

$$4\times 20\times M_B=6EI\times\frac{0.01}{10}$$

$$\therefore M_B=150\,\mathrm{kN\cdot m}$$

① AB 부재

지점반력 : $\Sigma M_B=0$ 에서

$R_A\times 20-150=0$, $\therefore R_A=7.5\,\mathrm{kN}$

전단력 : $S_x=7.5\,\mathrm{kN}$

휨모멘트 : $M_x=7.5x$, $x=0$ 에서 $M_A=0$

$x=20$ 에서 $M_B=150\mathrm{kN\cdot m}$

② BC 부재

지점반력 : $\Sigma M_B=0$ 에서

$R_C\times 20-150=0$, $\therefore R_C=7.5\,\mathrm{kN}$

전단력 : $S_x=-7.5\,\mathrm{kN}$

휨모멘트 : $M_x=7.5x$, $x=0$ 에서 $M_C=0$

$x=20$ 에서 $M_B=150\mathrm{kN\cdot m}$

11.3 처짐각법

처짐각법(slope deflection method)은 부정정 구조물의 해법 중 변위법에 속하는 것으로 부정정보 및 라멘구조 해석에 편리하게 적용된다. 처짐각은 재단모멘트에 의하여 생기는 접선각, 지점의 변위에 의하여 생기는 부재각과 부재중간의 하중으로 인하여 생기는 접선각의 합으로 표시된다. 이 방법은 기본공식으로부터 만들어진 연립방정식을 풀어 미지수인 처짐각을 구한 다음 재단모멘트를 구하는 방법이다.

11.3.1 용어 및 부호

1) 재단모멘트

그림 11-5와 같이 부재의 단부에 작용하여 부재를 굽히는 모멘트를 재단모멘트(end moment)라 한다. 재단모멘트의 부호는 시계방향으로 회전할 때 (+)이고 반시계방향으로 회전할 때를 (-)로 한다. 따라서 좌단은 휨모멘트의 부호와 일치하고 우단은 휨모멘트 부호와 반대가 된다.

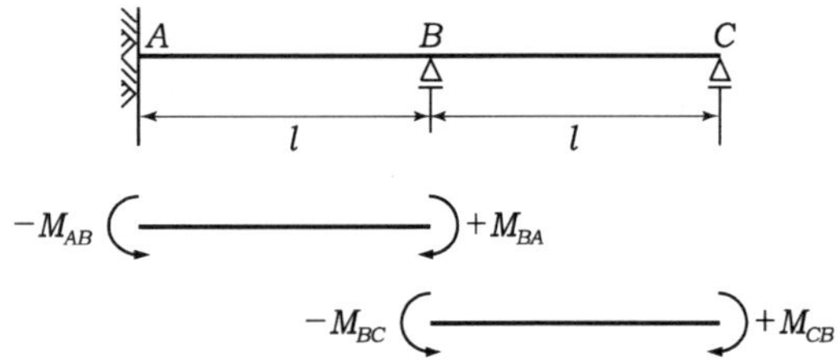

그림 11-5

2) 접선각

그림 11-6에서 보는 바와 같이 접선각(rotation of tangent)는 재단모멘트 및 부재중간에 작용하는 하중으로 인한 회전각으로 τ_A , τ_B 를 말한다.

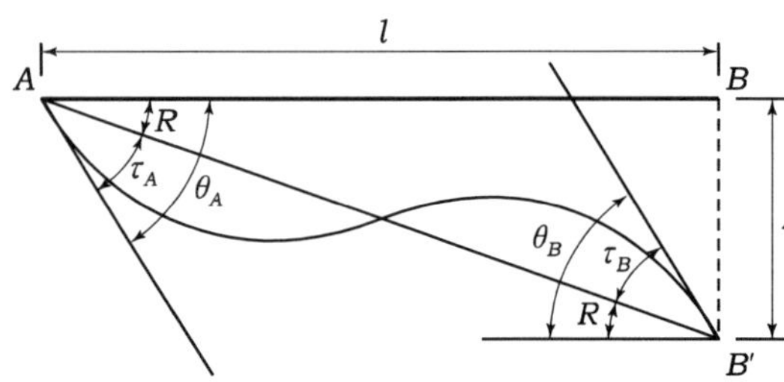

그림 11-6

3) 부재각

지점 또는 절점의 변위로 인하여 원래의 축과 변위된 축과의 사이각 R을 부재각 (angle of rotation of member)이라 한다.

4) 처짐각

접선각과 부재각의 합으로 처짐각의 부호는 부재축을 기준으로 하여 시계방향으로 회전할 때 (+)이고 반시계방향으로 회전할 때를 (–)로 한다.

$$\theta_A = \tau_A + R$$

$$\theta_B = \tau_B + R \qquad \text{(a)}$$

11.3.2 기본식의 유도

1) 재단모멘트만이 작용하는 경우

그림 11–7에서 보는 바와 같이 A단에 재단모멘트 M_{AB}가 작용하고 B단에 재단모멘트 M_{BA}가 작용하는 경우의 회전각을 식 (10–38, 10–39)를 이용하여 구하면 다음 식과 같다.

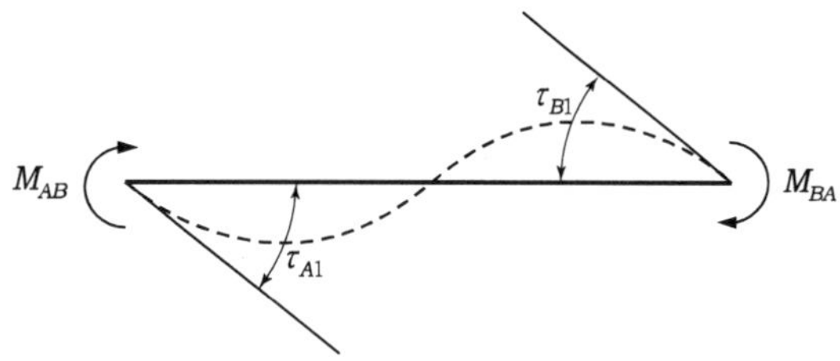

그림 11-7

$$\tau_{A1} = \frac{l}{6EI}(2M_{AB} - M_{BA})$$

$$\tau_{B1} = \frac{l}{6EI}(2M_{BA} - M_{AB}) \qquad \text{(b)}$$

2) 재단모멘트가 작용하고 부재각이 생기는 경우

그림 11–6과 같이 재단모멘트 M_{AB}, M_{BA}가 작용하고 절점이 변위하여 부재각이 생기는 경우 회전각은 다음 식과 같다.

$$\theta_A = \frac{l}{6EI}(2M_{AB} - M_{BA}) + R$$

$$\theta_B = \frac{l}{6EI}(2M_{BA} - M_{AB}) + R \qquad \text{(c)}$$

3) 재단모멘트가 작용하여 부재각이 생기고 중간하중이 있는 경우

그림 (11–8)과 같이 중간하중에 의하여 생기는 양단의 회전각은 공액보법을 이용하면 다음과 같은 식으로 표시된다.

$$\tau_{A2} = \frac{F \cdot x_B}{EIl}, \ \tau_{B2} = -\frac{F \cdot x_A}{EIl} \quad \text{(d)}$$

여기서, F : 모멘트도(BMD)의 면적

G : 모멘트도의 도심 위치

x_A, x_B : A점 B점으로부터 도심G 까지의 거리

따라서, 재단모멘트가 작용하고 부재각이 있으며 보에 중간하중이 작용하는 경우는 (c)식에 (d)식을 추가하여 다음과 같은 식으로 표시된다.

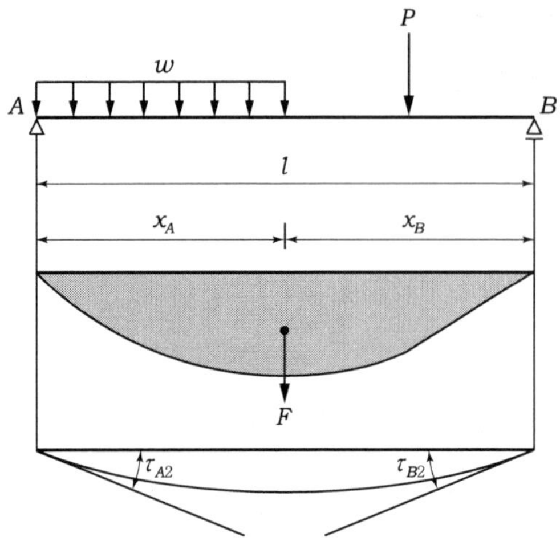

그림 11-8

$$\theta_A = \frac{l}{6EI}(2M_{AB} - M_{BA}) + R + \frac{F \cdot x_B}{EIl}$$

$$\theta_B = \frac{l}{6EI}(2M_{BA} - M_{AB}) + R - \frac{F \cdot x_A}{EIl} \quad \text{(e)}$$

이 식으로부터 재단모멘트를 구하면

$$M_{AB} = \frac{2EI}{l}(2\theta_A + \theta_B - 3R) - \frac{2F(2l - 3x_A)}{l^2}$$

$$M_{BA} = \frac{2EI}{l}(2\theta_B + \theta_A - 3R) + \frac{2F(3x_A - l)}{l^2} \quad \text{(f)}$$

위 식 (f)에서 강도 $\frac{I}{l} = K$로 놓고 기준강도를 K_o로 하여 이 비율을 강비를 $\frac{K}{K_o} = k$ 라고 할 때 $K = K_o \cdot k$로 표시된다. 또한 마지막항을 하중항으로 간단히 치환하면

$$C_{AB} = \frac{2F(2l - 3x_A)}{l^2}, \ C_{BA} = \frac{2F(3x_A - l)}{l^2} \quad \text{(g)}$$

이 되고, 결국 식 (f)는 다음 같은 식으로 간단하게 표시된다.

$$M_{AB} = 2EK_o k(2\theta_A + \theta_B - 3R) - C_{AB}$$

$$M_{BA} = 2EK_o k(2\theta_B + \theta_A - 3R) + C_{BA} \quad \text{(11-21)}$$

식 (11-21)는 한 개의 부재에 대한 재단모멘트를 절점각, 부재각 및 중간하중에 의한 하중항으로 표시한 것으로 처짐각법의 기본식이다.

예제 11.5

그림과 같은 중간하중에 의한 하중항 C_{AB}, C_{BA}를 구하라.

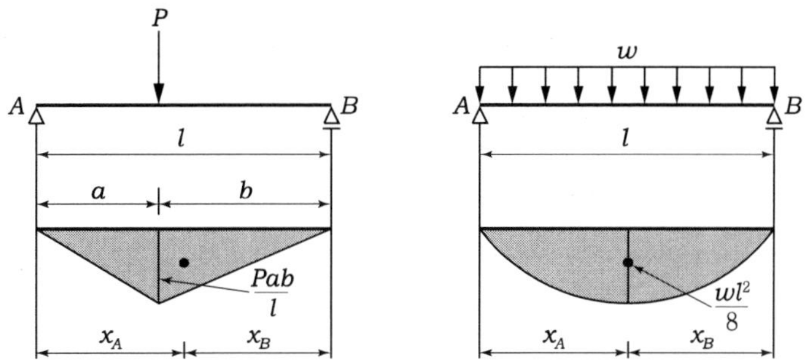

(a) (b)

▸ **풀이**

$$C_{AB}=\frac{2F(2l-3x_A)}{l^2},\ C_{BA}=\frac{2F(3x_A-l)}{l^2}$$

① 집중하중이 작용하는 경우

$$F=\frac{l}{2}\cdot\frac{Pab}{l}=\frac{Pab}{2},\ x_A=\frac{2l-b}{3}$$

$$C_{AB}=\frac{2}{l^2}\cdot\frac{Pab}{2}\left\{2l-3\left(\frac{2l-b}{3}\right)\right\}=\frac{Pab^2}{l^2}$$

$$C_{BA}=\frac{2}{l^2}\cdot\frac{Pab}{2}\left\{3\left(\frac{2l-b}{3}\right)-l\right\}=\frac{Pa^2b}{l^2}$$

특히, 대칭구조$\left(a=\dfrac{l}{2},\ b=\dfrac{l}{2}\right)$인 경우에는 $C_{AB}=C_{BA}=\dfrac{Pl}{8}$이다.

② 등분포하중이 작용하는 경우

$$F=\frac{2}{3}\cdot\frac{wl^2}{8}\cdot l=\frac{wl^3}{12},\ x_A=\frac{l}{2}$$

$$C_{AB}=C_{BA}=\frac{2}{l^2}\cdot\frac{wl^3}{12}\left(2l-3\cdot\frac{l}{2}\right)=\frac{wl^2}{12}$$

즉, 하중항 값은 1경간 양단 고정보의 단모멘트 값과 같다.

11.3.3 실용공식

기본식을 실용계산에 적합하도록 간소화하기 위하여 식 (11-21)에서 $2EK_o\theta_A = \phi_A$, $2EK_o\theta_B = \phi_B$, $-6EK_oR = \mu$로 놓고 기본식을 다시 정리하면 다음 식과 같다.

$$M_{AB} = k_{AB}(2\phi_A + \phi_B + \mu) - C_{AB}$$

$$M_{BA} = k_{AB}(2\phi_B + \phi_A + \mu) + C_{BA} \quad (11\text{-}22)$$

특수한 경우로 부재가 A 단이 탄성고정, B 단이 힌지일 때 $M_{BA} = 0$이므로

$$k_{AB}(2\phi_B + \phi_A + \mu) + C_{BA} = 0$$

$$\phi_B = -\frac{C_{BA}}{2k_{AB}} - \frac{\phi_A}{2} - \frac{\mu}{2}$$

$$M_{AB} = k_{AB}(2\phi_A - \frac{C_{BA}}{2k_{AB}} - \frac{\phi_A}{2} - \frac{\mu}{2} + \mu) - C_{AB}$$

$$M_{AB} = k_{AB}(\frac{3}{2}\phi_A + \frac{\mu}{2}) - (C_{AB} + \frac{C_{BA}}{2})$$

$$M_{AB} = k_{AB}(1.5\phi_A + 0.5\mu) - H_{AB} \quad (11\text{-}23)$$

예제 11.6

그림과 같은 부정정보의 재단모멘트 M_{AB}, M_{BA}를 구하라.

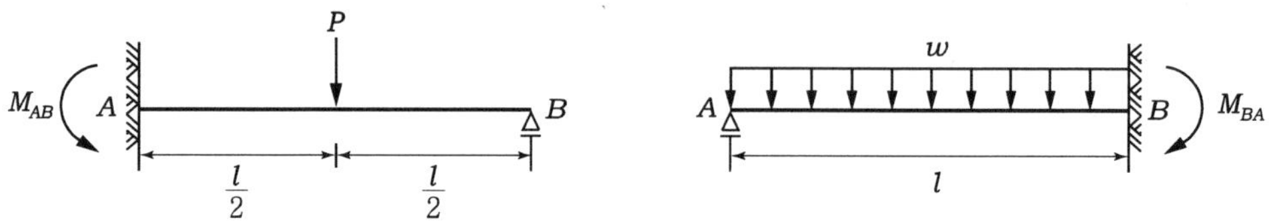

(a) (b)

▸ **풀이**

(a) $M_{AB} = -\left(C_{AB} + \frac{C_{BA}}{2}\right) = -\left(\frac{Pl}{8} + \frac{1}{2}\cdot\frac{Pl}{8}\right) = -\frac{3Pl}{16}$

(b) $M_{BA} = (C_{BA} + \frac{C_{AB}}{2}) = \frac{wl^2}{12} + \frac{1}{2}\cdot\frac{wl^2}{12} = \frac{wl^2}{8}$

마찬가지로, A 단이 힌지이고, B 단이 탄성고정일 때는

$$M_{BA} = k_{AB}(1.5\phi_B + 0.5\mu) + H_{BA} \tag{11-24}$$

11.3.4 평형방정식

재단모멘트를 구하기 위해서는 기본식 중 미지량 ϕ, μ를 구하여야 하고 이를 구하기 위해서는 절점방정식(equilibrium equation of joint)과 층방정식(equation of shear)을 이용하는데 이들 방정식을 평형방정식이라 한다.

1) 절점방정식

그림 11-9와 같이 임의 절점 O에 모인 부재를 AO, BO, CO, DO라 하면 O점에서의 재단모멘트의 합계는 평형조건식으로부터 $\sum M_o = 0$가 되어야 한다.

$$M_{OA} + M_{OB} + M_{OC} + M_{OD} = 0 \tag{11-25}$$

또한 그림 11-10과 같이 절점 O에 외력에 의한 모멘트 M이 작용할 때는

$$M = M_{OA} + M_{OB} + M_{OC} + M_{OD} \tag{11-26}$$

로 되어야 한다.

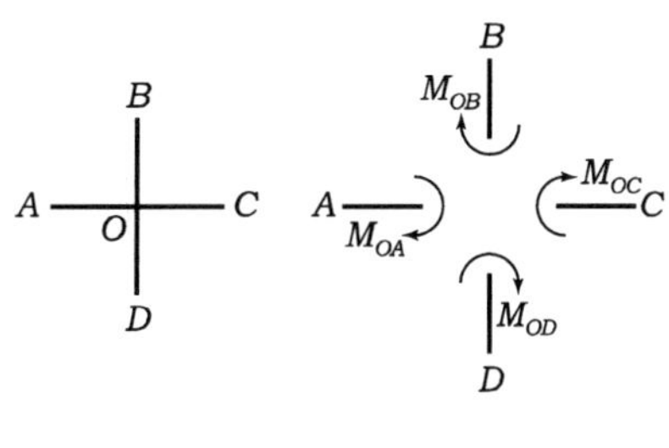

그림 11-9

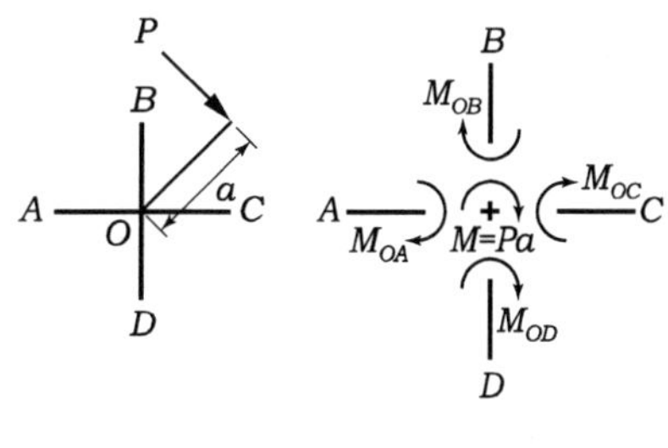

그림 11-10

2) 층방정식

처짐각법에 의하여 부정정 라아멘을 해석하는 경우에 그림 11-11과 같이 수평력 P_1, P_2, P_3에 의하여 수평변위(sidesway)를 일으킨다. 이로 인하여 부재각이 생기고 재단모멘트가 발생한다. 이 미지의 재단모멘트를 구하기 위해서는 층방정식 또는 전단력의 평형조건식을 생각하여야 한다. 먼저 1층에 대한 층방정식을 구하여 보면, 수평력에 대한 평형조건식 $\sum H = 0$ 로부터 다음 식이 된다.

$$P_1 + P_2 + P_3 - H_A - H_H = 0 \tag{a}$$

이 식에서 H_A 는 그림 11-12의 자유물체도로부터 기둥 AB에 대한 B점에서 모멘트에 대한 평형조건식 $\sum M_B = 0$ 로부터

$$H_A h_1 + M_{AB} + M_{BA} - P_1(h_1 - y_1) = 0$$

$$-H_A = \frac{1}{h_1}\{M_{AB} + M_{BA} - P_1(h_1 - y_1)\} \tag{b}$$

$\sum M_G = 0$ 로부터

$$H_H h_1 + M_{HG} + M_{GH} = 0$$

$$-H_H = \frac{1}{h_1}(M_{HG} + M_{GH}) \tag{c}$$

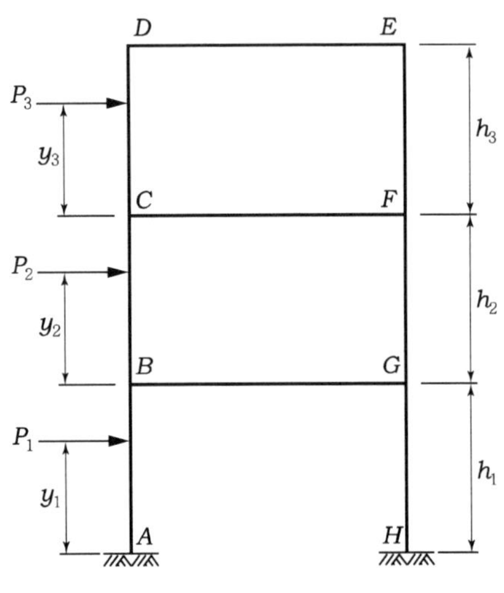

그림 11-11

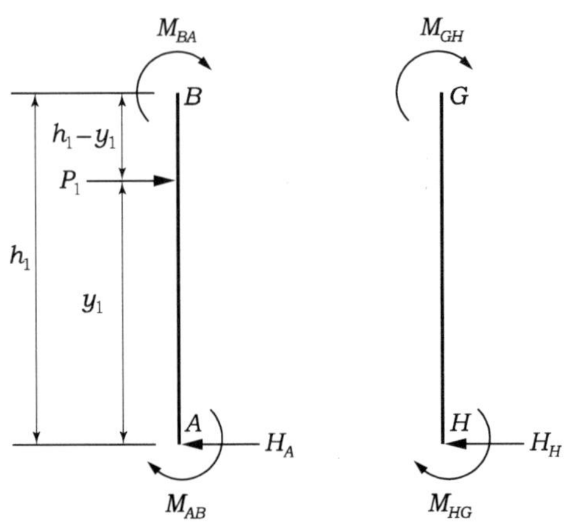

그림 11-12

식 (b)와 (c)를 식 (a)에 대입하면 다음 식과 같고

$$P_1 + P_2 + P_3 + \frac{1}{h_1}\{M_{AB} + M_{BA} - P_1(h_1 - y_1)\} + \frac{1}{h_1}(M_{HG} + M_{GH}) = 0$$

$$P_1 h_1 + P_2 h_1 + P_3 h_1 + M_{AB} + M_{BA} + M_{HG} + M_{GH} - P_1(h_1 - y_1) = 0$$

$$M_{AB} + M_{BA} + M_{HG} + M_{GH} + P_1 y_1 + (P_2 + P_3)h_1 = 0 \tag{11-27}$$

2층에 대한 층방정식은 식 (11-27)을 이용하면 다음 식과 같고

$$M_{BC} + M_{CB} + M_{FG} + M_{GF} + P_2 y_2 + P_3 h_2 = 0 \tag{11-28}$$

마찬가지로 3층에 대한 층방정식은 다음 식으로 표시된다.

$$M_{CD} + M_{DC} + M_{FE} + M_{EF} + P_3 y_3 = 0 \tag{11-29}$$

예제 11.7

그림과 같은 연속보의 재단모멘트를 구하라. 단, $I_1 : I_2 = 2 : 3$이다.

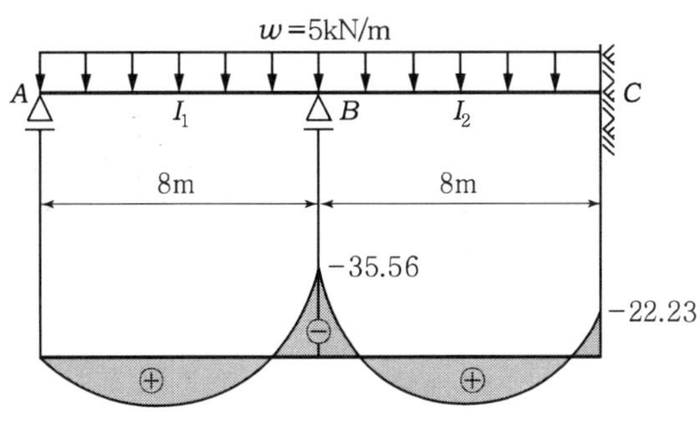

▸ 풀이

① 강비계산

$$K_{AB} = \frac{I_1}{8} = \frac{2I}{8} = K_0,\ K_{BC} = \frac{I_2}{8} = \frac{3I}{8}$$

$$k_{AB} = \frac{K_{AB}}{K_0} = 1,\ k_{BC} = \frac{K_{BC}}{K_0} = \frac{3}{2} = 1.5$$

② 하중항

$$C_{BC} = C_{CB} = \frac{wl^2}{12} = \frac{5 \times 8^2}{12} = 26.67$$

$$H_{BA} = C_{BA} + \frac{C_{AB}}{2} = 26.67 + \frac{26.67}{2} \fallingdotseq 40$$

③ 처짐각식

$M_{BA}=k_{AB}(1.5\phi_B+0.5\mu)+H_{BA}=1.5\phi_B+40$

$M_{BC}=k_{BC}(2\phi_B+\phi_C+\mu)-C_{BC}=3\phi_B-26.67$

$M_{CB}=k_{BC}(2\phi_C+\phi_B+\mu)+C_{CB}=1.5\phi_B+26.67$

④ 절점방정식

$\Sigma M_B=0$ 에서 $M_{BA}+M_{BC}=0$ 이므로

$1.5\phi_B+40+3\phi_B-26.67=0$ 이다.

$4.5\phi_B+13.33=0$, $\phi_B=-\dfrac{13.33}{4.5}=-2.96$

⑤ 재단모멘트

$M_{BA}=1.5(-2.96)+40=35.56\text{kN}\cdot\text{m}$

$M_{BC}=3(-2.96)-26.67=-35.56\text{kN}\cdot\text{m}$

$M_{CB}=1.5(-2.96)+26.67=22.23\text{kN}\cdot\text{m}$

예제 11.8

그림과 같은 라멘구조의 재단모멘트를 구하고 휨모멘트도를 그려라.

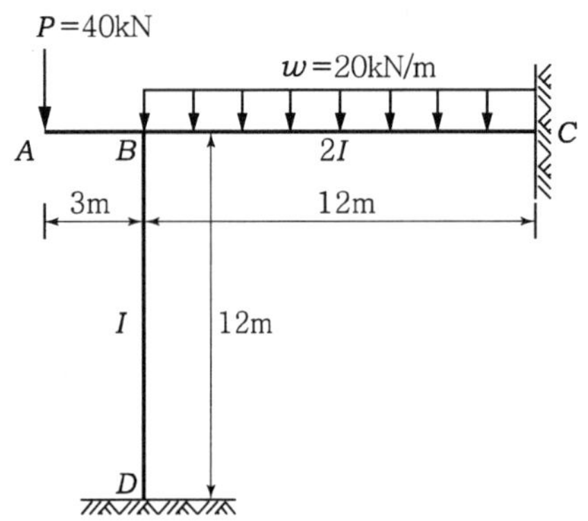

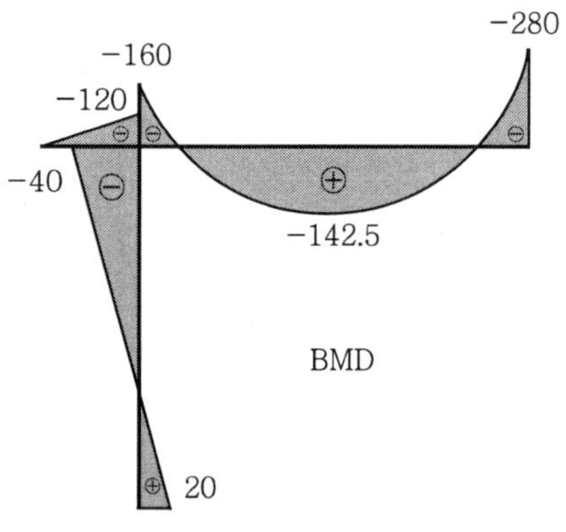

▸ **풀이**

① 강비 계산

$K_{BC}=\dfrac{2I}{12}$, $K_{DB}=\dfrac{I}{12}=K_0$

$k_{BC}=\dfrac{K_{BC}}{K_0}=2$, $k_{DB}=\dfrac{K_{DB}}{K_0}=1$

② 하중항

$C_{BC}=C_{CB}=\dfrac{wl^2}{12}=\dfrac{20\times12^2}{12}=240\text{kN}\cdot\text{m}$

③ 재단모멘트식

$M_{BA} = 40 \times 3 = 120\,\text{kN}\cdot\text{m}$

$M_{BC} = k_{BC}(2\phi_B + \phi_C + \mu_{BC)} - C_{BC} = 4\phi_B - 240$

$M_{CB} = k_{BC}(2\phi_C + \phi_B + \mu_{BC)} + C_{CB} = 2\phi_B + 240$

$M_{DB} = k_{DB}(2\phi_D + \phi_B + \mu_{DB)} - C_{DB} = \phi_B$

$M_{BD} = k_{DB}(2\phi_B + \phi_D + \mu_{DB)} + C_{BD} = 2\phi_B$

④ 절점 방정식

$\sum M_B = 0$ 에서 $M_{BA} + M_{BC} + M_{BD} = 0$ 이므로 $120 + 4\phi_B - 240 + 2\phi_B = 0$ 이다.

$6\phi_B - 120 = 0$, $\phi_B = \dfrac{120}{6} = 20$

⑤ 재단모멘트

$M_{BC} = 4 \times 20 - 240 = -160\,\text{kN}\cdot\text{m}$

$M_{CB} = 2 \times 20 + 240 = 280\,\text{kN}\cdot\text{m}$

$M_{DB} = 20\,\text{kN}\cdot\text{m}$

$M_{BD} = 2 \times 20 = 40\,\text{kN}\cdot\text{m}$

⑥ 휨모멘트

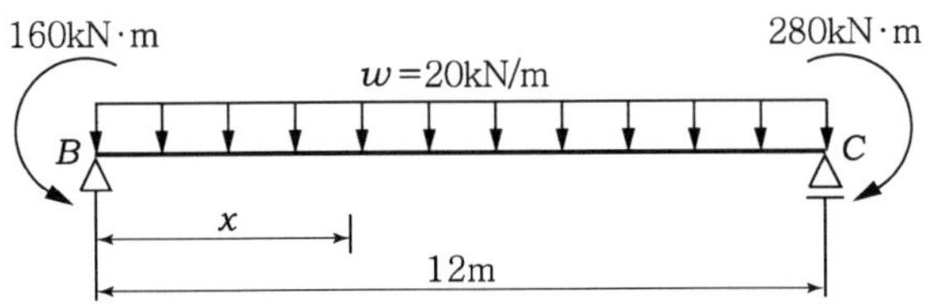

BC부재 : $\sum M_C = 0$ 에서

$R_B \times 12 - 160 - 20 \times 12 \times 6 + 280 = 0$, $\therefore R_B = \dfrac{1{,}320}{12} = 110\,\text{kN}$

$\sum V = 0$ 에서 $110 - 240 + R_c = 0$, $\therefore R_C = 130\,\text{kN}$

$0 \leq x \leq 12$, $M_x = -160 + 110x - 10x^2$

$x = 0$ 에서 $M_B = -160\,\text{kN}\cdot\text{m}$, $x = 12$ 에서 $M_C = -280\,\text{kN}\cdot\text{m}$

⑦ 최대 휨모멘트

위치 : $S_x = 110 - 20x = 0$, $\therefore x = 5.5\text{m}$

$M_{\max} = -160 + 110(5.5) - 10(5.5)^2 = 142.5\,\text{kN}\cdot\text{m}$

예제 11.9

그림과 같은 라멘의 재단모멘트를 구하고 휨모멘트도를 그려라.

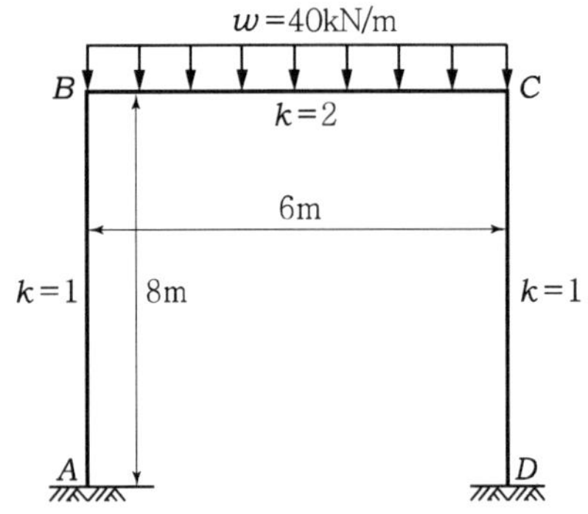

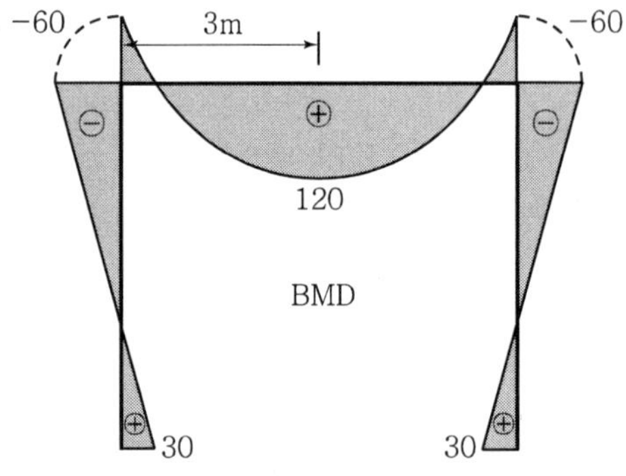

▸ **풀이**

① 강비

$k_{AB}=1$, $k_{BC}=2$, $k_{CD}=1$

② 하중항

$$C_{BC}=C_{CB}=\frac{wl^2}{12}=\frac{40\times 6^2}{12}=120\text{kN}\cdot\text{m}$$

③ 재단모멘트식

구조가 대칭이므로 $\phi_B=-\phi_C$, $\phi_A=0$ 이고

부재각이 없으므로 $\mu_{AB}=0$, $\mu_{BC}=0$ 이다.

$M_{AB}=k_{AB}(2\phi_A+\phi_B+\mu_{AB})-C_{AB}=\phi_B$

$M_{BA}=k_{AB}(2\phi_B+\phi_A+\mu_{AB})+C_{BA}=2\phi_B$

$M_{BC}=k_{BC}(2\phi_B+\phi_C+\mu_{BC})-C_{BC}=2\phi_B-120$

④ 절점방정식

$\Sigma M_B=0$ 에서

$M_{BA}+M_{BC}=0$ 으로부터

$2\phi_B+2\phi_B-120=0$, $4\phi_B-120=0$, $\phi_B=30$

⑤ 재단모멘트

$M_{AB}=30\text{kN}\cdot\text{m}$, $M_{BA}=2\times 30=60\text{kN}\cdot\text{m}$, $M_{BC}=2\times 30-120=-60\text{kN}\cdot\text{m}$

구조가 대칭이므로

$M_{DC}=-30\text{kN}\cdot\text{m}$, $M_{CD}=-60\text{kN}\cdot\text{m}$, $M_{CB}=60\text{kN}\cdot\text{m}$

⑥ 휨모멘트

BC부재 : $\Sigma M_C = 0$에서

$$R_B \times 6 - 60 - 240 \times 3 + 60 = 0\,,\ \therefore R_B = \frac{720}{6} = 120\,\text{kN}$$

$\Sigma V = 0$ 에서

$120 - 240 + R_C = 0,\ \therefore R_C = 120\,\text{kN}$

$0 \leqq x \leqq 6\,,\ M_x = -60 + 120x - 20x^2$

$x = 0$ 에서 $M_B = -60\,\text{kN}\cdot\text{m}\,,\ x = 6$에서 $M_C = -60\,\text{kN}\cdot\text{m}$

⑦ 최대휨모멘트

위치 : $S_x = 120 - 40x = 0\,,\ \therefore x = 3\text{m}$

$M_{\max} = -60 + 120 \times 3 - 20 \times 3^2 = 120\,\text{kN}\cdot\text{m}$

예제 11.10

그림과 같은 라아멘에 수평하중이 작용할 때 단면력도를 그려라.

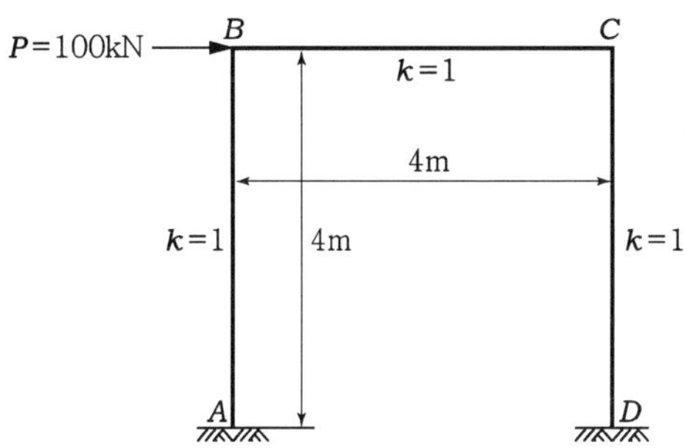

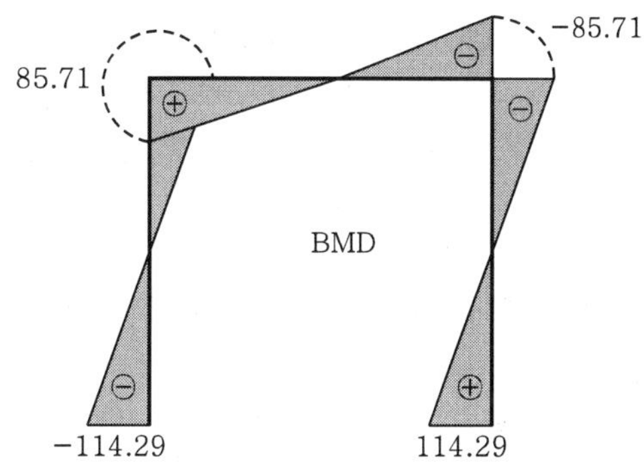

▸ **풀이**

① 강비 계산

$k_{AB} = 1\,,\ k_{BC} = 1\,,\ k_{CD} = 1$

② 하중항

부재중간에 하중이 없으므로 $C_{AB} = C_{BA} = C_{BC} = C_{CB} = C_{CD} = C_{DC} = 0$

③ 재단모멘트식

구조가 역대칭이므로 $\phi_B = \phi_C,\ \phi_A = \phi_D = 0$

부재각은 $\mu_{AB} = \mu_{CD},\ \mu_{BC} = 0$

$$M_{AB} = k_{AB}(2\phi_A + \phi_B + \mu_{AB}) - C_{AB} = \phi_B + \mu_{AB}$$

$$M_{BA} = k_{AB}(2\phi_B + \phi_A + \mu_{AB}) + C_{BA} = 2\phi_B + \mu_{AB}$$

$$M_{BC} = k_{BC}(2\phi_B + \phi_C + \mu_{BC}) - C_{BC} = 3\phi_B$$

$M_{CB}=k_{BC}(2\phi_C+\phi_B+\mu_{BC)}+C_{CB}=3\phi_B$

$M_{CD}=k_{CD}(2\phi_C+\phi_D+\mu_{CD})-C_{CD}=2\phi_B+\mu_{AB}$

$M_{DC}=k_{CD}(2\phi_D+\phi_C+\mu_{CD})+C_{DC}=\phi_B+\mu_{AB}$

④ 절점방정식

$\Sigma M_B=0$ 에서 $M_{BA}+M_{BC}=0$

$5\phi_B+\mu_{AB}=0$ (a)

⑤ 층방정식은

$\Sigma H=0$ 에서 $M_{AB}+M_{BA}+M_{DC}+M_{CD}+Ph=0$

$6\phi_B+4\mu_{AB}+400=0$ (b)

(a)식과 (b)식을 연립시켜 풀면 $\phi_B=28.57$, $\mu_{AB}=-142.86$

$M_{AB}=M_{DC}=28.57-142.86=-114.29\text{kN}\cdot\text{m}$

$M_{BA}=M_{CD}=2\times28.57-142.86=-85.71\text{kN}\cdot\text{m}$

$M_{BC}=M_{CB}=3\times28.57=85.71\text{kN}\cdot\text{m}$

⑥ 지점반력

AB 부재 : $\Sigma M_B=0$ 에서 $H_A\times4-114.29-85.71=0$, $\therefore H_A=50\text{kN}$

$\Sigma H=0$ 에서 $50-100+H_B=0$, $\therefore H_B=50\text{kN}$

BC 부재 : $\Sigma M_C=0$ 에서 $R_B\times4+85.71+85.71=0$,

$\therefore R_B=-\dfrac{171.42}{4}=-42.86\text{kN}$

$\Sigma V=0$ 에서 $-42.86+R_C=0$, $\therefore R_C=42.86\text{kN}$

⑦ 전단력

AB 부재 : $0\leqq x\leqq4$, $S_x=H_A=50\text{kN}$

BC 부재 : $0\leqq x\leqq4$, $S_x=R_B=-42.86\text{kN}$

⑧ 휨모멘트

AB 부재 : $0\leqq x\leqq4$, $M_x=-114.29+50x$

$x=0$에서 $M_A=-114.29\text{kN}\cdot\text{m}$, $x=4$에서 $M_B=85.71\text{kN}\cdot\text{m}$

BC 부재 : $0\leqq x\leqq4$, $M_x=85.71-42.86x$

$x=0$에서 $M_B=85.71\text{kN}\cdot\text{m}$, $x=4$에서 $M_C=-85.71\text{kN}\cdot\text{m}$

11.4 모멘트 분배법

모멘트 분배법은 연속보나 라멘구조의 한 해법으로 1930년에 하디크로스(Hardy cross)에 의하여 제안된 것으로 처짐각법과 같이 연립해법에 의하지 않고 도표상에서 산술적인 계산으로 재단모멘트를 구하는 방법이다. 이 방법은 실용목적으로 만들어진 근사해법으로 정밀해법은 아니나 특별한 수학적 수단이 필요 없이 가감승제만에 의하여 계산할 수 있어 간편하게 사용된다.

11.4.1 모멘트 분배법의 원리

1) 전달모멘트

그림 11-13과 같이 부재 AB가 A단은 회전단이고 B단은 고정단일 때 A단에 가해진 모멘트 M_{AB}와 B단에 전달되는 모멘트 M_{BA}와의 관계식을 유도하기 위하여 처짐각법의 실용공식을 이용하면 다음과 같다.

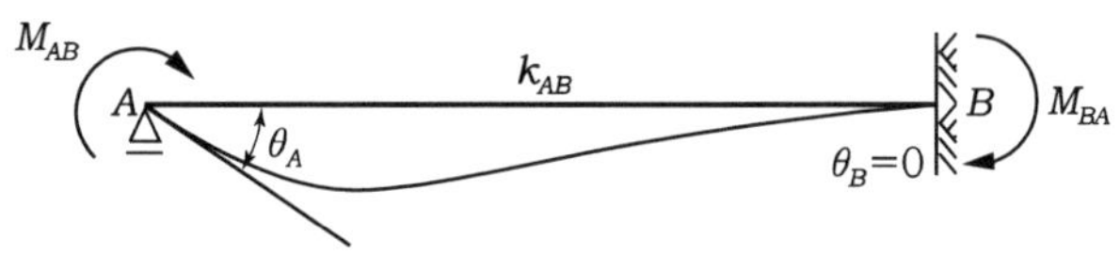

그림 11-13

$$M_{AB}=k_{AB}(2\phi_A+\phi_B+\mu_{AB})-C_{AB}$$

$$M_{BA}=k_{AB}(2\phi_B+\phi_A+\mu_{AB})+C_{BA}$$ 에서

$\theta_B=0$ 이므로 $\phi_B=0$, 부재각 $R=0$ 이므로 $\mu_{AB}=0$, 부재중간에 하중이 없으므로 $C_{AB}=C_{BA}=0$ 이 되기 때문에 다음 식으로 된다.

$$M_{AB}=k_{AB}(2\phi_A),\ M_{BA}=k_{AB}(\phi_A)$$

$$M_{BA}=\frac{1}{2}M_{AB} \tag{11-30}$$

즉, A단에 가해진 모멘트는 고정단 B에 그의 $\frac{1}{2}$이 전달된다. 이 M_{BA}를 전달모멘트(carry-over moment)라 한다.

2) 분배모멘트와 분배율 및 전달율

그림 11-14와 같이 절점 m에 모인 각 부재의 타단이 고정단으로 각 부재각이 0인 경우 절점 m에 모멘트 M을 가하면 각 부재의 m단에 재단모멘트가 발생하여 평형을 이루게 된다.

$\phi_A = \phi_B = \phi_C = \phi_D = 0$ 이므로

$$M_{mA} = k_{mA}(2\phi_m),\ M_{mB} = k_{mB}(2\phi_m)$$

$$M_{mC} = k_{mC}(2\phi_m),\ M_{mD} = k_{mD}(2\phi_m) \tag{a}$$

절점방정식 $\Sigma M_m = 0$ 으로부터

$$\begin{aligned} M &= M_{mA} + M_{mB} + M_{mC} + M_{mD} \\ &= 2\phi_m(k_{mA} + k_{mB} + k_{mC} + k_{mD}) \\ &= 2\phi_m \sum k_{mi} \end{aligned}$$

여기서, Σk_{mi}는 m절점에 모인 각 부재강비의 합이다.

$$2\phi_m = \frac{M}{\Sigma k_{mi}} \tag{b}$$

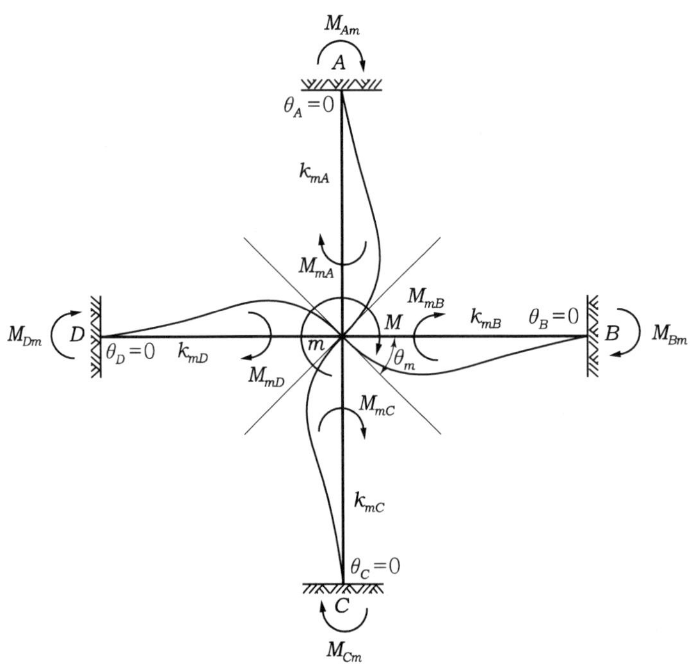

그림 11-14

(b)식을 (a)식에 대입하여 각 재단모멘트를 구하면

$$M_{mA} = \frac{k_{mA}}{\sum k_{mi}} M = f_{mA} M, \ M_{mB} = \frac{k_{mB}}{\sum k_{mi}} M = f_{mB} M$$

$$M_{mC} = \frac{k_{mC}}{\sum k_{mi}} M = f_{mC} M, \ M_{mD} = \frac{k_{mD}}{\sum k_{mi}} M = f_{mD} M \quad (11\text{-}31)$$

여기서, $f_{mA} + f_{mB} + f_{mC} + f_{mD} = 1$이다.

즉, 절점에 가해지는 모멘트는 각 부재의 강도에 비례하여 그 절점의 각 부재단에 분배된다. 각 부재의 m단에 생기는 모멘트를 분배모멘트(distributing moment)라 하고, f_{mA}, f_{mB}, f_{mC}, f_{mD}를 각 부재의 m절점의 분배율(distributing factor)이라 한다.

다음에 각 부재의 고정단 A, B, C, D단에는 식 (11-30)에서 보는 바와 같이 분배모멘트 M_{mA}, M_{mB}, M_{mC}, M_{mD}의 $\frac{1}{2}$이 전달된다. 즉, 그림 11-14와 식 (11-30)으로부터

$$M_{Am} = \frac{1}{2} M_{mA}, \ M_{Bm} = \frac{1}{2} M_{mB}$$

$$M_{Cm} = \frac{1}{2} M_{mC}, \ M_{Dm} = \frac{1}{2} M_{mD} \quad (11\text{-}32)$$

로 된다. 여기서, $\frac{1}{2}$을 각 부재단에의 전달율(carryover factor)이라 한다.

11.4.2 특수한 경우

1) 1단 힌지 부재

그림 11-15와 같이 부재 AB의 A단은 탄성고정 B단이 회전단이면 일반식은

$$M_{AB} = k_{AB}(1.5\phi_A + 0.5\mu_{AB}) - H_{AB}$$

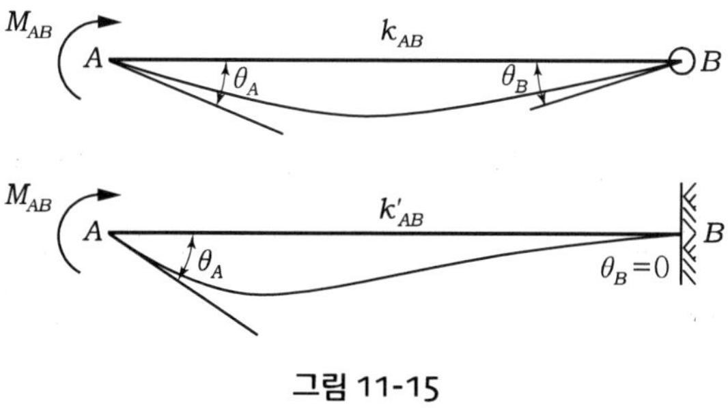

그림 11-15

로 되고, 지점변위도 없고 중간하중이 없으면 $\mu_{AB}=0$, $H_{AB}=0$ 이므로

$$M_{AB}=k_{AB}(1.5\phi_A)=\frac{3}{4}k_{AB}(2\phi_A)$$
$$=k'_{AB}(2\phi_A)$$

즉. 강비 k'_{AB} 일 때 B 단이 고정인 부재 AB 의 A 단에 ϕ_A 을 생기게 하는 때의 A 단의 재단모멘트 값과 같다. 바꾸어 말하면 B 단 회전단일 때는 부재강비를 $\frac{3}{4}$ 배하면 B 단을 고정으로 보아도 무방하다. 이때 $\frac{3}{4}k_{AB}$ 를 유효강비라 한다.

2) 대칭구조에 대칭하중을 받는 경우

그림 11-16과 같이 대칭인 구조에 대칭하중을 받으면 서로 대응하는 절점각은 서로 같고 부호가 반대이다. 이는 대칭으로 변형하기 때문이다.

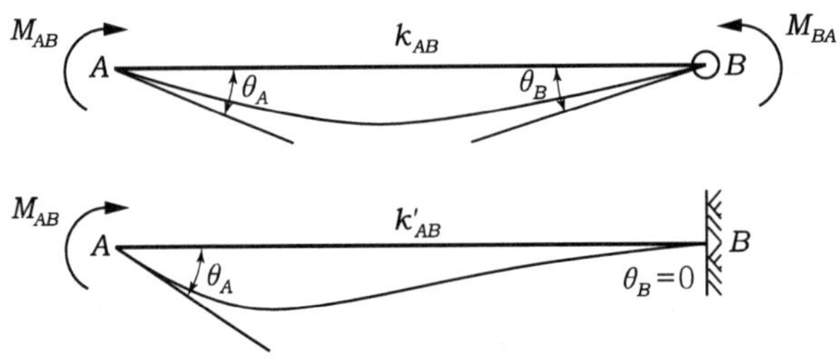

그림 11-16

$$\phi_A=-\phi_B$$

$M_{AB}=k_{AB}(2\phi_A+\phi_B+\mu_{AB})-C_{AB}$ 에서

지점변위가 없고 하중이 없으면 $\mu_{AB}=0$, $C_{AB}=0$ 이므로

$$M_{AB}=k_{AB}(\phi_A)$$

$$M_{AB}=\frac{1}{2}k_{AB}(2\phi_A)=k'_{AB}(2\phi_A)$$

즉, 강비 k'_{AB} 일 때 B단 고정부재 AB 의 A단에 ϕ_A 를 생기게 할 때의 A 단의 재단모멘트의 값과 같다. 바꾸어 말하면, 대칭 구조가 대칭하중을 받을 때 대칭축을 포함하는 부재는 그의 강도를 $\frac{1}{2}$ 배하면 부재의 B단을 고정으로 보아도 무방하다. 이때, $\frac{1}{2}k_{AB}$ 는 유효강비이다.

3) 대칭구조에 역대칭하중을 받을 때

그림 11-17과 같이 대칭구조가 역대칭하중을 받으면 각 대칭절점의 절점각은 부호와 크기가 서로 같다. 즉, 역대칭 변형이다.

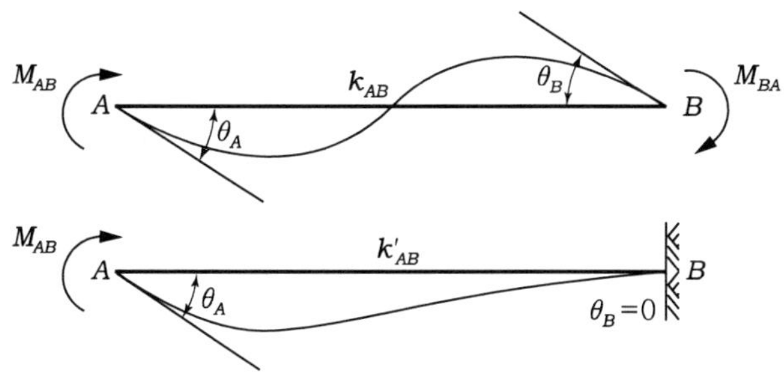

그림 11-17

$$\phi_A = \phi_B$$

$$M_{AB} = k_{AB}(2\phi_A + \phi_B + \mu_{AB}) - C_{AB}$$

에서 지점변위가 없고 하중이 없으면 $\mu_{AB} = 0$, $C_{AB} = 0$ 이므로

$$M_{AB} = k_{AB}(3\phi_A)$$

$$M_{AB} = \frac{3}{2}k_{AB}(2\phi_A) = k'_{AB}(2\phi_A)$$

즉, 강비 k'_{AB}일 때 B단 고정부재 AB의 A단에 ϕ_A를 생기게 할 때의 A 단의 재단모멘트의 값과 같다. 바꾸어 말하면, 대칭구조가 역대칭 하중을 받을 때 대칭축을 포함하는 부재는 그 강도를 $\frac{3}{2}$배 하면 부재의 B단을 고정으로 보아도 무방하다. 이 때 $\frac{3}{2}k_{AB}$를 유효강비라 한다.

11.4.3 계산방법

그림 11-18과 같이 연속보의 경우 지점모멘트를 모멘트 분배법으로 구하는 방법을 실제 수치 예를 통하여 설명하면 다음과 같다.

(1) 우선 그림 (a)에서 B지점을 구속하기 위하여 고정단으로 간주하여 그림 (b)와 같이 나눈다.

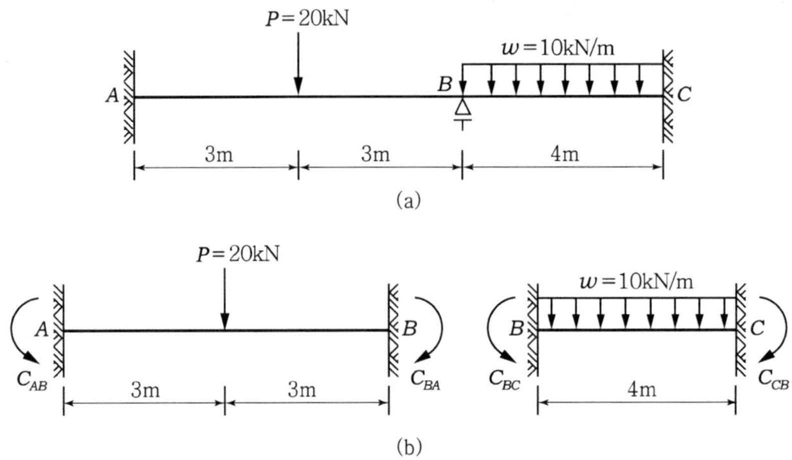

그림 11-18

(2) 분배율을 구한다.

강도 : $K_{AB} = \dfrac{I}{6}$, $K_{BC} = \dfrac{I}{4}$

기준강도 : $K_o = K_{AB}$

강비 : $k_{AB} = \dfrac{K_{AB}}{K_{AB}} = 1$, $k_{BC} = \dfrac{K_{BC}}{K_{AB}} = 1.5$

분배율 : $f_{BA} = \dfrac{1}{1+1.5} = \dfrac{2}{5} = 0.4$, $f_{BC} = \dfrac{1.5}{1+1.5} = \dfrac{3}{5} = 0.6$

(3) 그림 (b)에서 하중항 공식을 이용하여 고정단 모멘트를 구한다.

$$C_{AB} = \frac{Pl}{8} = \frac{20 \times 6}{8} = 15\,\text{kN} \cdot \text{m} \ (\curvearrowleft)$$

$$C_{BA} = \frac{Pl}{8} = \frac{20 \times 6}{8} = 15\,\text{kN} \cdot \text{m} \ (\curvearrowright)$$

$$C_{BC} = \frac{wl^2}{12} = \frac{10 \times 4^2}{12} = 13.3\,\text{kN} \cdot \text{m} \ (\curvearrowleft)$$

$$C_{CB} = \frac{wl^2}{12} = \frac{10 \times 4^2}{12} = 13.3\,\text{kN} \cdot \text{m} \ (\curvearrowright)$$

(4) 불균형모멘트를 구한다.

B지점에 대하여 생각해 보면 평형조건식을 만족해야 되기 때문에 $\Sigma M_B = 0$이 되어야 한다. 그러나 B지점을 고정단으로 가정했기 때문에 $C_{BA} = 15\,\text{kN} \cdot \text{m}(\curvearrowright)$,

$C_{BC}=13.3\,\text{kN}\cdot\text{m}(\curvearrowleft)$로 불균형을 이루고 있다. 따라서 B점에서는 C_{BA}와 C_{BC}의 차이 $\sum M_B = 15-13.3 = 1.7\,\text{kN}\cdot\text{m}$ 만큼의 불균형이 생긴다. 이것을 불균형 모멘트(unbalanced moment)라고 한다.

(5) 분배모멘트를 구한다.

B지점의 구속을 해제하고 평형상태가 되기 위해서는 이 불균형 모멘트 $1.7\,\text{kN}\cdot\text{m}$과 크기가 같고 부호가 반대인 모멘트 $-1.7\text{kN}\cdot\text{m}$를 가해 주어야 된다. 이 모멘트를 AB부재 및 BC부재의 분배율을 곱하여 분배모멘트를 구한다.

$$M_{BA}' = -1.7\times\frac{2}{5} = -0.68\,\text{kN}\cdot\text{m}$$

$$M_{BC}' = -1.7\times\frac{3}{5} = -1.02\,\text{kN}\cdot\text{m}$$

(6) 전달모멘트를 구한다.

B지점에 분배된 분배모멘트 M_{BA}', M_{BC}'는 반대쪽 A지점과 C지점이 고정단일 경우는 각각 $\frac{1}{2}$이 전달된다.

$$M_{AB}' = \frac{1}{2}M_{BA}' = -0.68\times\frac{1}{2} = -0.34\,\text{kN}\cdot\text{m}$$

$$M_{CB}' = \frac{1}{2}M_{BC}' = -1.02\times\frac{1}{2} = -0.51\,\text{kN}\cdot\text{m}$$

결국 A, B, C점의 모멘트는 고정단모멘트, 분배모멘트, 전달모멘트를 전부 더한 값이 되고 위의 과정 (1)~(6)까지를 표로 종합하면 다음과 같다.

지 점	A	B		C
부 재	AB	BA	BC	CB
강 비	1	1	1.5	1.5
분배율	–	0.4	0.6	–
고정단모멘트	−15	+15	−13.3	+13.3
분배모멘트		↙ −0.68	−1.02↘	
전달모멘트	−0.34			−0.51
재단모멘트	−15.34	+14.32	−14.32	+12.79

예제 11.11

그림과 같은 연속보의 재단모멘트를 모멘트분배법으로 구하라.

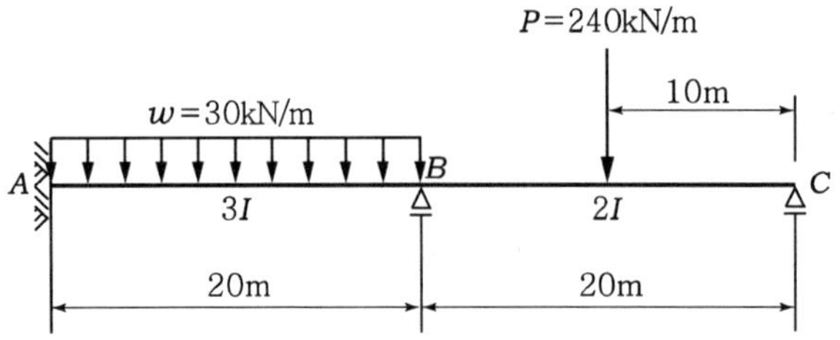

▸ **풀이**

① 분배율

강도 : $K_{AB}=\dfrac{3I}{20}$, $K_{BC}=\dfrac{2I}{20}$

기준강도 : $K_o=K_{AB}$

강비 : $k_{AB}=\dfrac{K_{AB}}{K_{AB}}=1$

유효강비: $k_{BC}=\dfrac{3}{4}\dfrac{K_{BC}}{K_{AB}}=0.5$

분배율 : $f_{BA}=\dfrac{1}{1+0.5}=\dfrac{2}{3}$, $f_{BC}=\dfrac{0.5}{1+0.5}=\dfrac{1}{3}$

② 하중항 및 항중항

$C_{AB}=\dfrac{wl^2}{12}=\dfrac{30\times20^2}{12}=1{,}000\,\text{kN}\cdot\text{m}$, $C_{BA}=\dfrac{wl^2}{12}=1{,}000\,\text{kN}\cdot\text{m}$

$H_{BC}=\dfrac{3}{16}Pl=\dfrac{3}{16}\times240\times20=900\,\text{kN}\cdot\text{m}$

③ 불균형모멘트

$\sum M_B=C_{BA}-H_{BC}=1{,}000-900=100\,\text{kN}\cdot\text{m}$

④ 분배모멘트

$M_{BA}{}'=-100\times\dfrac{2}{3}=-66.7\,\text{kN}\cdot\text{m}$, $M_{BC}{}'=-100\times\dfrac{1}{3}=-33.3\,\text{kN}\cdot\text{m}$

⑤ 전달모멘트

고정단 A로 전달되고

$M_{AB}{}'=-66.7\times\dfrac{1}{2}=-33.35\,\text{kN}\cdot\text{m}$

이상의 결과를 표로 요약하면

지 점	A	B		C
부 재	AB	BA	BC	CB
강 비		2	1	
분배율	–	2/3	1/3	–
고정단모멘트	−1000	+1000	−900	0
분배모멘트		↙ −66.7	−33.3	
전달모멘트	−33.35			
재단모멘트	−1,033.35	+933.3	−933.3	0

따라서, 재단모멘트 $M_{AB}=-1033.35\text{kN}\cdot\text{m}$, $M_{BA}=933.3\text{kN}\cdot\text{m}$

$M_{BC}=-933.3\text{kN}\cdot\text{m}$, $M_{CB}=0\text{kN}\cdot\text{m}$

예제 11.12

그림과 같은 연속보의 재단모멘트를 모멘트분배법으로 구하고 F점의 휨모멘트를 계산하여라. (단, EI는 일정)

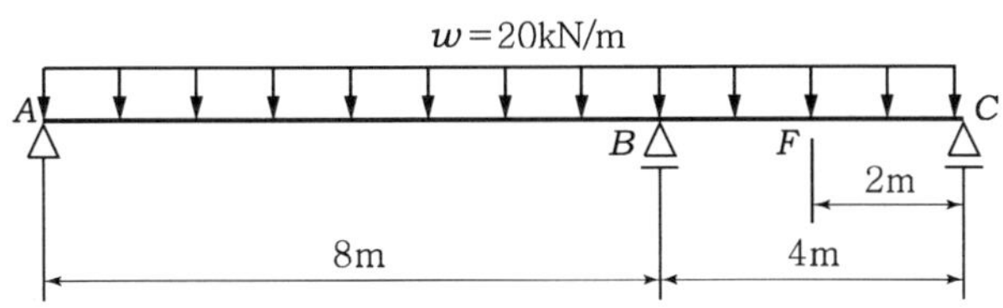

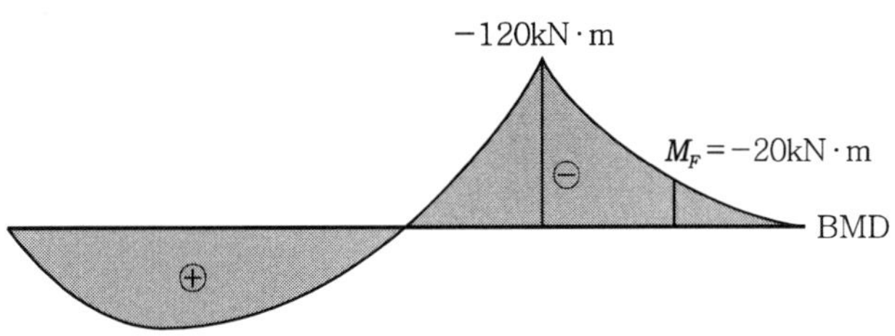

▸ 풀이

① 분배율

강도 : $K_{AB}=\dfrac{I}{8}$, $K_{BC}=\dfrac{I}{4}$

기준강도 : $K_o=K_{AB}$

유효강비 : $k_{AB}=\dfrac{3}{4}\cdot\dfrac{K_{AB}}{K_{AB}}=\dfrac{3}{4}$, $k_{BC}=\dfrac{3}{4}\cdot\dfrac{K_{BC}}{K_{AB}}=\dfrac{6}{4}$

$\therefore k_{AB}:k_{BC}=1:2$

분배율 : $f_{BA}=\dfrac{1}{1+2}=\dfrac{1}{3}$, $f_{BC}=\dfrac{2}{1+2}=\dfrac{2}{3}$

② 항중항

$$H_{BA}=\frac{wl^2}{8}=\frac{20\times8^2}{8}=160\,\mathrm{kN\cdot m},\ H_{BC}=\frac{20\times4^2}{8}=40\,\mathrm{kN\cdot m}$$

③ 불균형모멘트

$$\sum M_B=H_{BA}-H_{BC}=160-40=120\,\mathrm{kN\cdot m}$$

④ 분배모멘트

$$M_{BA}'=-120\times\frac{1}{3}=-40\,\mathrm{kN\cdot m},\ M_{BC}'=-120\times\frac{2}{3}=-80\,\mathrm{kN\cdot m}$$

⑤ 전달모멘트

고정단이 없기 때문에 전달모멘트는 없다.

이상의 결과를 표로 요약하면

지 점	A	B		C
부 재	AB	BA	BC	CB
강 비		1	2	
분배율	–	1/3	2/3	–
고정단모멘트		+160	−40	0
분배모멘트		−40	−80	
재단모멘트	0	+120	−120	0

따라서, 재단모멘트 $M_{AB}=0$, $M_{BA}=120\,\mathrm{kN\cdot m}$, $M_{BC}=-120\,\mathrm{kN\cdot m}$, $M_{CB}=0$

⑥ M_F의 계산

$\Sigma M_B=0,\ -R_C\times4+20\times4\times2-120=0$

$\therefore R_C=10\,\mathrm{kN}$

$M_F=10\times2-20\times2\times1=-20\,\mathrm{kN\cdot m}$

예제 11.13

그림과 같은 라멘의 재단모멘트를 모멘트분배법으로 구하고 휨모멘트도를 그리시오.

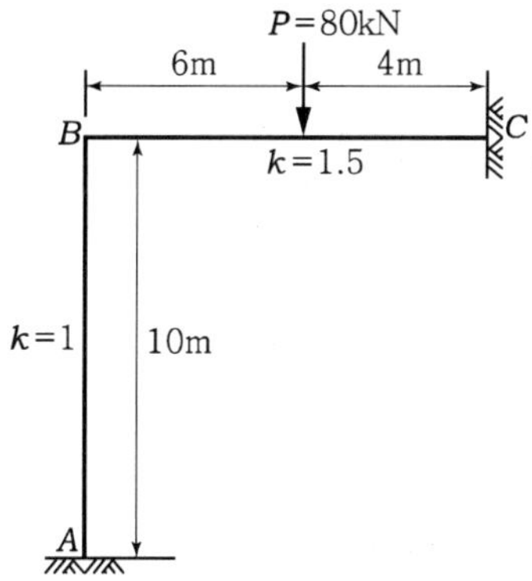

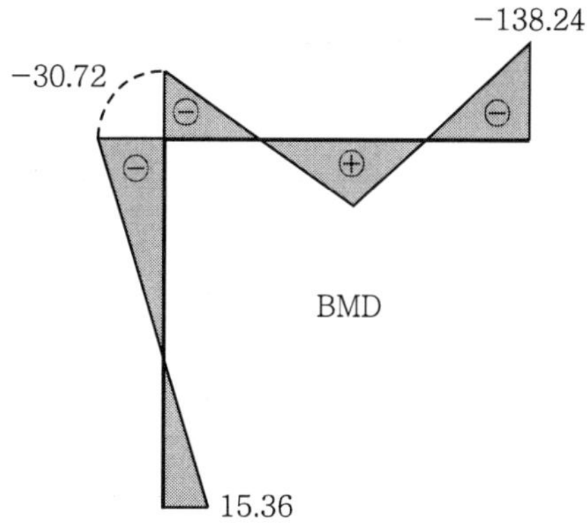

▸ **풀이**

① 분배율

강비 : k_{AB}: $k_{BC}=1$: 1.5

분배율 : $f_{BA}=\dfrac{1}{1+1.5}=0.4$, $f_{BC}=\dfrac{1.5}{1+1.5}=0.6$

② 하중항

$$C_{BC}=\frac{Pab^2}{l^2}=\frac{80\times6\times4^2}{10^2}=76.8\,\text{kN}\cdot\text{m},\ \ C_{CB}=\frac{Pa^2b}{l^2}=\frac{80\times6^2\times4}{10^2}=115.2\,\text{kN}\cdot\text{m}$$

③ 불균형모멘트

$\Sigma M_B=C_{BA}-C_{BC}=0-76.8=-76.8\,\text{kN}\cdot\text{m}$

④ 분배모멘트

$M_{BA}{}'=76.8\times0.4=30.72\,\text{kN}\cdot\text{m}$, $M_{BC}{}'=76.8\times0.6=46.08\,\text{kN}\cdot\text{m}$

⑤ 전달모멘트

고정단 A 및 C로 전달되고

$M_{AB}{}'=\dfrac{1}{2}\times30.72=15.36\,\text{kN}\cdot\text{m}$, $M_{CB}{}'=\dfrac{1}{2}\times46.08=23.04\,\text{kN}\cdot\text{m}$

이상의 결과를 표로 요약하면 다음과 같다.

지 점	A	B		C
부 재	AB	BA	BC	CB
강 비	1	1	1.5	1.5
분배율	−	0.4	0.6	−
고정단모멘트		0	−76.8	+115.2
분배모멘트		↙ +30.72	+46.08 ↘	
전달모멘트	+15.36			+23.04
재단모멘트	+15.36	+30.72	−30.72	+138.24

예제 11.14

그림과 같은 보의 재단모멘트를 모멘트분배법으로 구하고 휨모멘트도를 그리시오. (단, EI는 일정하다.)

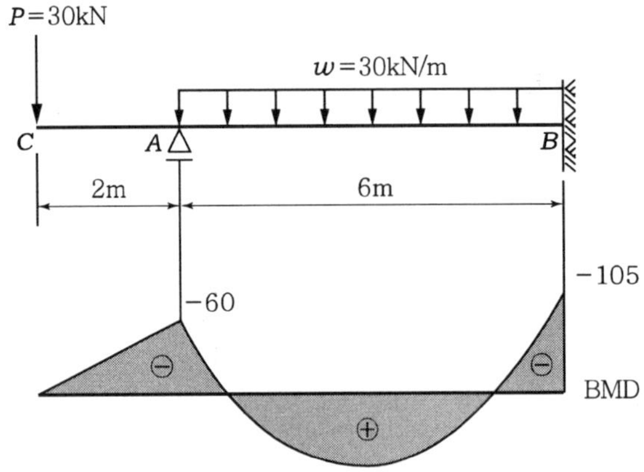

▸ **풀이**

① 분배율 계산

강비 : k_{CA}: $k_{AB}=0$: 1

분배율 : $f_{CA}=\dfrac{0}{0+1}=0$, $f_{AB}=\dfrac{1}{0+1}=1$

② 하중항

$$C_{AC}=30\times2=60\,\text{kN}\cdot\text{m},\ C_{AB}=\frac{wl^2}{12}=\frac{30\times6^2}{12}=90\,\text{kN}\cdot\text{m},\ C_{BA}=\frac{wl^2}{12}=\frac{30\times6^2}{12}=90\,\text{kN}\cdot\text{m}$$

③ 불균형모멘트

$\Sigma M_A=C_{AC}-C_{AB}=60-90=-30\,\text{kN}\cdot\text{m}$

④ 분배모멘트

$M_{CA}'=30\times0=0\,\text{kN}\cdot\text{m}$, $M_{AB}'=30\times1=30\,\text{kN}\cdot\text{m}$

⑤ 전달모멘트

고정단 B로 전달되고 $M_{BA}'=30\times\dfrac{1}{2}=15\,\text{kN}\cdot\text{m}$

이상의 결과를 표로 요약하면 다음과 같다.

지 점	C	A		B
부 재	CA	AC	AB	BA
강 비	0	0	1	1
분배율	−	0	1	−
고정단모멘트		+60	−90	+90
분배모멘트		0	+30 ↘	
전달모멘트				+15
재단모멘트	0	+60	−60	+105

예제 11.15

그림과 같은 라멘의 재단모멘트를 모멘트분배법으로 구하시오.

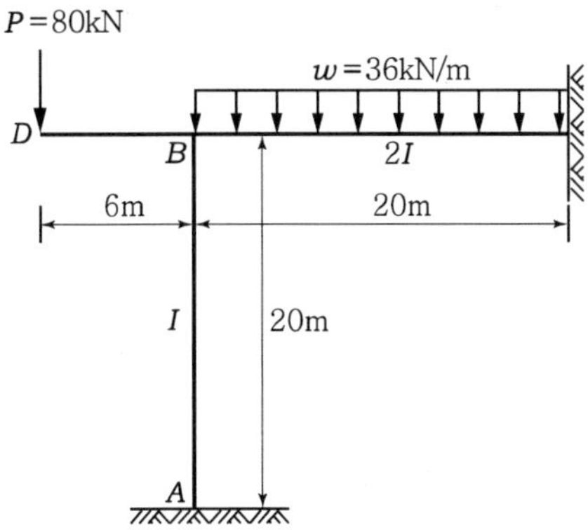

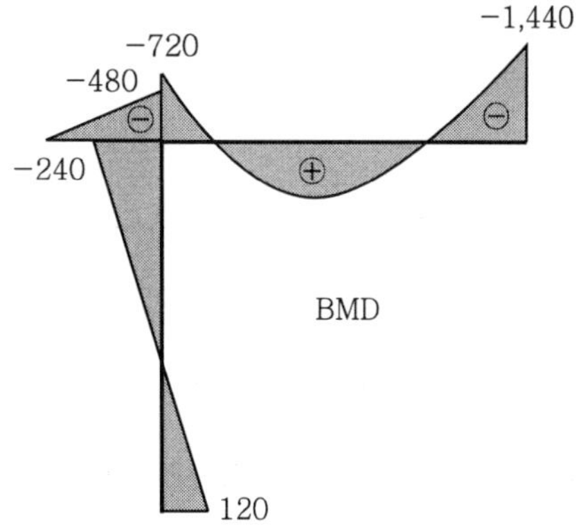

▸ **풀이**

① 분배율

강도 : $K_{AB}=\dfrac{I}{20}$, $K_{BC}=\dfrac{2I}{20}$, $K_{BD}=\dfrac{0}{6}$

기준강도 : $K_o=K_{AB}$

강비 : $k_{AB}=\dfrac{K_{AB}}{K_{AB}}=1$, $k_{BC}=\dfrac{K_{BC}}{K_{AB}}=2$, $k_{BD}=0$

$\therefore k_{AB}:\ k_{BC}:\ k_{BD}=1 : 2 : 0$

분배율 : $f_{BA}=\dfrac{1}{1+2}=\dfrac{1}{3}$, $f_{BC}=\dfrac{2}{1+2}=\dfrac{2}{3}$, $f_{BD}=\dfrac{0}{1+2}=0$

② 하중항

$C_{BC}=C_{CB}=\dfrac{wl^2}{12}=\dfrac{36\times 20^2}{12}=1{,}200\,\text{kN}\cdot\text{m}$, $C_{BD}=80\times 6=480\,\text{kN}\cdot\text{m}$

③ 불균형모멘트

$\Sigma M_B=C_{BD}-C_{BC}=480-1{,}200=-720\,\text{kN}\cdot\text{m}$

④ 분배모멘트

$M_{BA}'=720\times\dfrac{1}{3}=240\,\text{kN}\cdot\text{m}$, $M_{BC}'=720\times\dfrac{2}{3}=480\,\text{kN}\cdot\text{m}$

⑤ 전달모멘트

고정단 A와 B로 전달되고

$M_{AB}'=240\times\dfrac{1}{2}=120\,\text{kN}\cdot\text{m}$, $M_{CB}'=480\times\dfrac{1}{2}=240\,\text{kN}\cdot\text{m}$

이상의 결과를 표로 요약하면 다음과 같다.

지 점	A	B			C
부 재	AB	BA	BD	BC	CB
강 비	1	1	0	2	2
분배율	–	1/3	0	2/3	–
고정단모멘트		0	+480	−1,200	+1,200
분배모멘트		↙ +240		+480 ↘	
전달모멘트	+120				+240
재단모멘트	+120	+240	+480	−720	+1,440

예제 11.16

그림과 같은 라멘의 재단모멘트를 모멘트분배법으로 구하고 휨모멘트도를 그리시오.

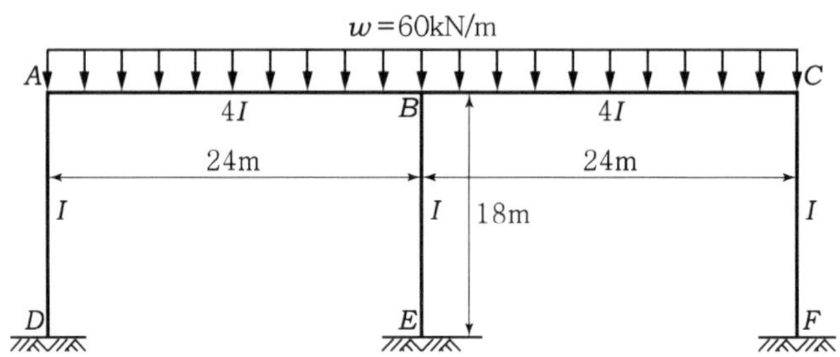

▸ 풀이

① 분배율 계산

강도 : $K_{AD}=K_{BE}=K_{CF}=\dfrac{I}{18}$, $K_{AB}=K_{BC}=\dfrac{4I}{24}$

기준강도 : $K_o=K_{AD}$

강비 : $k_{AD}=k_{BE}=k_{CF}=\dfrac{K_{AD}}{K_o}=1$, $k_{AB}=k_{BC}=\dfrac{K_{BC}}{K_o}=3$

분배율 : $f_{AD}=\dfrac{1}{1+3}=\dfrac{1}{4}=0.25$, $f_{AB}=\dfrac{3}{1+3}=\dfrac{3}{4}=0.75$

$f_{BA}=\dfrac{3}{3+1+3}=\dfrac{3}{7}=0.429$, $f_{BE}=\dfrac{1}{3+1+3}=\dfrac{1}{7}=0.142$

$f_{BC}=\dfrac{3}{3+1+3}=\dfrac{3}{7}=0.429$, $f_{CF}=\dfrac{1}{3+1}=\dfrac{1}{4}=0.25$,

$f_{CB}=\dfrac{3}{3+1}=\dfrac{3}{4}=0.75$

② 하중항

$$C_{AB}=C_{BA}=\frac{wl^2}{12}=\frac{60\times 24^2}{12}=2{,}880\,\text{kN}\cdot\text{m}$$

$$C_{BC}=C_{CB}=\frac{wl^2}{12}=\frac{60\times 24^2}{12}=2{,}880\,\text{kN}\cdot\text{m}$$

③ 불균형모멘트

$\Sigma M_A = C_{AD} - C_{AB} = 0 - 2{,}880 = -2{,}880\,\text{kN}\cdot\text{m}$

$\Sigma M_B = C_{BA} + C_{BE} - M_{BC} = 2{,}880 + 0 - 2{,}880 = 0$

$\Sigma M_C = C_{CB} - C_{CF} = 2{,}880 - 0 = 2{,}880\,\text{kN}\cdot\text{m}$

④ 분배모멘트

$M_{AD}{}' = 2{,}880 \times \dfrac{1}{4} = 720\,\text{kN}\cdot\text{m}$, $M_{AB}{}' = 2{,}880 \times \dfrac{3}{4} = 2{,}160\,\text{kN}\cdot\text{m}$

$M_{CF}{}' = -2{,}880 \times \dfrac{1}{4} = -720\,\text{kN}\cdot\text{m}$, $M_{CB}{}' = -2{,}880 \times \dfrac{3}{4} = -2{,}160\,\text{kN}\cdot\text{m}$

⑤ 전달모멘트

$M_{DA}{}' = 720 \times \dfrac{1}{2} = 360\,\text{kN}\cdot\text{m}$, $M_{BA}{}' = 2{,}160 \times \dfrac{1}{2} = 1{,}080\,\text{kN}\cdot\text{m}$

$M_{BC}{}' = -2{,}160 \times \dfrac{1}{2} = -1{,}080\,\text{kN}\cdot\text{m}$, $M_{FC}{}' = -720 \times \dfrac{1}{2} = -360\,\text{kN}\cdot\text{m}$

이상의 결과를 표로 요약하면 다음과 같다.

지 점	A		B			C		D	E	F
부 재	AD	AB	BA	BE	BC	CB	CF	DA	EB	FC
강 비	1	3	3	1	3	3	1	1	1	1
분배율	0.25	0.75	0.429	0.142	0.429	0.75	0.25	-	-	-
고정단모멘트	0	-2,880	+2,880	0	-2,880	+2,880	0	0	0	0
분배모멘트	+720	+2,160				-2,160	-720			
전달모멘트			+1,080		-1,080			+360		-360
재단모멘트	+720	-720	+3,960	0	-3,960	+720	-720	+360	0	-360

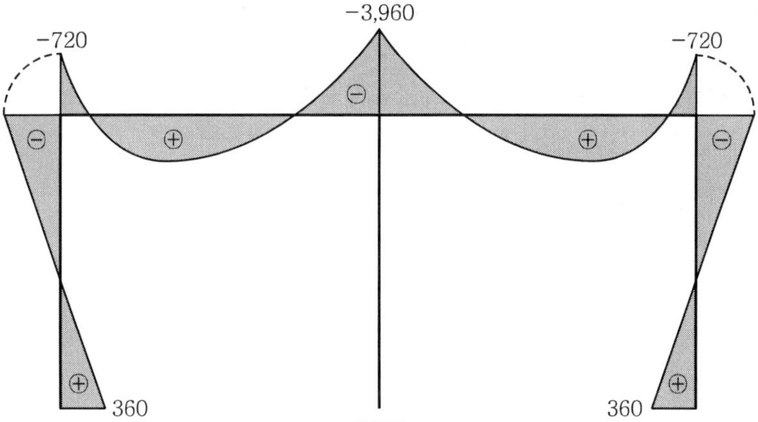

BMD

연 습 문 제

문제 11.1 그림과 같은 2경간 연속보에 등분포하중 w가 만재되어 있을 때 중앙지점의 반력 R_B는?

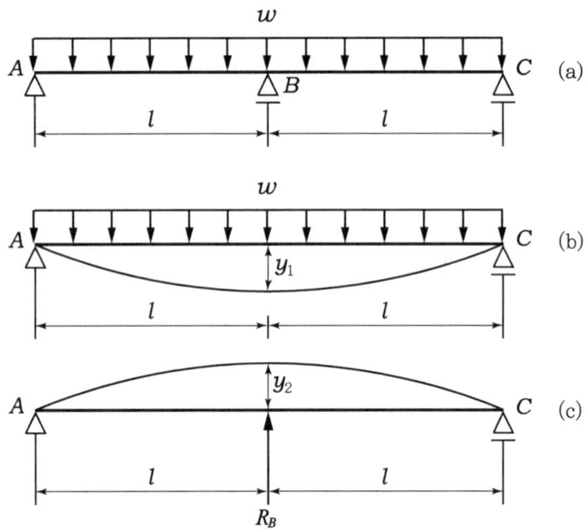

▸ **풀이**

변형일치의 방법에서 B 지점의 처짐이 0이라는 조건을 이용하면

$$y_1 + y_2 = 0 \qquad (1)$$

이어야 하고, 그림 (b)와 그림 (c)로부터 각각 처짐을 구하면

$$y_1 = \frac{5w(2l)^4}{384EI} = \frac{5wl^4}{24EI},\ y_2 = -\frac{R_B(2l)^3}{48EI} = -\frac{R_B l^3}{6EI} \qquad (2)$$

와 같다. 다음 (2)식을 (1)식에 대입하면 R_B가 구해진다.

$$\frac{5wl^4}{24EI} - \frac{R_B l^3}{6EI} = 0,\ \therefore R_B = \frac{5wl}{4}$$

문제 11.2 그림과 같은 양단고정보에서 중앙점에서 최대처짐 $y_{\max}$ 는?

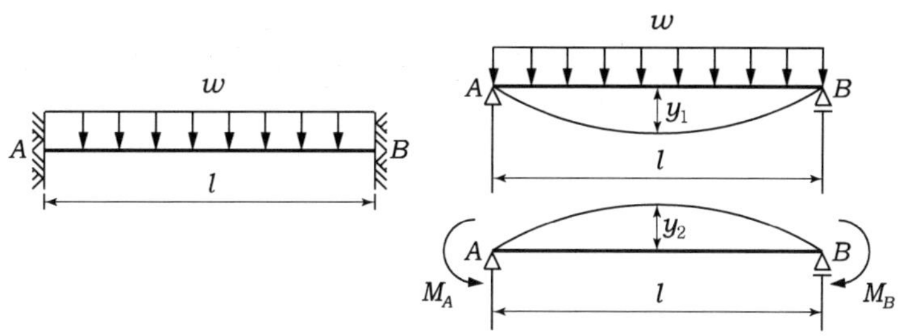

▸ **풀이**

등분포하중에 의한 처짐 y_1 과 고정단모멘트에 의한 처짐 y_2 를 구하여 합산하면 된다.

고정단모멘트 $M_A = M_B = \dfrac{wl^2}{12} = M$

$$y_{\max} = y_1 + y_2 \tag{a}$$

$$y_1 = \frac{5wl^4}{384EI},\ y_2 = -\frac{Ml^2}{8EI} = -\frac{wl^2}{12}\cdot\frac{l^2}{8EI} = -\frac{wl^4}{96EI} \tag{b}$$

(b)식을 (a)식에 대입하면 최대처짐이 구해진다.

$$y_{\max} = \frac{5wl^4}{384EI} - \frac{wl^4}{96EI} = \frac{wl^4}{384EI}$$

문제 11.3 그림과 같은 Box라멘의 재단모멘트를 처짐각법으로 구하라.

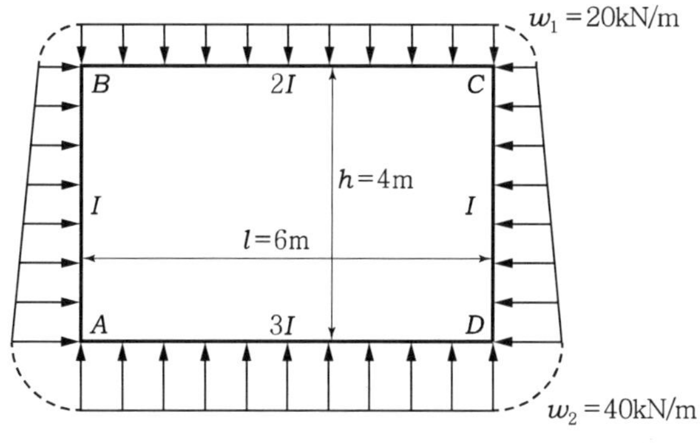

▸ **풀이**

대칭구조이므로 절반만 계산하면 된다.

$M_{AD} = M_{DA},\ M_{BC} = M_{CB}$

$\mu_{AB} = \mu_{BC} = \mu_{AD} = 0$

$\phi_A = -\phi_D,\ \phi_B = -\phi_C$

(1) 강비

$$K_o = K_{AB} = \frac{I}{h} = \frac{I}{4},\ K_{BC} = \frac{I}{l} = \frac{2I}{6},\ K_{AD} = \frac{I}{l} = \frac{3I}{6}$$

$$k_{AB} = \frac{K_{AB}}{K_0} = 1,\ k_{BC} = \frac{K_{BC}}{K_0} = \frac{2I}{6} \times \frac{4}{I} = 1.33,\ k_{AD} = \frac{K_{AD}}{K_0} = \frac{3I}{6} \times \frac{4}{I} = 2$$

(2) 하중항

$$C_{BC} = C_{CB} = \frac{w_1 l^2}{12} = \frac{20 \times 6^2}{12} = 60\text{kN}\cdot\text{m}$$

$$C_{AD} = C_{DA} = \frac{w_2 l^2}{12} = \frac{40 \times 6^2}{12} = 120\,\text{kN}\cdot\text{m}$$

$$C_{AB} = \frac{h^2}{60}(2w_1 + 3w_2) = \frac{4^2}{60}(2 \times 20 + 3 \times 40) = 42.67\,\text{kN}\cdot\text{m}$$

$$C_{BA} = \frac{h^2}{60}(3w_1 + 2w_2) = \frac{4^2}{60}(3 \times 20 + 2 \times 40) = 37.33\,\text{kN}\cdot\text{m}$$

(3) 재단모멘트식

$$M_{AB} = k_{AB}(2\phi_A + \phi_B + \mu_{AB)} - C_{AB} = 2\phi_A + \phi_B - 42.67$$

$$M_{AD} = k_{AD}(2\phi_A + \phi_D + \mu_{AD}) + C_{AD} = 2(2\phi_A - \phi_A) + 120 = 2\phi_A + 120$$

$$M_{BA} = k_{BA}(2\phi_B + \phi_A + \mu_{AB}) + C_{BA} = 2\phi_B + \phi_A + 37.33$$

$$M_{BC} = k_{BC}(2\phi_B + \phi_C + \mu_{BC}) - C_{BC} = 1.33(2\phi_B - \phi_B) - 60 = 1.33\phi_B - 60$$

(4) 절점 방정식

$\Sigma M_A = 0$ 에서

$$M_{AB} + M_{AD} = 2\phi_A + \phi_B - 42.67 + 2\phi_A + 120 = 0$$

$$4\phi_A + \phi_B = -77.33 \qquad \text{(a)}$$

$\Sigma M_B = 0$ 에서

$$M_{BA} + M_{BC} = 2\phi_B + \phi_A + 37.33 + 1.33\phi_B - 60 = 0$$

$$\phi_A + 3.33\phi_B = 22.67 \qquad \text{(b)}$$

(a)식과 (b)식을 연립하여 풀면

$\phi_A = -22.75$, $\phi_B = 13.64$

(5) 재단모멘트

$$M_{AB} = 2(-22.75) + (13.64) - 42.67 = -74.5\,\text{kN}\cdot\text{m}$$

$$M_{AD} = 2(-22.75) + 120 = 74.5\,\text{kN}\cdot\text{m}$$

$$M_{BA} = 2(13.64) + (-22.67) + 37.33 = 41.86\,\text{kN}\cdot\text{m}$$

$$M_{BC} = 1.33(13.64) - 60 = -41.86\,\text{kN}\cdot\text{m}$$

대칭구조이므로

$M_{DA} = -74.5\,\text{kN}\cdot\text{m}$

$M_{DC} = 74.5\,\text{kN}\cdot\text{m}$

$M_{CB} = 41.86\,\text{kN}\cdot\text{m}$

$M_{CD} = -41.86\,\text{kN}\cdot\text{m}$

CHAPTER 12

일과 에너지법

12.1 탄성변형에너지

12.2 가상일의 원리

12.3 카스틸리아노 정리

12.4 상반정리

▪ 연습문제

CHAPTER 12

일과 에너지법

12.1 탄성변형에너지

12.1.1 축방향력에 의한 탄성변형에너지

그림 12-1의 (b)와 같은 인장시험도에서 탄성한계 하중의 최대값 P에 대응되는 변위는 δ이고, 하중 P_x에 대응이 되는 변위는 x이다. 만약 하중이 dP_x 만큼 증가한다면 변위도 dx 만큼 증가하게 되고 그 동안의 일은 $P_x \cdot dx$ 가 된다.

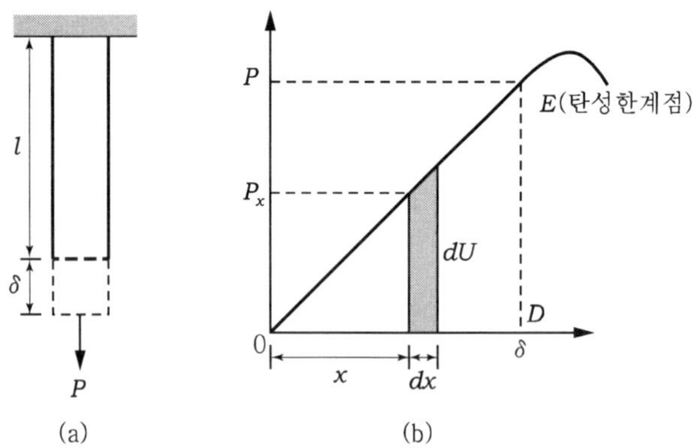

그림 12-1

만약 P_x 가 0에서부터 P까지 증가하는 동안에 이루어지는 일은 삼각형 OED의 면적과 같다.

$$U = \frac{P\delta}{2} \tag{12-1}$$

식 (12-1)에 훅크의 법칙으로부터 $\delta = \dfrac{Pl}{AE}$을 대입하면 다음과 같은 식을 얻는다.

$$U = \frac{P^2 l}{2AE}, \quad U = \frac{AE\delta^2}{2l} \tag{12-2}$$

식 (12-2)를 체적으로 나누면 $u = \dfrac{U}{V}$인데 이것을 레질리언스(resilience)라 하고 균일 단면봉일 때는 $V = Al$이므로 다음과 같은 식으로 표시된다.

$$u = \frac{\sigma^2}{2E},\ u = \frac{E\epsilon^2}{2} \tag{12-3}$$

여기서, $\sigma = \dfrac{P}{A}$는 인장응력이고 $\epsilon = \dfrac{\delta}{l}$는 세로변형률이다.

그러나, 축방향력 P가 부재의 길이에 따라 P_x로 다른 경우의 변형에너지는

$$U = \int \frac{P_x^2}{2AE} dx \tag{12-4}$$

로 표시된다.

예제 12.1

길이 l, 지름 d인 원형 단면봉이 인장하중 P를 받고 있다. 응력이 단면에 균일하게 분포한다고 가정할 때 이 봉에 저장되는 변형 에너지를 구한 값은? (단, 봉의 탄성계수는 E이다.)

▸ **풀이**

$$U = \frac{P^2 l}{2AE} = \frac{P^2 l}{2E} \cdot \frac{4}{\pi d^2} = \frac{2P^2 l}{\pi d^2 E}$$

12.1.2 전단에 의한 탄성변형에너지

그림 12-2는 순수 전단력을 받는 요소이며 전단력 S에 의한 탄성변형에너지를 구하면 다음과 같다.
전단력 S에 의하여 전단면에는 λ만큼의 전단변형이 일어났을 경우 탄성한도 내에서 요소 속의 탄성에너지는 다음과 같이 된다.

$$U = \frac{S\lambda}{2} \tag{12-5}$$

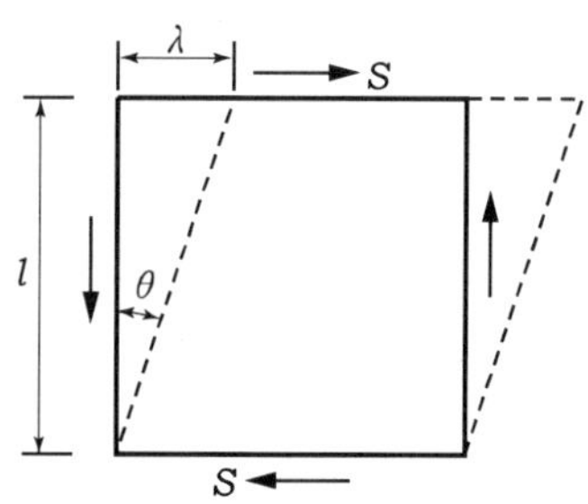

그림 12-2

식 (12−5)에 훅크의 법칙으로부터 $\lambda = \dfrac{Sl}{AG}$을 대입하면 다음의 두 식을 얻는다.

$$U = \frac{S^2 l}{2AG},\ U = \frac{AG\lambda^2}{2l} \tag{12-6}$$

식 (12-6)을 요소의 체적 Al로 나누면 다음과 같은 레질리언스(resilience)식을 얻는다.

$$u = \frac{\tau^2}{2G},\ u = \frac{G\gamma^2}{2} \tag{12-7}$$

여기서, $\tau = \dfrac{S}{A}$는 전단응력이고 $\gamma = \dfrac{\lambda}{l}$는 전단변형율이다.

그러나, 전단력 S가 부재의 길이에 따라 S_x로 다르고 좀더 정확한 값을 얻기 위한 형상계수 k를 곱한 변형에너지는

$$U = \int \frac{kS_x^2}{2AG}dx \tag{12-8}$$

로 표시된다.

예제 12.2

그림과 같은 단순보의 전단 변형에너지를 구하여라.

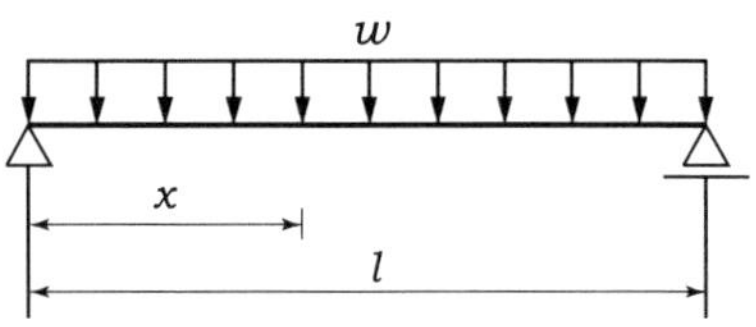

▸ **풀이**

$U = \int_0^l \frac{kS_x^2}{2AG}dx$ 에서 $S_x = \frac{wl}{2} - wx$

$U = \frac{k}{2AG}\int_0^l \left(\frac{wl}{2} - wx\right)^2 dx = \frac{kw^2l^3}{24AG}$

12.1.3 비틀림에 의한 탄성변형에너지

그림 12-3과 같은 원형 단면봉이 비틀림 모멘트 T에 의하여 전비틀림각 ϕ가 발생했을 경우의 그 내부에 저장되는 탄성변형에너지는 다음과 같다.

그림에서 요소 $ab'cd'$는 순수 전단상태에 있고 전단변형률 γ는 다음 식으로 표시된다.

$$\tan\gamma \fallingdotseq \gamma = \frac{bb'}{ab} = \frac{bb'}{dx}$$

$$bb' = Rd\phi,\ \gamma = \frac{Rd\phi}{dx} = R\theta$$

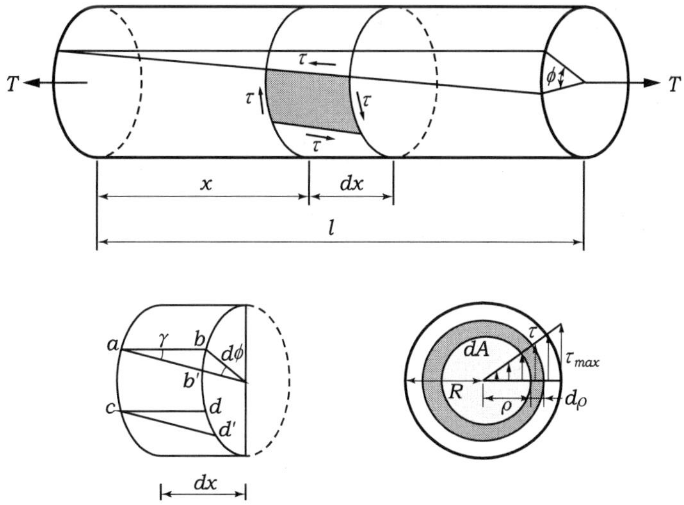

그림 12-3

여기서, $\dfrac{d\phi}{dx} = \theta = \dfrac{\phi}{l}$ 는 단위 비틀림각이다.

이때 최대 전단응력 $\tau_{\max} = G\gamma = GR\theta$ 이고,

반지름이 ρ 인 봉내부에서의 전단응력은 전단변형률 $\gamma = \rho\theta$ 이므로

$$\tau = G\rho\theta \tag{a}$$

로 표시된다. 이 전단응력들의 합력은 전 비틀림 모멘트 T 와 같다.

미소면적 dA 의 전단력은 τdA 로 표시되고, 봉의 축에 관한 모멘트 $\tau\rho dA$ 에 (a)식을 대입하면 $G\theta\rho^2 dA$ 가 된다. 따라서 전 비틀림 모멘트는 다음 식으로 표시된다.

$$T = \int G\theta\rho^2 dA = G\theta\int\rho^2 dA = G\theta I_p \tag{b}$$

여기서, $I_p = \int\rho^2 dA$ 는 단면 2차 극모멘트이다.

식 (b)에서 단위 비틀림각은

$$\theta = \frac{T}{GI_p} \tag{c}$$

로 표시되고 전 비틀림각은 다음 식과 같다.

$$\phi = \theta l = \frac{Tl}{GI_p} \tag{12-9}$$

식 (c)를 식 (a)에 대입하면 전단응력은 다음 식으로 표시된다.

$$\tau = \frac{T}{I_p}\rho \tag{12-10}$$

따라서 비틀림 모멘트 T에 의하여 전 비틀림각이 ϕ만큼 발생했을 경우의 탄성한도 내에서 봉요소 속의 탄성변형에너지는 다음과 같이 된다.

$$U = \frac{T\phi}{2} \tag{12-11}$$

식 (12−11)에 식 (12−9)를 대입하면 다음의 두 식을 얻는다.

$$U = \frac{T^2 l}{2GI_p}, \quad U = \frac{GI_p\phi^2}{2l} \tag{12-12}$$

그러나 비틀림 모멘트 T가 부재의 길이마다 T_x로 다른 경우의 변형에너지는

$$U = \int \frac{T_x^2}{2GI_p}dx \tag{12-13}$$

로 표시된다.

12.1.4 모멘트에 의한 탄성변형에너지

그림 12−4의 (a)와 같은 보가 순수 굽힘모멘트를 받을 경우 굽힘모멘트는 보의 전길이에 걸쳐 균일하고 그 탄성곡선은 $\frac{1}{\rho} = \frac{M}{EI}$의 곡률인 원호가 되며 원호상에서 중심각 θ는 다음과 같이 된다.

$$l = \rho\theta \ , \ \theta = \frac{l}{\rho} \ , \ \theta = \frac{Ml}{EI} \tag{a}$$

휨모멘트 M에 의하여 θ만큼의 회전각이 발생했을 경우 탄성한도 내에서 요소 속의 탄성에너지는 다음과 같이 된다.

$$U = \frac{M\theta}{2} \tag{b}$$

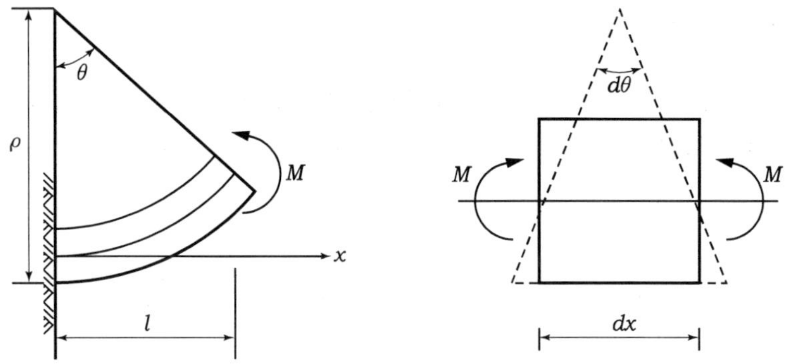

그림 12-4

식 (b)에 식 (a)를 대입하면 다음의 두 가지 식을 얻는다.

$$U=\frac{M^2 l}{2EI},\ U=\frac{EI\theta^2}{2l} \tag{12-14}$$

이번에는 불균일한 휨모멘트를 받는 보의 변형에너지를 생각해보자. 그림 (b)의 거리 dx 사이의 미소요소에 저장되는 에너지는 식 (12−14) 로부터 다음과 같다.

$$dU=\frac{M_x^2\,dx}{2EI}$$

이 식을 보의 전길이에 대하여 적분하면

$$U=\int\frac{M_x^2}{2EI}dx \tag{12-15}$$

예제 12.3

그림과 같은 캔틸레버보의 휨모멘트에 의한 탄성변형 에너지를 구하라.

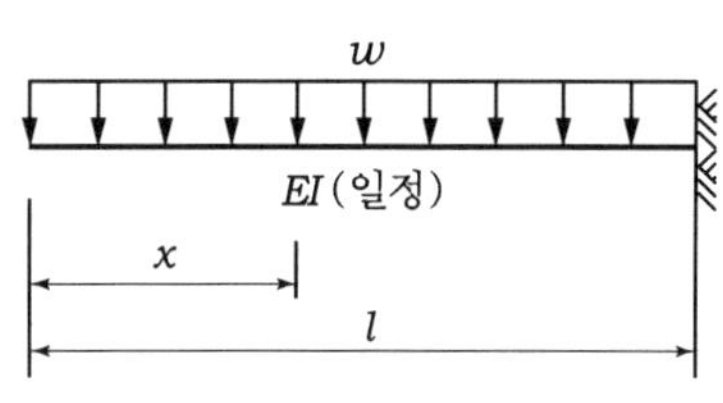

▸ **풀이**

탄성변형에너지 $U=\int\frac{M_x^2}{2EI}dx$ 에서

$M_x=-\frac{wx^2}{2}$ 이므로

$$U=\int\frac{M_x^2}{2EI}dx=\frac{1}{2EI}\int_0^l\left(-\frac{wx^2}{2}\right)^2dx=\frac{1}{2EI}\frac{w^2}{4}\left[\frac{x^5}{5}\right]_0^l dx=\frac{w^2l^5}{40EI}$$

12.2 가상일의 원리

가상일의 원리는 에너지법의 일종으로 단위하중법(unit load method)이라고 한다. 보와 라멘과 같은 직선부재의 변형을 구하는데 사용되고 트러스나 아치구조 등의 변형이나 부정정 반력을 구하는데 사용된다.

그림 12-5와 같은 단순보에서 C점에 단위하중 $P=1$ 을 서서히 작용시키면 점 C에서 처짐 $\triangle$ 와 점 1, 2, 3에서의 처짐 $\triangle_1, \triangle_2, \triangle_3$ 가 생기게 된다. 한편 보의 내부에서는 중립축에서 y 만큼 떨어진 위치에 길이 dx, 단면적 dA 인 미소부분 m-n에는 휨응력 σ 가 발생한다. 따라서 미소부분 m-n은 dl 만큼 줄어들게 된다.

$$\text{외적인 일 : } W_{e1} = \frac{1}{2}(1)(\triangle)$$

$$\text{내적인 일 : } W_{i1} = \frac{1}{2}\int \sigma dl$$

여기서, 외적인 일과 내적은 일은 같아야 하므로 $W_{e1} = W_{i1}$ 이다.

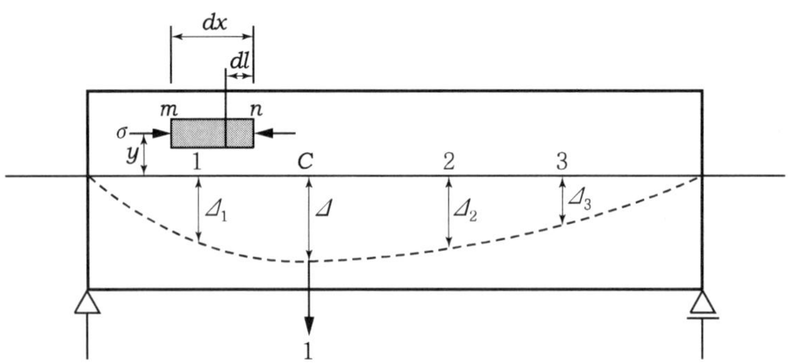

그림 12-5

그림 12-6과 같은 단순보에서 1, 2, 3점에 하중 P_1, P_2, P_3 를 서서히 작용시키면 점 C에서 처짐 δ 와 점 1, 2, 3에서의 처짐 δ_1, δ_2, δ_3 가 생기게 된다. 한편 보의 내부에서는 중립축에서 y 만큼 떨어진 위치에 길이 dx, 단면적 dA 인 미소부분 m-n에는 휨응력 S 가 발생한다. 따라서 미소부분 m-n은 dL 만큼 줄어들게 된다.

$$\text{외적인 일 : } W_{e2} = \frac{1}{2}P_1\delta_1 + \frac{1}{2}P_2\delta_2 + \frac{1}{2}P_3\delta_3$$

$$\text{내적인 일 : } W_{i2} = \frac{1}{2}\int SdL$$

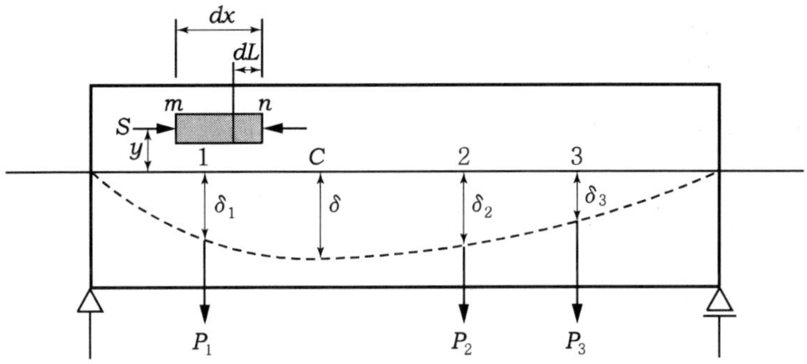

그림 12-6

여기서, 외적인 일과 내적은 일은 같아야 하므로 $W_{e2} = W_{i2}$ 이다.

이제는 단위하중 $P=1$ 이 작용하고 있는 상태에서 하중 P_1, P_2, P_3 를 작용시킨 경우의 일은 다음식과 같다.

$$\text{외적인 일} : W_e = \frac{1}{2}P_1\delta_1 + \frac{1}{2}P_2\delta_2 + \frac{1}{2}P_3\delta_3 + (1)\delta$$

$$\text{내적인 일} : W_i = \frac{1}{2}\int SdL + \int \sigma dl$$

외적인 일과 내적은 일은 같아야 하므로 즉, $W_e = W_i$ 에서

$$\frac{1}{2}P_1\delta_1 + \frac{1}{2}P_2\delta_2 + \frac{1}{2}P_3\delta_3 + (1)\delta = \frac{1}{2}\int SdL + \int \sigma dL$$

여기서, $\frac{1}{2}P_1\delta_1 + \frac{1}{2}P_2\delta_2 + \frac{1}{2}P_3\delta_3 = \frac{1}{2}\int SdL$ 이므로

$$\therefore (1)\delta = \int \sigma dL \tag{12-16}$$

이 되고 이 식이 단위하중법의 기본식이 된다.

처짐을 구하는 식을 유도하기 위하여 하중이 작용할 때 m-n요소에 생기는 휨모멘트를 M_P, 단위하중이 작용할 때 m-n요소에 생기는 휨모멘트를 M_Q, m-n 요소의 단면 2차모멘트를 I, 미소요소의 단면적을 dA 라고 한다면 휨응력을 구하는 식은

$$\sigma = \frac{M_Q}{I}ydA,\ S = \frac{M_P}{I}ydA \tag{12-17}$$

가 된다. 훅크의 법칙으로부터

$$dL = \frac{S}{E}\frac{dx}{dA} \tag{12-18}$$

식 (12−17)를 식 (12−18)에 대입하면

$$dL = \frac{M_P}{I}ydA\frac{dx}{EdA} = \frac{M_P y}{EI}dx \tag{12-19}$$

식 (12−16)에 식 (12−17)과 식 (12−19)를 대입하면

$$\begin{aligned}(1)\delta &= \int_0^l \int_A \frac{M_Q}{I}ydA\frac{M_P y}{EI}dx \\ &= \int_0^l \frac{M_Q M_P}{EI^2}dx\int_A y^2 dA = \int_0^l \frac{M_Q M_P}{EI}dx\end{aligned}$$

따라서 임의점의 처짐을 구하는 식은 다음 식과 같다.

$$\delta = \int_0^l \frac{M_Q M_P}{EI}dx \tag{12-20}$$

마찬가지로 처짐각을 구하는 식은 C점에 단위모멘트 $M=1$을 작용시켜 구하면 다음 식과 같다.

$$(1)\theta = \int \sigma dL \tag{12-21}$$

$$\theta = \int_0^l \frac{M_Q M_P}{EI}dx \tag{12-22}$$

부재내부의 응력이 일정한 트러스 구조의 경우에는 단위하중에 의한 응력 σ를 축력 F_Q로 대치하고 하중으로 인한 전변위량 dL을 $\triangle L$로 대치하면

$$\delta = \int_0^l \sigma dL = \sum F_Q \triangle L$$

여기서, $\triangle L = \dfrac{F_P L}{AE}$ 이므로

$$\delta = \sum \frac{F_Q F_P}{AE}L \tag{12-23}$$

로 된다.

예제 12.4

가상일의 원리를 이용하여 그림과 같은 캔틸레버 보의 C점의 처짐과 처짐각을 구하라.

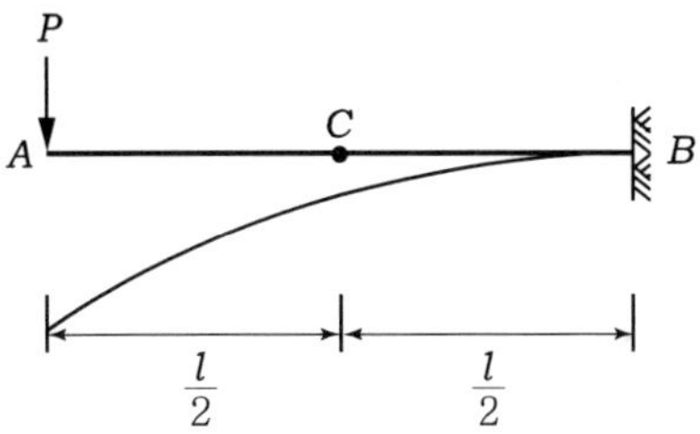

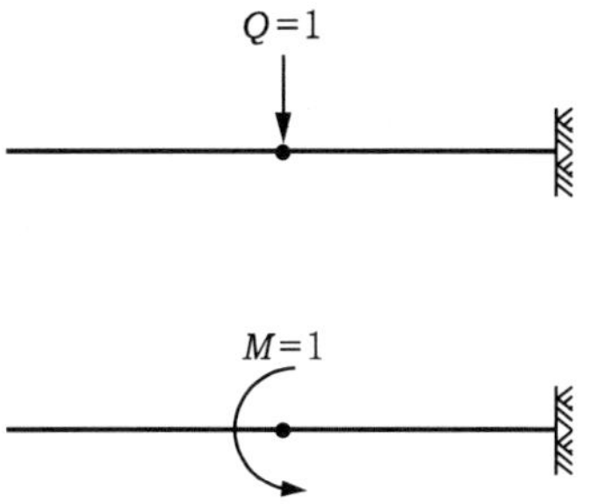

▸ **풀이**

(1) 처짐

$\delta = \int_0^l \frac{M_Q M_P}{EI} dx$ 에서

구 간	M_P	M_Q
AC :$0 \le x \le \frac{l}{2}$	$-Px$	0
BC : $0 \le x \le \frac{l}{2}$	$-P\left(x+\frac{l}{2}\right)$	$-x$

$$\delta_C = \frac{1}{EI}\int_0^{\frac{l}{2}} P\left(x+\frac{l}{2}\right)x\,dx = \frac{1}{EI}\int_0^{\frac{l}{2}}\left(Px^2+\frac{Pl}{2}x\right)dx$$

$$= \frac{1}{EI}\left[\frac{Px^3}{3}+\frac{Pl}{4}x^2\right]_0^{\frac{l}{2}} = \frac{5Pl^3}{48EI}$$

(2) 처짐각

$\theta = \int_0^l \frac{M_Q M_P}{EI} dx$ 에서

구 간	M_P	M_Q
AC : $0 \le x \le \frac{l}{2}$	$-Px$	0
BC : $0 \le x \le \frac{l}{2}$	$-P\left(x+\frac{l}{2}\right)$	–1

$$\theta_C = \frac{1}{EI}\int_0^{\frac{l}{2}} P\left(x+\frac{l}{2}\right)dx = \frac{1}{EI}\int_0^{\frac{l}{2}}\left(Px+\frac{Pl}{2}\right)dx$$

$$= \frac{1}{EI}\left[\frac{Px^2}{2}+\frac{Pl}{2}x\right]_0^{\frac{l}{2}} = \frac{3Pl^2}{8EI}$$

예제 12.5

가상일의 원리를 이용하여 그림과 같은 단순보의 A점의 처짐각과 중앙점의 처짐을 구하라.

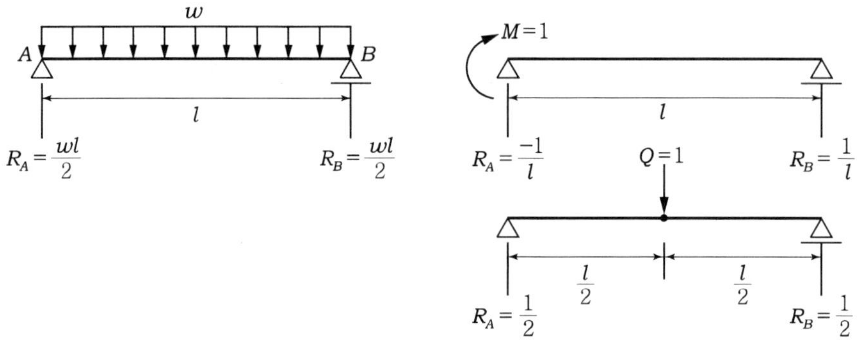

▸ **풀이**

(1) 처짐각

$$\theta = \int_0^l \frac{M_Q M_P}{EI} dx \text{ 에서}$$

구 간	M_P	M_Q
AB : $0 \le x \le l$	$\frac{wl}{2}x - \frac{wx^2}{2}$	$1 - \frac{x}{l}$

$$\theta_A = \frac{1}{EI}\int_0^l \left(\frac{wl}{2}x - \frac{wx^2}{2}\right)\left(1 - \frac{x}{l}\right)dx = \frac{1}{EI}\int_0^l \left(\frac{wlx}{2} - wx^2 + \frac{wx^3}{2l}\right)dx = \frac{wl^3}{24EI}$$

(2) 처짐

$$\delta = \int_0^l \frac{M_Q M_P}{EI} dx \text{ 에서}$$

구 간	M_P	M_Q
AB : $0 \leq x \leq \frac{l}{2}$	$\frac{wl}{2}x - \frac{wx^2}{2}$	$\frac{1}{2}x$

$$\delta_C = \frac{2}{EI}\int_0^{\frac{l}{2}} \left(\frac{wl}{2}x - \frac{wx^2}{2}\right)\left(\frac{x}{2}\right)dx = \frac{2}{EI}\int_0^{\frac{l}{2}} \left(\frac{wl}{4}x^2 - \frac{wx^3}{4}\right)dx$$

$$= \frac{w}{2EI}\int_0^{\frac{l}{2}} (lx^2 - x^3)dx = \frac{5wl^4}{384EI}$$

예제 12.6

가상일의 원리를 이용하여 그림과 같은 라멘에서 B점 및 C점의 수평처짐을 구하라.

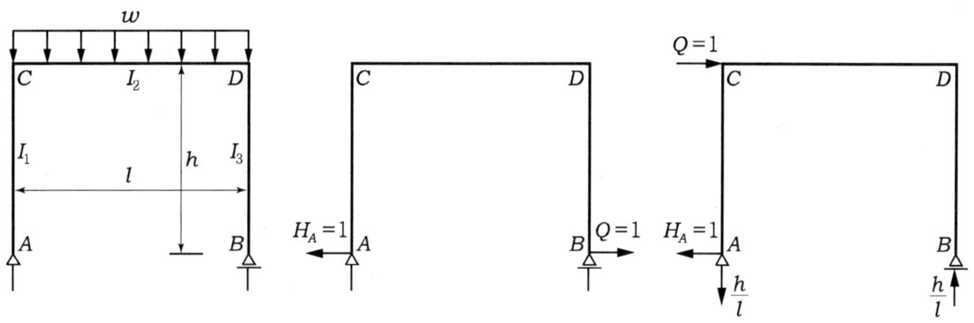

▸ **풀이**

(1) B점의 수평처짐

$$\delta=\int_0^l \frac{M_Q M_P}{EI}dx \text{ 에서}$$

구간	I	M_P	M_Q
AC : $0 \leqq x \leq h$	I_1	0	x
CD : $0 \leqq x \leq l$	I_2	$\frac{wl}{2}x-\frac{wx^2}{2}$	h
BD : $0 \leqq x \leq h$	I_3	0	x

$$\delta_C=\frac{h}{EI_2}\int_0^l\left(\frac{wl}{2}x-\frac{wx^2}{2}\right)dx=\frac{whl^3}{12EI_2}$$

(2) C점의 수평처짐

$$\delta=\int_0^l \frac{M_Q M_P}{EI}dx \text{ 에서}$$

구간	I	M_P	M_Q
AC : $0 \leqq x \leq h$	I_1	0	x
CD : $0 \leqq x \leq l$	I_2	$\frac{wl}{2}x-\frac{wx^2}{2}$	$h-\frac{h}{l}x$
BD : $0 \leqq x \leq h$	I_3	0	0

$$\delta_C=\frac{h}{EI_2}\int_0^l\left(\frac{wl}{2}x-\frac{wx^2}{2}\right)\left(1-\frac{x}{l}\right)dx=\frac{whl^3}{24EI_2}$$

예제 12.7

가상일의 원리를 이용하여 그림과 같은 아치에서 A점의 처짐각 및 C점의 처짐을 구하라. EI는 일정하다.

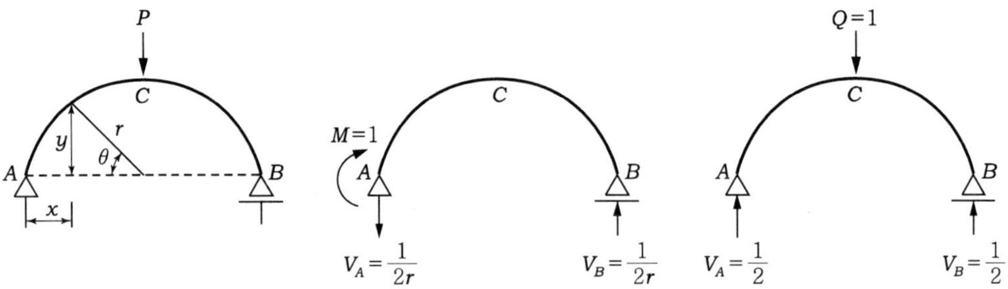

▸ **풀이**

(1) A점의 처짐각

$\theta = \int_0^l \frac{M_Q M_P}{EI} dx$ 에서 아치인 경우 $dx = r d\theta$ 이다.

구 간	M_P	M_Q
AC : $0 \leqq \theta \leq \frac{\pi}{2}$	$\frac{\mathrm{Pr}}{2}(1-\cos\theta)$	$\frac{1}{2}(1+\cos\theta)$
BC : $0 \leqq \theta \leq \frac{\pi}{2}$	$\frac{\mathrm{Pr}}{2}(1-\cos\theta)$	$\frac{1}{2}(1-\cos\theta)$

$$\theta_A = \frac{1}{EI}\int_0^{\frac{\pi}{2}} \left\{\frac{\mathrm{Pr}}{2}(1-\cos\theta)\right\}\left\{\frac{1}{2}(1+\cos\theta)\right\} r d\theta$$

$$+\frac{1}{EI}\int_0^{\frac{\pi}{2}} \left\{\frac{\mathrm{Pr}}{2}(1-\cos\theta)\right\}\left\{\frac{1}{2}(1-\cos\theta)\right\} r d\theta$$

$$= \frac{\mathrm{Pr}^2}{4EI}\int_0^{\frac{\pi}{2}}(1-\cos\theta)(1+\cos\theta)d\theta + \frac{\mathrm{Pr}^2}{4EI}\int_0^{\frac{\pi}{2}}(1-\cos\theta)^2 d\theta$$

$$= \frac{\mathrm{Pr}^2}{4EI}\int_0^{\frac{\pi}{2}}\left(1-\cos^2\theta+1-2\cos\theta+\cos^2\theta\right)d\theta$$

$$= \frac{\mathrm{Pr}^2}{2EI}\int_0^{\frac{\pi}{2}}(1-\cos\theta)d\theta = \frac{\mathrm{Pr}^2}{2EI}[\theta-\sin\theta]_0^{\frac{\pi}{2}} = \frac{\mathrm{Pr}^2}{2EI}\left(\frac{\pi}{2}-1\right)$$

(2) C점의 수직처짐

$\delta = \int_0^l \frac{M_Q M_P}{EI} dx$ 에서 아치인 경우 $dx = r d\theta$ 이다.

구간	M_P	M_Q
AC : $0 \leqq \theta \leq \dfrac{\pi}{2}$	$\dfrac{\text{Pr}}{2}(1-\cos\theta)$	$\dfrac{r}{2}(1-\cos\theta)$
BC : $0 \leqq \theta \leq \dfrac{\pi}{2}$	$\dfrac{\text{Pr}}{2}(1-\cos\theta)$	$\dfrac{r}{2}(1-\cos\theta)$

$$\delta_c = \frac{2}{EI}\int_0^{\frac{\pi}{2}}\left\{\frac{\text{Pr}}{2}(1-\cos\theta)\right\}\left\{\frac{r}{2}(1-\cos\theta)\right\}rd\theta = \frac{2}{EI}\frac{\text{Pr}^3}{4}\int_0^{\frac{\pi}{2}}(1-\cos\theta)^2 d\theta$$

$$= \frac{\text{Pr}^3}{2EI}\int_0^{\frac{\pi}{2}}(1-2\cos\theta+\cos^2\theta)d\theta = \frac{\text{Pr}^3}{2EI}\int_0^{\frac{\pi}{2}}\left(1-2\cos\theta+\frac{1}{2}+\frac{\cos 2\theta}{2}\right)d\theta$$

$$= \frac{\text{Pr}^2}{2EI}\left[\frac{3}{2}\theta-2\sin\theta+\frac{\sin 2\theta}{4}\right]_0^{\frac{\pi}{2}} = \frac{\text{Pr}^3}{2EI}\left(\frac{3\pi}{4}-2\right)$$

예제 12.8

가상일의 원리를 이용하여 그림과 같은 트러스에서 D점의 수직처짐을 구하라. $E=200{,}000\,\text{MPa}$, ( )는 부재의 단면적이다.

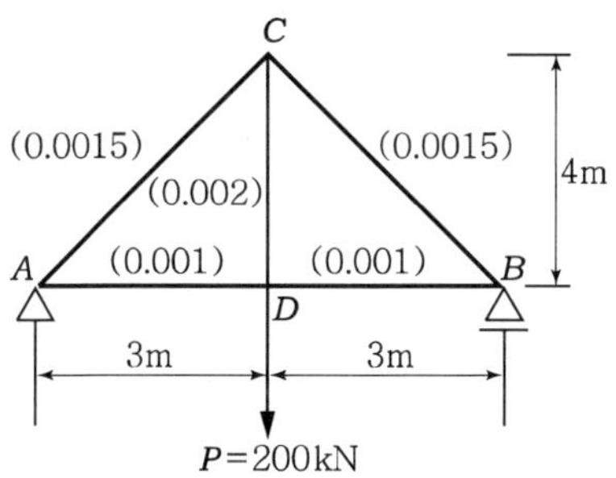

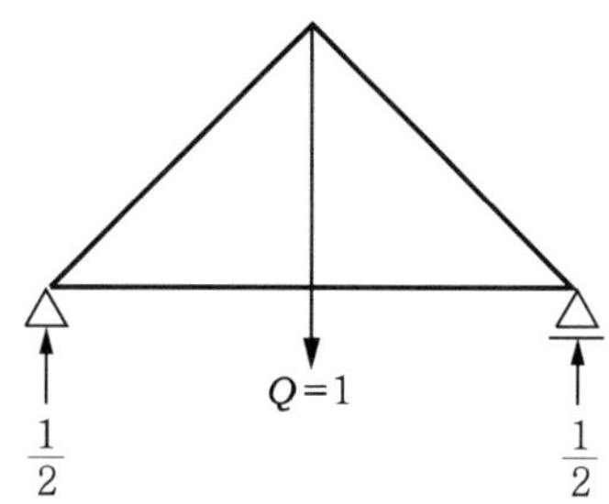

▸ **풀이**

$\delta = \Sigma \dfrac{F_P F_Q}{AE} L$ 에서 $(1 \cdot \text{kN})\ \delta_D = \Sigma \dfrac{F_P F_Q}{AE} L = \dfrac{1{,}089.582\,\text{kN}^2 \cdot \text{m/m}^2}{2\times 10^8 \text{kN/m}^2} = 0.00545\text{m}$

부재	L	A	L/A	F_P	F_Q	$F_Q F_Q L/A$
단위	m	m^2	m/m^2	kN	kN	$\text{kN}^2 \cdot \text{m/m}^2$
AD	3	0.001	3000	75	0.375	84,375
BD	3	0.001	3000	75	0.375	84,375
AC	5	0.0015	3333	−125	−0.625	260,416
BC	5	0.0015	3333	−125	−0.625	260,416
CD	4	0.002	2000	200	1	400,000
계						1,089,582

12.3 카스틸리아노 정리

일반적으로 물체에 작용하는 하중 종류의 여하를 막론하고 변형에너지는 하중의 함수로서 나타낼 수 있으며 다음과 같이 표시할 수 있다.

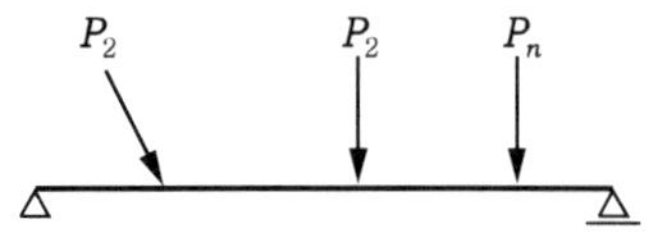

그림 12-7

$$U = f(P_1, P_2, P_3, \cdots, P_n)$$

P_n 이 미소량 dP_n 증가한다면

$$U' = U + \frac{\partial U}{\partial P_n} dP_n \tag{a}$$

만약 dP_n 이 먼저 작용하고 힘 P_1, P_2, P_3, $\cdots$, P_n 이 나중에 작용한다면

$$U' = \frac{1}{2} dP_n \cdot d\delta_n + U + dP_n \cdot \delta_n$$

미소량 $\frac{1}{2} dP_n \cdot d\delta_n$ 을 생략하면

$$U' = U + dP_n \cdot \delta_n \tag{b}$$

에너지 보존법칙에 의하여 (a)=(b)이어야 하므로

$$U + \frac{\partial U}{\partial P_n} dP_n = U + dP_n \cdot \delta_n$$

$$\delta_n = \frac{\partial U}{\partial P_n} \tag{12-24}$$

이 식은 변형에너지를 임의의 하중에 관하여 편미분하면 그 힘의 작용점의 작용선 방향의 변위와 같다. 이를 카스틸리아노의 정리(Castigliano's theorem)라고 한다.

예제 12.9

카스틸리아노 정리를 이용하여 그림과 같은 캔틸레버보의 A점의 처짐과 처짐각을 구하라.

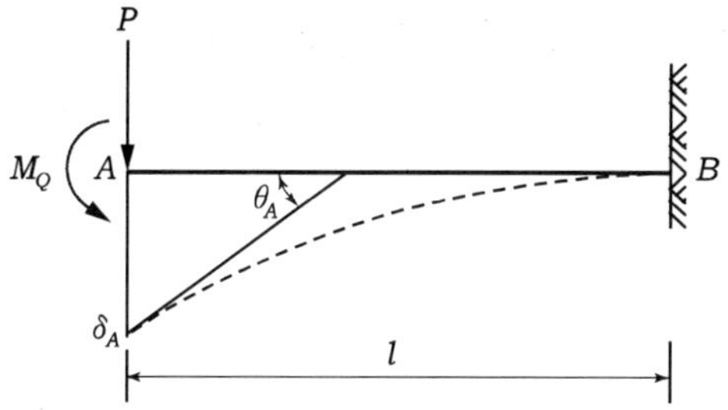

▸ **풀이**

(1) 처짐

$$\delta_A = \frac{\partial U}{\partial P},\ U = \int \frac{M_x^2}{2EI}dx \text{ 에서 } \delta_A = \int_0^l \frac{M_x}{EI}\frac{\partial M_x}{\partial P}dx$$

구간	M_x	$\frac{\partial M_x}{\partial P}$
AC : $0 \leq x \leq l$	$-Px$	$-x$

$$\delta_A = \frac{1}{EI}\int_0^l (-Px)(-x)dx = \frac{1}{EI}\int_0^l Px^2 dx$$

$$= \frac{P}{EI}\left[\frac{x^3}{3}\right]_0^l = \frac{Pl^3}{3EI}$$

(2) 처짐각

$$\theta_A = \int_0^l \frac{M_x}{EI}\frac{\partial M_x}{M_Q}dx \text{ 에서}$$

구간	M_x	$\frac{\partial M_x}{\partial M_Q}$
AC : $0 \leq x \leq l$	$-M_Q - Px$	-1

$$\theta_A = \frac{1}{EI}\int_0^l (-M_Q - Px)(-1)dx$$

$$= \frac{1}{EI}\int_0^l (M_Q + Px)dx,\ (M_Q = 0)\text{이므로}$$

$$= \frac{1}{EI}\left[\frac{Px^2}{2}\right]_0^l = \frac{Pl^2}{2EI}$$

12.4 상반정리

상반정리(reciprocal threom)란 제1상태의 힘들이 제2상태의 변위 때문에 하는 일은 제2상태의 힘들이 제1상태의 변위 때문에 하는 일과 같다는 정리로서 이를 증명하기 위하여 그림 12-8과 같이 i 점에는 P_i가 작용하고 j 점에는 P_j가 작용하는 경우에 변형에너지를 구하여 보자.

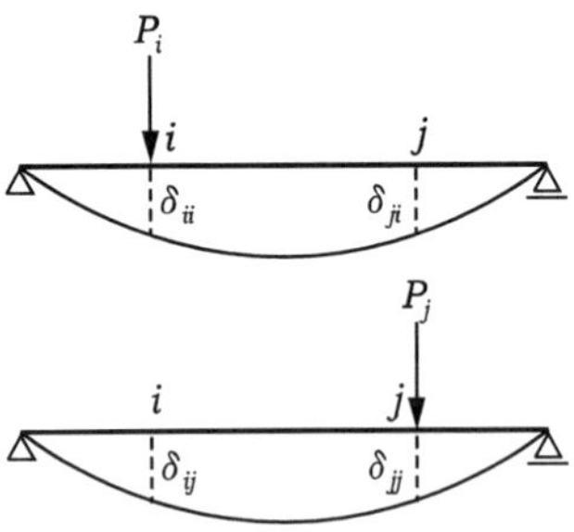

그림 12-8

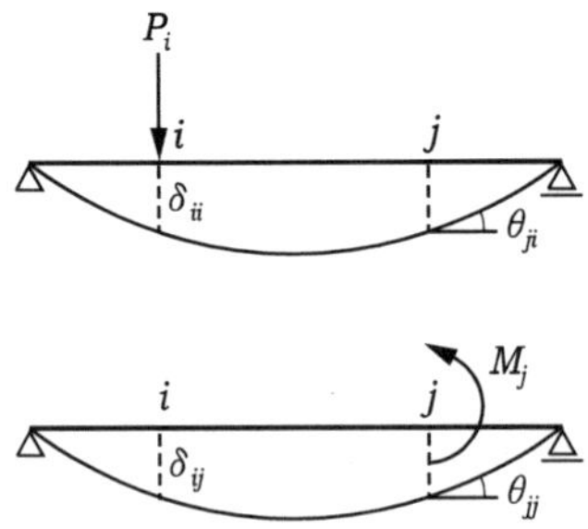

그림 12-9

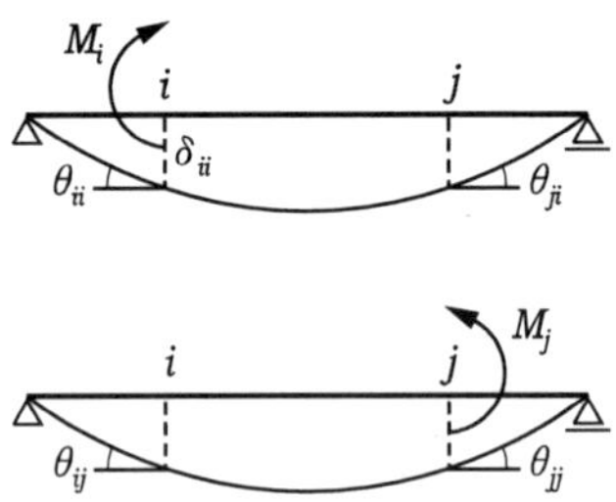

그림 12-10

먼저 P_i가 작용하고 나중에 P_j가 작용할 때 변형에너지는

$$U = \frac{1}{2}P_i \cdot \delta_{ii} + \frac{1}{2}P_j \cdot \delta_{jj} + P_i \cdot \delta_{ij} \tag{a}$$

가 되고 먼저 P_j가 작용하고 나중에 P_i가 작용할 때 변형에너지는

$$U = \frac{1}{2}P_j \cdot \delta_{jj} + \frac{1}{2}P_i \cdot \delta_{ii} + P_j \cdot \delta_{ji} \tag{b}$$

와 같다. 일의 순서와는 관계없이 (a)=(b)관계가 성립하므로 다음 식과 같다.

$$P_i \cdot \delta_{ij} = P_j \cdot \delta_{ji} \tag{12-25}$$

다음에는 그림 12-9와 같이 i 점에는 P_i가 작용하고 j 점에는 M_j가 작용하는 경우에 변형에너지를 구하여 보자.

먼저 P_i가 작용하고 나중에 M_j가 작용할 때 변형에너지는

$$U = \frac{1}{2}P_i \cdot \delta_{ii} + \frac{1}{2}M_j \cdot \theta_{jj} + P_i \cdot \delta_{ij} \tag{c}$$

가 되고 먼저 M_j가 작용하고 나중에 P_i가 작용할 때 변형에너지는

$$U = \frac{1}{2}M_j \cdot \theta_{jj} + \frac{1}{2}P_i \cdot \delta_{ii} + M_j \cdot \theta_{ji} \tag{d}$$

와 같다. 일의 순서와는 관계없이 (c)=(d)관계가 성립하므로 다음 식과 같다.

$$P_i \cdot \delta_{ij} = M_j \cdot \theta_{ji} \tag{12-26}$$

또한 그림 12−10과 같이 i 점에는 M_i 가 작용하고 j 점에는 M_j 가 작용하는 경우에 변형에너지를 구하여 보자.

먼저 M_i 가 작용하고 나중에 M_j 가 작용할 때 변형에너지는

$$U = \frac{1}{2} M_i \cdot \theta_{ii} + \frac{1}{2} M_j \cdot \theta_{jj} + M_i \cdot \theta_{ij} \tag{e}$$

가 되고 먼저 M_j 가 작용하고 나중에 M_i 가 작용할 때 변형에너지는

$$U = \frac{1}{2} M_j \cdot \theta_{jj} + \frac{1}{2} M_i \cdot \theta_{ii} + M_j \cdot \theta_{ji} \tag{f}$$

와 같다. 일의 순서와는 관계없이 (e) = (f)관계가 성립하므로 다음 식과 같다.

$$M_i \cdot \theta_{ij} = M_j \cdot \theta_{ji} \tag{12-27}$$

이 정리를 확장하여 하중이 여러개 작용하는 경우는 다음 식과 같고 이를 베티(Betti)의 법칙이라 한다.

$$\begin{aligned} \sum P_i \delta_{ij} &= \sum P_j \delta_{ji} \\ \sum P_i \delta_{ij} &= \sum M_j \theta_{ji} \\ \sum M_i \theta_{ij} &= \sum M_j \theta_{ji} \end{aligned} \tag{12-28}$$

이 베티의 법칙에서 단위하중($P_i = P_j = M_i = M_j = 1$)이 작용하는 경우는 다음 식으로 표시된다.

$$\begin{aligned} \delta_{ij} &= \delta_{ji} \\ \delta_{ij} &= \theta_{ji} \\ \theta_{ij} &= \theta_{ji} \end{aligned} \tag{12-29}$$

예제 12.10

P_1, P_2가 0(zero)으로부터 작용하였다. B점의 처짐이 P_1으로 인하여 δ_1이 생기고 P_2로 인하여 δ_2가 생겼다면 P_1이 하는 일은?

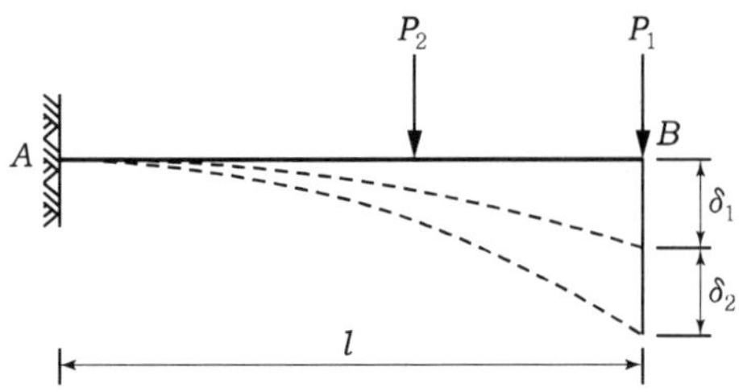

▸ **풀이**

P_1이 0에서 P_1까지 증가하는 동안에 변형은 0에서 δ_1까지 커지므로 외력에 의한 일은 $\frac{1}{2}P_1\delta_1$이고 P_2가 작용하여 δ_2의 변형이 생기는 동안에 외력 P_1은 일정한 상태이기 때문에 이때 P_1에 의한 일은 $P_1\delta_2$이다.

P_1이 행한 일은 $W = \frac{1}{2}P_1\delta_1 + P_1\delta_2$가 된다.

예제 12.11

그림에서 P_1이 단순보의 C점에 작용하였을 때 C점 및 D점의 수직변위가 각각 4mm, 3mm이고, P_2가 D점에 작용하였을 때 C점 및 D점의 수직변위가 각각 2mm, 2.5mm이었다. P_1과 P_2가 동시에 작용하였을 때 일 W는?

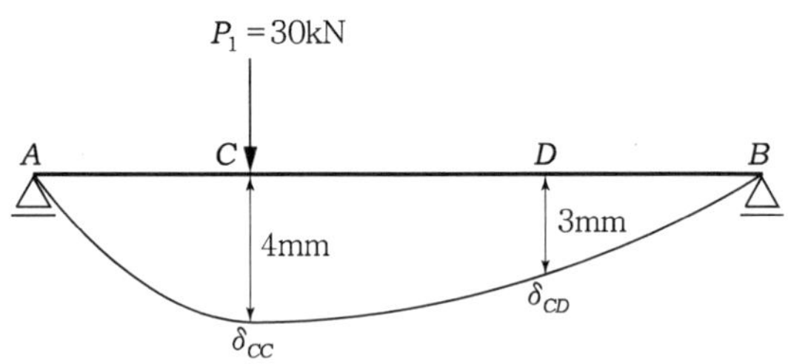

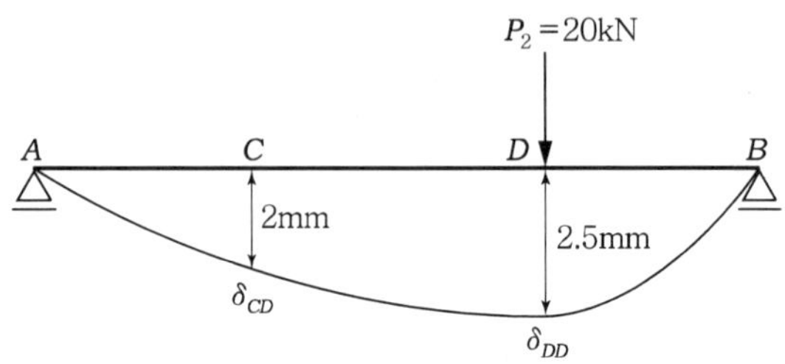

▸ **풀이**

두 하중이 동시에 작용하는 경우 0부터 P_1과 P_2까지 서서히 커지므로

$$W = \Sigma \frac{1}{2}P\delta$$

$$= \frac{1}{2}(P_1\delta_{CC} + P_1\delta_{CD} + P_2\delta_{DC} + P_2\delta_{DD})$$

$$= \frac{1}{2}(30 \times 4 + 30 \times 2 + 20 \times 3 + 20 \times 2.5) = 145\,\text{kN}\cdot\text{mm}$$

연습문제

문제 12.1 그림과 같은 단순보의 탄성변형에너지를 구하라.

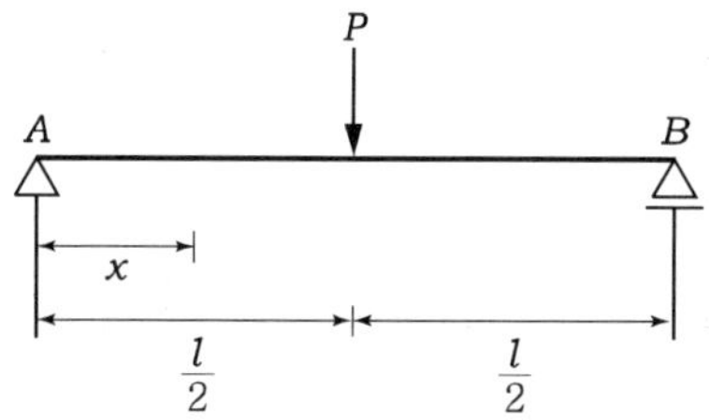

▸ **풀이**

$$M = \frac{P}{2}x$$

$$W = 2\int_0^{l/2} \frac{M^2}{2EI}dx = 2\int_0^{l/2}\left(\frac{Px}{2}\right)^2 \frac{1}{2EI}dx = \frac{P^2}{4EI}\int_0^{l/2} x^2 dx$$

$$= \frac{P^2}{4EI}\left[\frac{x^3}{3}\right]_0^{l/2} = \frac{P^2}{4EI}\cdot\frac{l^3}{24} = \frac{P^2 l^3}{96EI}$$

문제 12.2 그림과 같은 부정정보의 탄성변형에너지를 구하라.

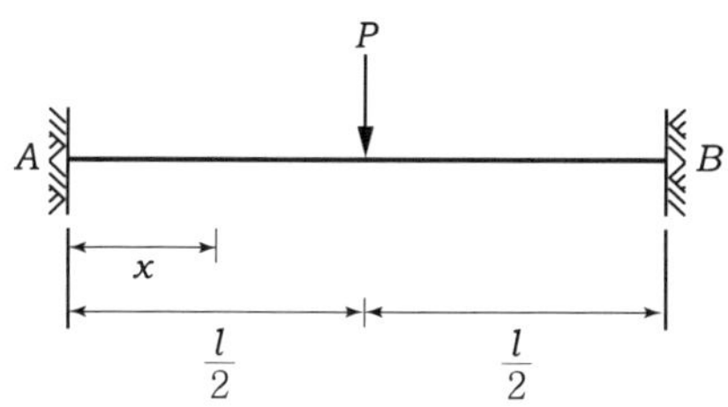

▸ **풀이**

$$M_A = \frac{Pl}{8}, \ R_A = \frac{P}{2}, \ M = \frac{P}{2}x - \frac{Pl}{8}$$

$$W = 2\int_0^{l/2}\frac{M^2}{2EI}dx = \frac{1}{EI}\int_0^{l/2}\left[\frac{P}{2}\left(x-\frac{l}{4}\right)\right]^2 dx = \frac{P^2}{4EI}\int_0^{l/2}\left(x-\frac{l}{4}\right)^2 dx$$

$$= \frac{P^2}{64EI}\int_0^{l/2}(4x-l)^2 dx = \frac{P^2}{64EI}\int_0^{l/2}(16x^2-8xl+l^2)dx$$

$$= \frac{P^2}{64EI}\left[\frac{16x^3}{3}-\frac{8x^2l}{2}+l^2x\right]_0^{l/2} = \frac{P^2}{64EI}\left(\frac{2l^3}{3}-l^3+\frac{l^3}{2}\right) = \frac{P^2l^3}{384EI}$$

문제 12.3 그림과 같은 1차 부정정보에서 A점의 반력과 최대휨모멘트를 카스틸리아노 정리를 이용하여 구하라.

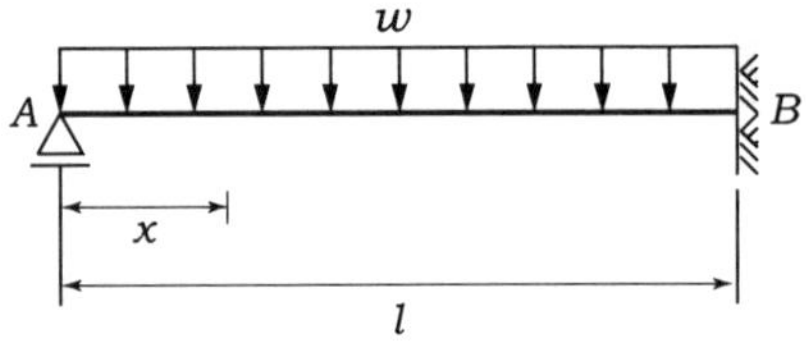

▸ **풀이**

$$M = R_A x - \frac{wx^2}{2}, \quad \frac{\partial M}{\partial R_A} = x$$

$$y_A = \int_0^l \frac{M}{EI}\frac{\partial M}{\partial R_A}dx$$

$$y_A = \int_0^l \frac{1}{EI}\left(R_A x - \frac{wx^2}{2}\right)x dx = \frac{1}{EI}\int_0^l\left(R_A x^2 - \frac{wx^3}{2}\right)dx$$

$$= \frac{1}{EI}\left[R_A\frac{x^3}{3}-\frac{w}{2}\frac{x^4}{4}\right]_0^l = \frac{R_A l^3}{3EI}-\frac{wl^4}{8EI}$$

A점의 처짐조건은 $y_A = 0$이므로

$$\frac{R_A l^3}{3EI}-\frac{wl^4}{8EI}=0$$

$$\therefore R_A = \frac{wl^4}{8}\times\frac{3}{l^3} = \frac{3wl}{8}$$

$$S_x = R_A - wx = \frac{3wl}{8} - wx = 0, \quad x = \frac{3l}{8}$$

$$M_{\max} = \frac{3wl}{8}\times\frac{3l}{8}-\frac{w}{2}\times\left(\frac{3l}{8}\right)^2 = \frac{9}{128}wl^2$$

문제 12.4 상반정리를 이용하여 그림과 같은 3경간 연속보의 B점의 반력에 대한 영향선을 구하라.

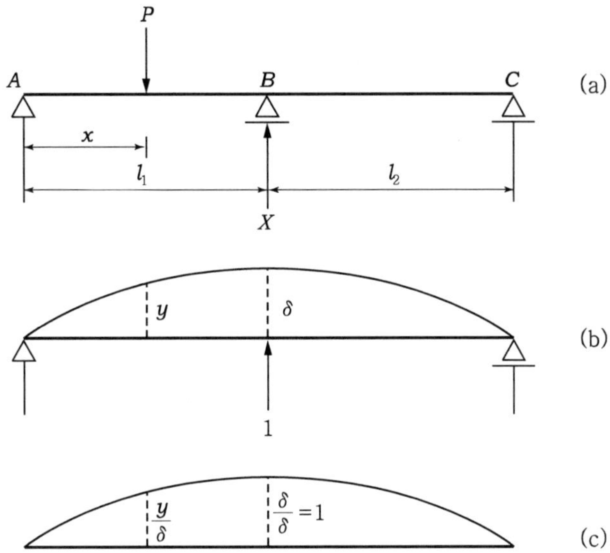

▸ 풀이

지점 B에 대한 영향선을 구하기 위하여 그림 (a)와 같은 실제 하중의 작용상태를 제1상태라 하고 그림 (b)와 같이 지점 B에 상향으로 단위하중이 작용한 상태를 제2상태라 하자.

제1상태의 하중이 제2상태의 변위 때문에 하는 일은

$W = X\delta - Py$ (a)

제2상태의 하중이 제1상태의 변위 때문에 하는 일은 지점이기 때문에

$W = 0$ (b)

상반작용의 정리에 의해 식 (a) = 식 (b) 이므로

$X\delta - Py = 0$

$X = P\dfrac{y}{\delta}$

이 식에서 y와 δ는 단순보의 처짐이므로 계산할 수 있다. 또한 $P=1$로 놓으면 $X = \dfrac{y}{\delta}$ (즉, R_B)는 지점 B의 반력이 되고 그림 (c)는 영향선이 된다.

찾아보기

ㄱ

가로변형률 159
가상일의 원리 298
강절 46
게르버보 73
고정지점 47
곡률 220
곡률반경 220
공액보 230
공액보법 230
기둥 49, 202

ㄴ

내민보 68

ㄷ

단면 1차 모멘트 22
단면 2차 극모멘트 34
단면 2차 모멘트 28
단면 2차 반경 31
단면계수 33
단면력 54
단면법 107
단면 상승 모멘트 35
단순보 61
단순보형 라멘 129
단순보형 아치 138
단위하중법 298
단주 202
도심 24
등변분포하중 50
등분포하중 50

ㄹ

라멘 49, 128
라미의 정리 14

ㅁ

마찰력 16
모르의 정리 230
모멘트 3
모멘트 분배법 273
모멘트 하중 50
모오르의 응력원 187

ㅂ

바리논의 정리 6
베티의 법칙 309
변형률 158
변형일치의 방법 248
보 48
복재 104
부재각 260
부정정 51

분배모멘트 275
분배율 275
불균형 모멘트 279
불안정 51
비례한도 165
비틀림응력 155

ㅅ

사재 104
상로트러스 105
상반정리 308
상현재 104
샤이베 49
샬렌 49
선팽창계수 162
세로변형률 158
세장비 207
수평변위 266
슬래브 49
시력도 6

ㅇ

아치 49
안전계수 166
안전하중 212
안정 51
압축응력 154
영향선 78
온도 변형률 162
온도응력 156
와렌 트러스 105, 110
우력모멘트 4
원통응력 156
유효강비 276
응력 154
이동지점 47
인장응력 154

ㅈ

장주 202, 207
재단모멘트 260
전단력 54
전단변형률 160
전단응력 175
전단탄성계수 164
전달모멘트 273
전달율 275
절대 최대전단력 93
절대 최대휨모멘트 95
절점 46
절점방정식 265
절점법 106
접선각 260
정정 51
좌굴 207
좌굴응력 209
좌굴하중 207, 212
주단면 2차 모멘트 38
주응력 181, 186
주전단응력 186
주축 38
집중하중 50

ㅊ

처짐각 261
처짐각법 260
처짐곡선 220
체적변형률 161

체적탄성계수 164
최대전단력 89
최대지점반력 89
최대휨모멘트 93
축방향력 54
층방정식 265

ㅋ

카스틸리아노 정리 306
캔틸레버보 58
캔틸레버형 라멘 129
캔틸레버형 아치 138

ㅌ

타이드 아치 138
탄성계수 163
탄성변형에너지 292
탄성하중 230
탄성하중법 230
탄성한도 165
트러스 48

ㅍ

파푸스의 정리 40
판별식 52
평면응력 184
평행축 정리 30
평형상태 14
포아송 비 159
포아송 수 159
프랫 트러스 105, 114
피타고라스 정리 6

ㅎ

하로트러스 105
하우 트러스 105
하현재 104
항복점 165
핵 206
핵거리 206
허용응력 166
현재 104
활절 46
회전지점 47
훅크의 법칙 162
휨모멘트 54
휨응력 172
힘의 3요소 3
힘의 분해 6
힘의 합성 6

1-9

2축 응력 181
3-롤러 라멘 129
3-힌지 라멘 129
3-힌지 아치 138
3연 모멘트법 254

A-Z

K-트러스 105

저자 소개

임정환 (林正煥)

전북대학교 공과대학 토목공학과 공학박사
전주비전대학교 지적토목학과 교수
미국 The University of Iowa 방문교수
전라북도 지방건설심의위원회 위원 역임
익산지방국토관리청 설계자문위원회 위원 역임
전라북도 안전관리자문단 위원 역임

SI단위 **응용역학** 정가 20,000원

저자 : 임정환

발행인 : 임해진
발행처 : 도서출판 구미서관

발행 : 2021년 1월 22일 초판 1쇄
2024년 1월 18일 초판 2쇄

등록 : 1979년 6월 29일 No.9–6호
주소 : 서울시 마포구 신촌로 2길 5–15 구미빌딩
전화 : 02–333–1101
팩스 : 02–335–2201
http://www.goomibook.com

ISBN 979–11–6257–133–0 (93530)